稀土钇微合金化高硅电工钢

秦　镜　著

合肥工业大学出版社

图书在版编目(CIP)数据

稀土钇微合金化高硅电工钢/秦镜著. --合肥:合肥工业大学出版社,2024.4
ISBN 978-7-5650-6654-2

Ⅰ.①稀… Ⅱ.①秦… Ⅲ.①电工钢 Ⅳ.①TM275

中国国家版本馆CIP数据核字(2024)第092721号

稀土钇微合金化高硅电工钢

秦 镜 著　　　　责任编辑 张择瑞

出 版	合肥工业大学出版社	版 次	2024年4月第1版
地 址	合肥市屯溪路193号	印 次	2024年4月第1次印刷
邮 编	230009	开 本	710毫米×1010毫米 1/16
电 话	理工图书出版中心:0551-62903204	印 张	13.75
	营销与储运管理中心:0551-62903198	字 数	232千字
网 址	press.hfut.edu.cn	印 刷	安徽联众印刷有限公司
E-mail	hfutpress@163.com	发 行	全国新华书店

ISBN 978-7-5650-6654-2　　　　定价: 78.00元

如果有影响阅读的印装质量问题,请与出版社营销与储运管理中心联系调换。

前 言

电工钢亦称硅钢，是电力、电子和军事工业不可缺少的重要软磁合金，亦是产量最大的金属功能材料，主要用作各种电机、发电机和变压器的铁芯。电工钢生产工艺复杂，制造技术严格，其制造技术和产品质量是衡量一个国家特殊钢生产和科技发展水平的重要标志之一。近年来，在“碳达峰”“碳中和”大背景下，国家对于节能减排的要求日益提高，对变压器、电机、家用电器的能效升级提出了严格的要求，下游市场对高端、高效、高牌号电工钢产品需求旺盛，电工钢将向节能、高效、环保方向发展。

6.5wt%Si 高硅钢具有低铁损、高磁导率和低磁致伸缩系数等优异的软磁性能，最适合用来制造高速高频电机、音频和高频变压器、扼流线圈和高频下的磁屏蔽等，在节约能源、降低设备噪声等领域具有广泛的应用前景。然而室温下 B2 和 DO_3 有序相的存在使得高硅钢变得硬且脆，加工性能急剧下降，导致冷加工变形困难，阻碍其生产和应用。由于硅含量的提高，导致 6.5wt%Si 高硅钢相比普通硅钢磁晶各向异性更小，饱和磁感（B_s）更低，3%Si 硅钢 B_s 为 2.03 T，而 6.5wt%Si 高硅钢 B_s 仅有 1.80 T。因此如何提高其韧塑性及磁感应强度是主要技术瓶颈。鉴于稀土具有深度净化、变质有害夹杂及微合金化作用，通过在高硅钢中添加微量稀土钇（Y）元素，不仅降低了合金有序度，提高了韧塑性，还能促进剪切带形核，实现再结晶织构优化与磁性能改善。此外，对于4.5wt%Si高硅钢，添加适量稀土Y，同样能起到织构优化与磁性能改善的效果。

本书总结了作者过去十年来有关高硅电工钢及采用稀土对其改性的研究工作和取得的主要成果。共分为4章，系统阐述了高硅电工钢及稀土钇微合金化高硅电工钢的制备加工工艺、组织织构优化与磁性能调控，主要内容包括：轧制法制备高硅电工钢、稀土Y微合金化高硅钢增韧增塑机理、稀土Y对6.5%Si及4.5%Si高硅钢组织性能的影响。虽然涉及面相对较窄，但是研究较为深入，可为从事高硅电工钢研究或电工钢生产的技术人员提供参考。

感谢国家高技术研究发展项目（2012AA03A505）、国家自然科学基金青年科学基金项目（51704131）、江西省博士后择优资助项目（2018KY04）、安徽省高校科研计划项目（2022AH051756）、安徽省高校协同创新项目（GXXT－2022－090）与铜陵学院学术著作出版资助基金对作者科研工作及著作出版的资助。作者在著作整理过程中，得到了刘德福、周情耀和赵海斌等硕士毕业生的帮助和支持，付梓之际，谨向所有给予作者关心和帮助的领导、老师和朋友，特别是我的博士生导师北京科技大学杨平教授，表示衷心的感谢！

由于作者水平所限，书中不足之处在所难免，敬请业界专家和广大读者批评指正。

秦　镜

铜陵学院

2023年7月26日

目录

Contents

轧制法制备高硅电工钢

1.1 概　述

1.1.1 高硅钢的特性及应用

高硅钢一般是指含 4.5%～6.7%（质量分数）Si 的 Si-Fe 合金，通用的高硅钢为 6.5%Si-Fe。6.5%Si 高硅钢的电阻率 $\rho=82\ \mu\Omega\cdot cm$，比 3%Si 硅钢约高一倍（3%Si 硅钢 $\rho=48\ \mu\Omega\cdot cm$），饱和磁感 $B_s=1.80$ T，相对于 3%Si 硅钢较低（3%Si 硅钢为 $B_s=2.03$ T），磁致伸缩系数 λ_s 近似为零，磁各向异性常数 K_1 比 3%Si 硅钢约低 40%。高硅钢的磁性特点是高频下铁损明显降低，最大磁导率 μ_m 高和矫顽力 H_c 低。正因为具有低铁损、高磁导率和低磁致伸缩系数等优异的软磁性能，所以高硅钢最适合用来制造高速高频电机、音频和高频变压器、扼流线圈和高频下的磁屏蔽等，可为一些电子和电器元件提高工作效率、灵敏度并缩小体积，在节约能源、降低设备噪声等领域具有广泛的应用前景。图 1.1 所示为由日本 JFE 公司采用 CVD 法生产的高硅钢（产品名称：Surpercore）制成的高频变压器和电抗器。

1.1.2 高硅钢的相结构转变及位错结构

由于硅含量增高，高硅钢的伸长率显著降低，这是因为硅钢在固态下发生多重有序转变，由高温的无序结构转变为低温的有序结构。图 1.2 所示为

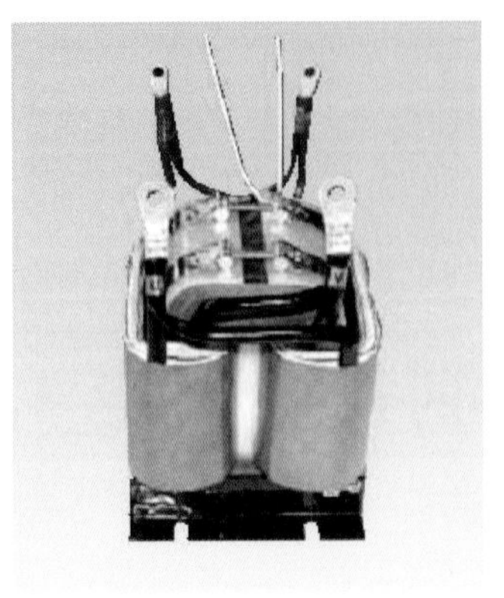

High-frequency transformer

High-frequency reactors

图 1.1 高频变压器和电抗器

Fe - Si 二元富铁区相图。当 Si 元素的原子分数超过 11%时，低温就会出现 DO_3相（Fe_3Si），6.5%Si - Fe 中的 Si 元素原子分数为 12%，在从低温升到 550 ℃以上时，DO_3相会完全转变为 B2 结构（FeSi），若再加热到 750 ℃以上时，B2 结构会全部转变为 A2 结构。一般把这种结构转变归为二级相变，其结构的变化过程实际上是 Fe 和 Si 原子概率占位的不同变化过程。

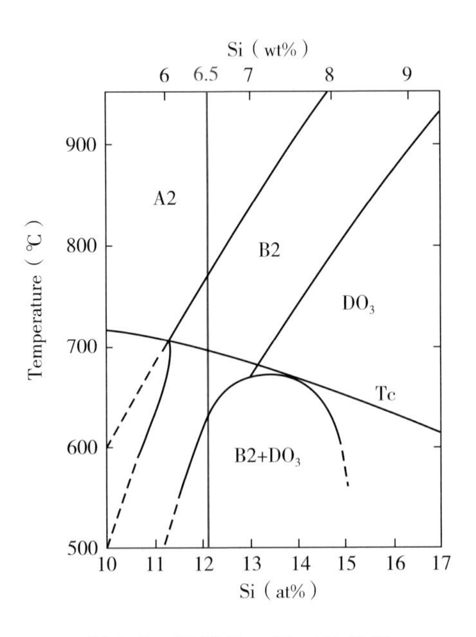

图 1.2 局部 Fe - Si 二元相图

Fe－Si合金中可能出现的晶体结构如图1.3所示。图1.3（a）为8个立方铁素体的晶胞示意图，若6.5％Si－Fe合金中Si原子在各白圈位置的占位概率相同，此时为A2结构；若Si原子以更高的概率分布如图1.3（b）中所示实心黑圈的位置时，此时为B2结构；低温下若Si原子以较高的概率分布在如图1.3（c）中所示灰圈所在的位置时，此时为DO_3结构，即为8个立方铁素体的小晶胞组成的一个DO_3大单胞。通过这种晶体结构内Si原子在不同位置上占位概率的变化和二级相变的形式实现了A2与B2、DO_3结构之间的无序-有序化转变。

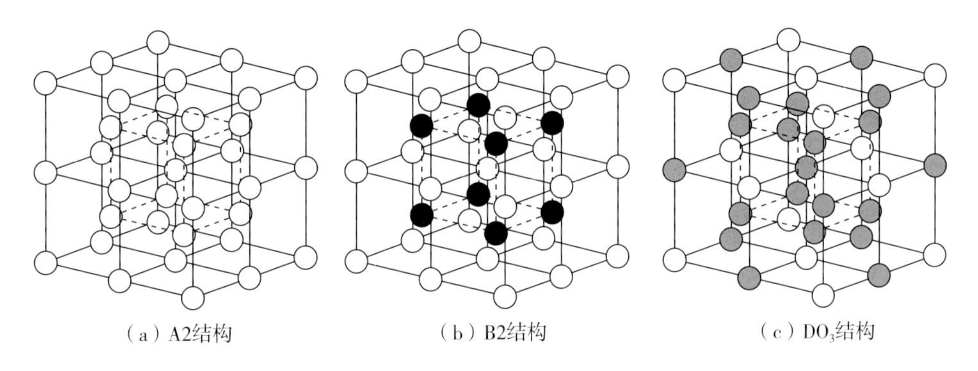

图1.3　Fe－Si合金中可能出现的晶体结构

图1.4所示为A2、B2及DO_3结构的｛110｝滑移面及位错伯氏矢量，｛110｝作为体心立方结构的主要滑移面，<111>方向是位错的伯氏矢量方向。从图中可以看出B2有序结构柏氏矢量的全位错长度约为A2结构的两倍，DO_3有序结构柏氏矢量的全位错长度约为A2结构的四倍。

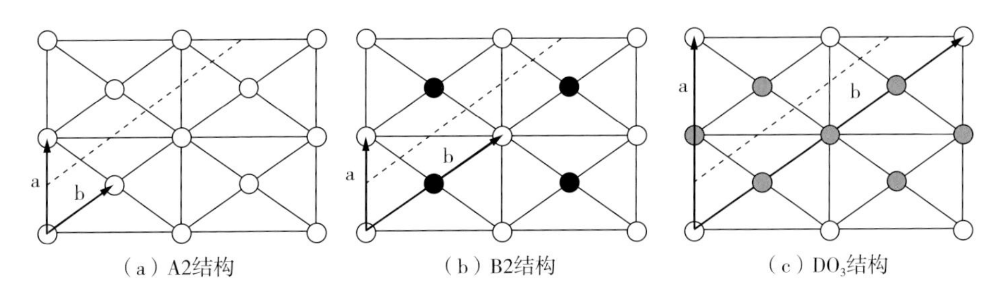

图1.4　不同结构的｛110｝滑移面及位错伯氏矢量

Fe－Si合金中不同结构位错组态如图1.5所示，塑性变形时A2中位错滑移时无反相畴界能，B2中位错滑移会形成一种反相畴界能γ，DO_3中位错滑移会形成一种能量较高的反相畴界能γ_1和另一种能量较低的反相畴界

能 γ_2。通过以上分析可知，A2 结构合金变形机制为简单的完整位错滑移，B2 结构合金变形机制为两个部分位错结合一个反相畴界的超位错滑移，DO_3 结构合金变形机制为四个部分位错结合三个反相畴界的超位错滑移。由此可见，三种不同结构中位错滑移的难易程度由易到难，A2 结构中的位错不易分解成部分位错，易于交滑移，因此表现出良好的塑性，B2 结构中位错迁移较困难，交滑移受阻，大的伯氏矢量位错的塞集和交互作用易于萌生裂纹，导致塑性下降。而 DO_3 结构位错伯氏矢量更大，使得位错密度和塑性变形能力进一步降低，更容易在变形中萌生裂纹，导致合金断裂、塑性大幅度下降。

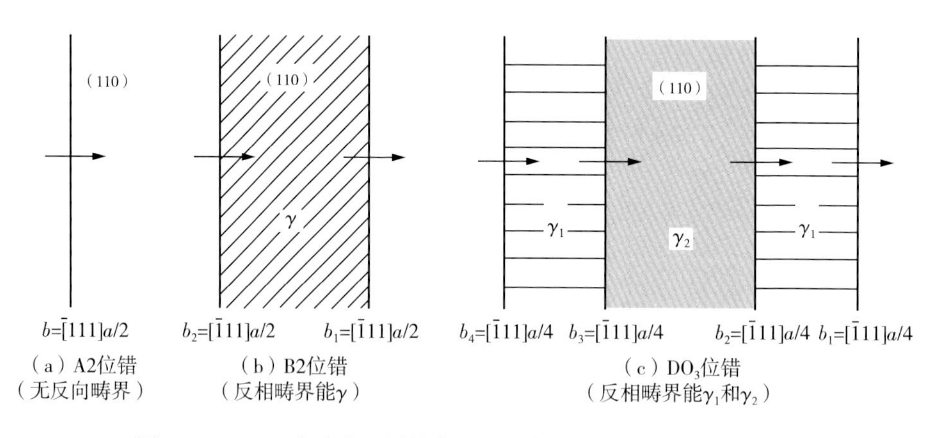

图 1.5 Fe-Si 合金中不同结构位错组态示意图（以刃位错为例）

1.1.3 高硅钢有序畴及反相畴界

自 20 世纪六七十年代以来，高硅钢的有序畴和反相畴界一直被人们研究。高硅钢在从无序到有序的转变过程中，按相结构分主要形成 B2 与 DO_3 两种有序畴，有序畴之间由于原子错排而形成反相畴，反相畴之间的分界即为反相畴界（antiphase boundaries，APBs）。在 B2 相结构中，由最近邻原子发生错排而形成的反相畴界为 1/4<111>型反相畴界，如图 1.6（a）所示。在 DO_3 相结构中存在两种类型的反相畴界，一种与 B2 反相畴界类似，是由最近邻原子发生错排而形成的，为 1/4<111>型反相畴界；另一种是由次近邻原子错排而形成的 1/2<100>型反相畴界，如图 1.6（b）所示。

高硅钢中的反相畴除了上述在高温至低温冷却过程中自然形成之外，另一种反相畴则是通过有序结构中的位错运动造成的。对 B2 相而言，两个部分位错 $a'/4$<111>（其中 a' 为 A2 相或 B2 相晶格常数的两倍，或 DO_3 相晶胞常数）及它们之间的反相畴界构成了超点阵位错；对 DO_3 相而言，四个部分位错 $a'/4\langle 111\rangle$ 及它们之间的反相畴界构成了超点阵位错，而超点阵位错之间的区域即为反相畴。

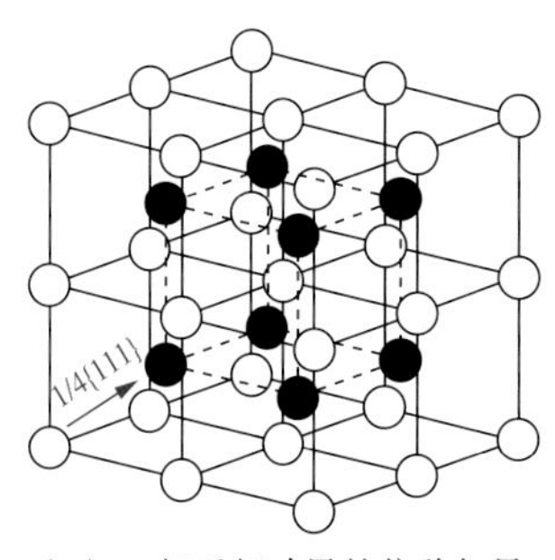

（a）B2相反相畴界的位移矢量

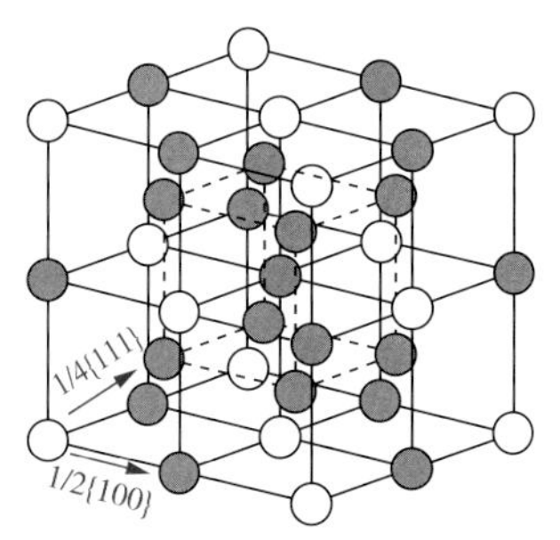

（b）DO_3相反相畴界的位移矢量

图 1.6　B2 相反相畴界（a）与 DO_3 相反相畴界（b）的位移矢量

透射电镜（TEM）观察是鉴定高硅钢有序畴及反相畴界最传统的检测方法，总结了前人的工作，高硅钢在｛hkl｝衍射暗场像中 A2、B2 与 DO_3 相的衬度以及对应反相畴界位移矢量的相位角见表 1.1 所列。

表 1.1　｛hkl｝衍射暗场像中 A2、B2 与 DO_3 相的衬度及反相畴界位移矢量的相位角

Reflection	Predominant contrast from phases			Phase shift for vectors	
	A2	B2	DO_3	$1/4\langle 111\rangle$	$1/2\langle 100\rangle$
$h+k+l=4N$	Light	Light	Light	$2n\pi$	$2n\pi$
$h+k+l=2N$	Dark	Light	Light	π	$2n\pi$
$h+k+l=N$	Dark	Dark	Light	$\pi/2$	π

表 1.1 中，N 为奇数；n 为任一正整数或负整数，包括零；h，k，l 全为偶数或全为奇数。根据缺陷晶体衍衬运动学理论中的“不可见判据”，当相位角为 $2n\pi$ 或者相衬度是暗的，则反相畴界不可见。从表中可知，当密勒指数 h，k，l 全为奇数时，能看到两种反相畴界；当 h，k，l 全为偶数时，只能看到 B2 相的 $1/4\langle 111\rangle$ 型反相畴界。由于｛111｝与｛200｝具有最强的衍射强度，因此通常被选用来观察 DO_3 相与 B2 相及反相畴界。通过 TEM 观察畴界面衬度可以识别出反相畴界。｛111｝衍射能够观察 DO_3 有序相的两种反相畴界，｛200｝衍射只能看到 $1/4\langle 111\rangle$ 型反相畴界，由此可以区分这两种反相畴界。另外，在（222）超点阵暗场下也可观察到 B2 有序相的反相畴界。

在前人以往对高硅钢反相畴界的 TEM 观察中，1/4<111>型反相畴界比较平滑并呈弯曲状，没有规则的形态，为各向同性。而 DO_3 相的 1/2<100>型反相畴界具有各向异性，呈现板条编织状或矩形条垂直交叉状，沿着<100>方向规则排列，呈现出较强的立方织构，也有学者认为其表现出择优取向，平行于{100}面。从尺度上，由于 DO_3 相是在 B2 相有序畴中形核长大，所以 B2 相的 1/4<111>型反相畴界比 DO_3 相的反相畴界更大。

初始为无序状态的 6.5%Si－Fe 合金经过 700 ℃保温不同时间后{200}暗场像如图 1.7 所示。可见随着时间的延长，B2 相有序畴及反相畴界的变化。B2 相有序畴不断增大，B2 相反相畴界密度在不断下降，1/4<111>型 B2 反相畴界呈弯曲状，无规则形态且无方向性。

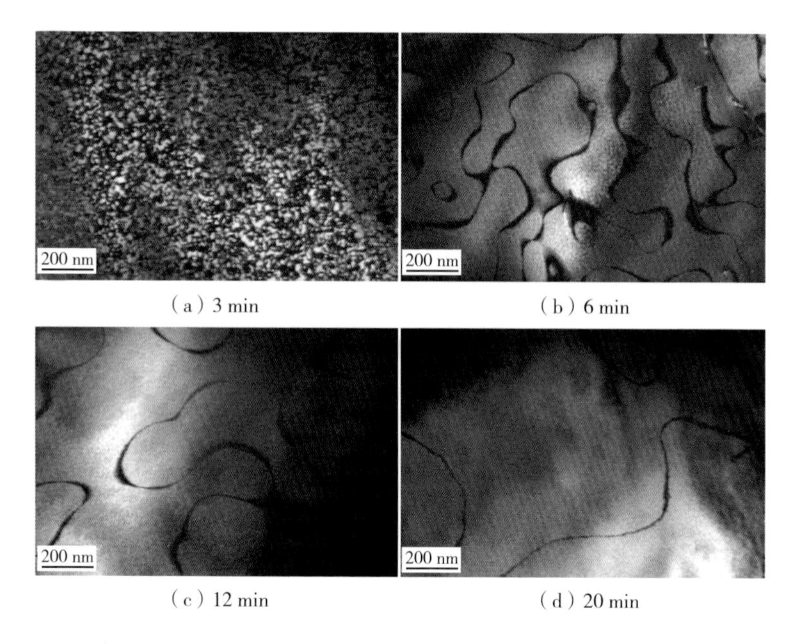

(a) 3 min (b) 6 min (c) 12 min (d) 20 min

图 1.7 6.5%Si－Fe 合金经过 700 ℃保温不同时间后 B2 有序相的变化{200}暗场像

随着退火温度的降低和时间的延长，会在 B2 有序相中逐渐形成 DO_3 有序相。B2 有序相向 DO_3 有序相转变是个复杂的过程，有学者通过 TEM 观察了硅含量为 12.4at%、13.8at%和 14.6at%的高硅钢 B2 相向 DO_3 相亚稳转变过程，认为其通过调幅分解完成了有序化和两相分离，如图 1.8 所示。

还有学者认为在 B2 相向 DO_3 转变过程中，先在 B2 相基体内形成具有 1/4<111>型反相畴界的 DO_3 有序畴，随着有序化的进行，内部发生调幅分解，沿着<100>方向析出另一种具有 1/2<100>型反相畴界的 DO_3 有序畴。

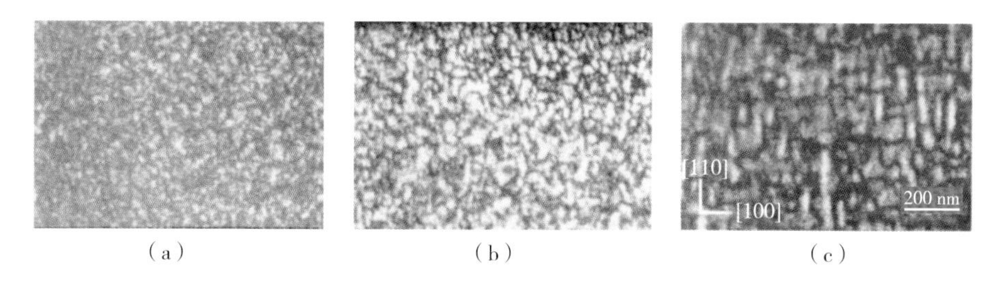

图 1.8　Fe－12.4at%Si 高硅钢经过 830 K 保温 3.6（a）、10.8（b）和 90 ks（c）的{111}暗场像

也有学者认为由于 1/4<111>型反相畴界热稳定性变化，随着有序化的进行，DO_3 有序畴的反相畴界类型由 1/4<111>型向 1/2<100>型转变，如图 1.9 所示。

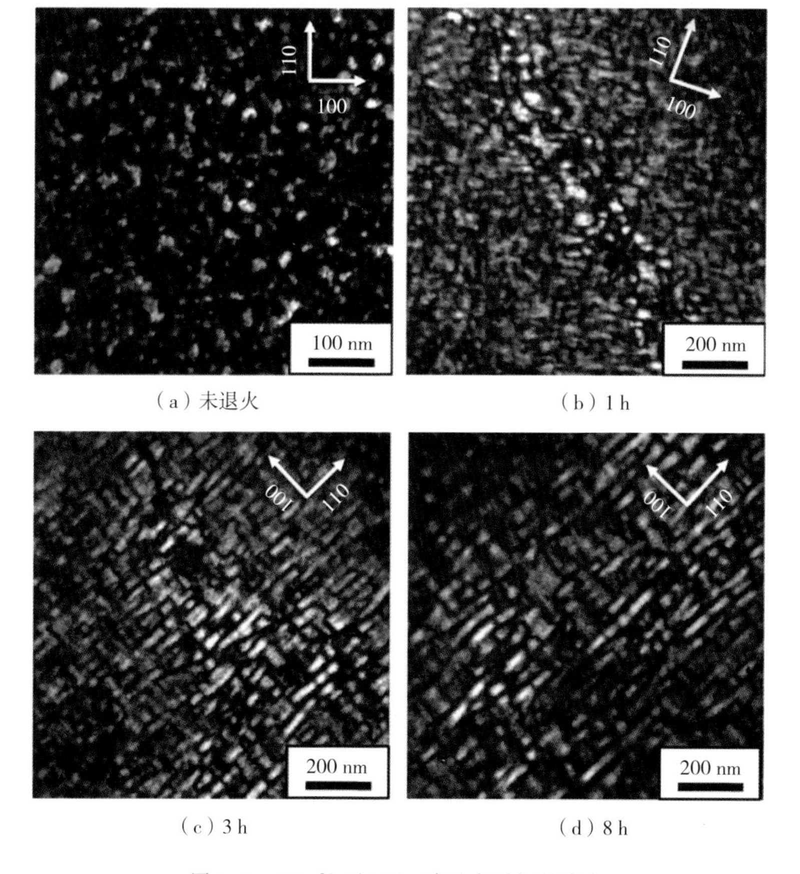

图 1.9　600 ℃下 DO_3 随退火时间的变化

1.1.4 高硅钢的孪生变形行为

有文献在研究柱状晶高硅钢在 400 ℃、低应变速率拉伸和压缩变形过程中，发现了以{112}<111>为孪生系统的高密度孪生变形行为，如图 1.10 和图 1.11 所示，基体和内部的条带状组织之间呈现约 60°<111>的转轴关系。相比等轴晶高硅钢试样，柱状晶高硅钢中温拉伸伸长率、塑性变形能力有很大提高。

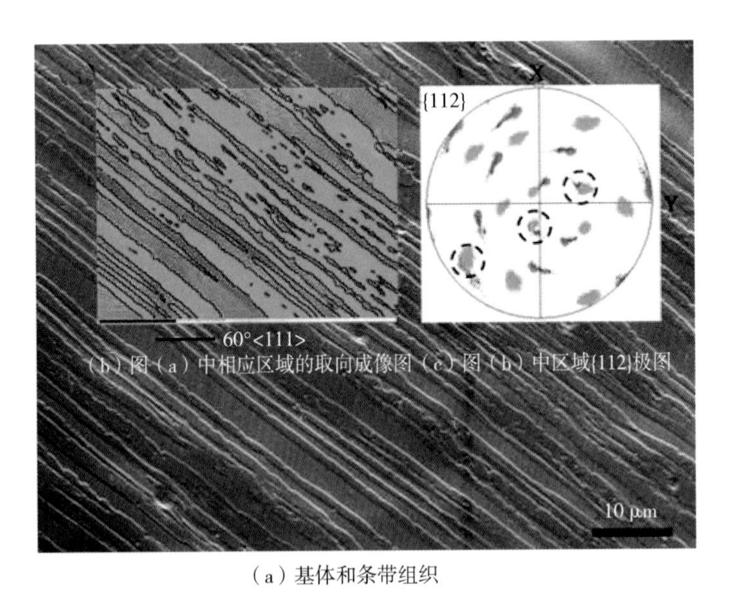

(a) 基体和条带组织

图 1.10 高硅钢柱状晶试样基体和条带组织间的取向关系（400 ℃，0.5 mm/min）

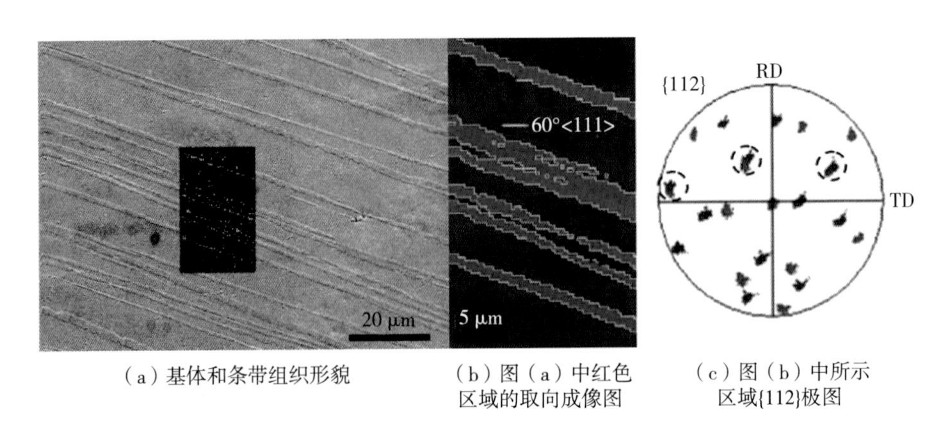

(a) 基体和条带组织形貌　(b) 图 (a) 中红色区域的取向成像图　(c) 图 (b) 中所示区域{112}极图

图 1.11 基体和条带形貌间的取向关系

由此可见，高密度均匀形变孪晶可降低高硅钢柱状晶的有序度，使其塑性变形能力大幅度提高。另有研究近柱状晶高硅钢温轧退火板继续冷轧至 0.3 mm（50%总冷轧压下量）时，中心 {001} <110>形变组织内出现倾斜的条带组织，带内取向为近 {111} <112>，可能是形变孪晶继续受到形变的转动取向，此时的取向关系是～50°<110>而不是 60°<111>，图 1.12 (b) ～ (e) 给出的两个旋转立方取向分布及带内取向差数据，推测为一种特殊孪晶。3%Si 钢中的旋转立方很少出现孪晶现象，说明高硅钢的滑移系可能因有序而改变。这种类似于孪生的过程使旋转立方取向消失，退火时旋转立方取向也会因内部再结晶而消失，冷轧旋转立方取向不再稳定。以上研究结果表明，孪生变形机制可在高硅钢位错滑移机制难以实现的时候进行大的塑性变形，并通过调节取向使滑移、孪生等变形机制再次实现。对具有等轴晶或近柱状晶的高硅钢而言，孪生虽然不会给塑性变形做出大的贡献，但会对变形过程中晶体取向的演变及形变后再结晶织构的变化产生一定的影响。

(a) 取向成像图

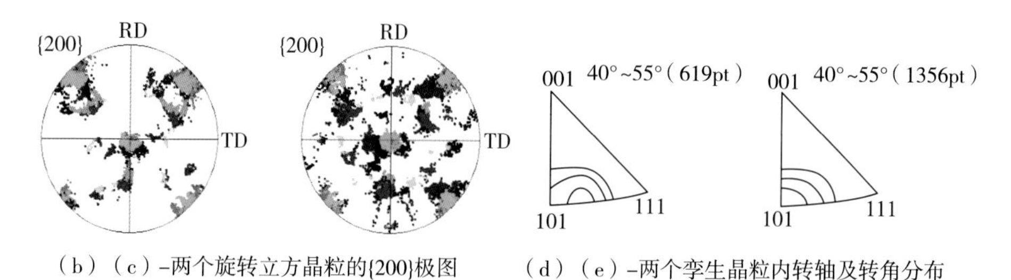

(b)(c)-两个旋转立方晶粒的{200}极图　　(d)(e)-两个孪生晶粒内转轴及转角分布

图 1.12　0.3 mm 冷轧板组织及取向特点

1.1.5　降低高硅钢铁损的方法

大量研究表明，通过对高硅钢采用不同的热处理工艺改变高硅钢薄板的晶粒尺寸与织构、同时控制高硅钢的有序化程度，可以降低铁损。

有学者认为晶粒尺寸是影响铁损的主要因素，最合适的晶粒尺寸是随着电工钢电阻率（硅含量）增大、使用频率降低或板厚减薄而增大。0.35 mm

厚6.5%Si-Fe板在Ar气或真空中退火后，晶粒尺寸为0.3～0.7 mm时，不同频率下铁损最低。对0.3 mm厚的冷轧高硅钢板经过900～1150 ℃退火1.5 h，平均晶粒尺寸为150～900 μm，随着退火温度的升高，μ_m增加，H_c降低，磁滞损耗降低。在400 Hz～40 kHz频率下，经1000 ℃退火1.5 h的铁损最低，此时的晶粒尺寸约为400 μm，随着频率的增大，铁损差异愈加明显。其原因是晶粒尺寸的增大可以降低磁滞损耗，但同时也会提高涡流损耗，在较低频率下，磁滞损耗占主要，在高频下涡流损耗占主导，因此小晶粒更有利于高频铁损。另有文献表明：0.05 mm厚的冷轧高硅钢薄板经过900～1200 ℃退火1.5 h，在60 Hz～5 kHz频率下，经过1200 ℃×1.5 h退火的铁损最低，而在10～40 kHz频率下，经过1100 ℃×1.5 h退火的铁损最低，表明不同频率下有最合适的晶粒尺寸，随着频率的增加，最合适的晶粒尺寸有减小的趋势，与0.3 mm厚的冷轧高硅钢板相比，随着高硅钢板厚度的减薄，最合适的晶粒尺寸也会增大。

除了晶粒尺寸影响因素外，高硅钢与普通3%Si硅钢相比有其自身的特殊性，就是在低温有序化转变，B2和DO_3有序相的析出数量和形态也在一定程度上影响高硅钢的铁损。研究表明B2结构增多，K_1降低，DO_3结构增多，λ_s降低，DO_3结构增多比B2结构的增多对磁性能有利。经过500 ℃油淬或者900 ℃淬火后500 ℃×1 h退火试样的μ_m提高，铁损降低。原因是B2相分解出的DO_3相，可改善磁性，但是DO_3相粗化，会增加磁畴壁移动阻力，提高磁滞损耗，对铁损不利，因此要控制好DO_3相和B2相的比例。反相畴界对磁畴壁的移动有钉扎作用，反相畴界密度越大，会提高磁滞损耗。通过合理的热处理工艺控制B2和DO_3相反相畴界的尺寸可以降低磁滞损耗，从而降低铁损。前人研究表明：DO_3有序相的析出并不会导致整体取向的变化，即磁感的变化，但可降低饱和磁滞伸缩系数，有益于降低低频铁损值，但其作用相比晶粒尺寸较小。

对于取向高硅钢，通过控制有序相DO_3的析出也可以降低铁损，研究表明炉冷比空冷和油冷要好，B2和DO_3相有序畴尺度增大、反相畴界密度降低导致磁滞损耗的降低，DO_3相在经过600 ℃长时间时效后，保温3 h内反相畴界由1/4＜111＞型转变为1/2＜100＞型，磁滞损耗不断降低，但随着退火时间继续延长，由于新反相畴界长大具有各向异性，增加了180°磁畴中楔形畴的数量，从而增加了反常损耗，对总铁损不利。另外，提高B_8（取向度）可以使磁滞损耗明显降低。若轧制法制备的高硅钢磁各向异性明显，在轧向和横向上铁损差异较大，说明取向起到一定的作用。通过铁损分离计算表明6.5%Si 取向硅钢的反常因子比 3%Si 取向硅钢和 6.5%Si 无取向高硅钢的反常因子更大，原因是 180°磁畴更大（6.5%Si－Fe（110）[001] 单晶体中 180°磁畴尺寸约为 4 mm），因此磁畴细化也可以降低铁损。

采用原子力显微镜观察了 0.3 mm 厚冷轧高硅钢薄板经过 1000 ℃退火后磁畴如图 1.13 所示，可以看出 180°磁畴间距约为 2 μm。采用透射电镜对 6.5%Si 钢有序相 B2 与 DO_3 析出进行观察，同时也观测到了磁畴，如图 1.14 所示，并讨论了有序相析出时反相畴界对磁畴壁的钉扎作用，会降低磁导率、提高矫顽力，对磁性能产生不利的影响，因此降低反相畴界的密度，可以降低磁滞损耗，从而降低铁损。6.5%Si 取向硅钢的磁畴尺寸一般为 0.8～1.5 mm宽，为进一步降低铁损，20 世纪 90 年代初新日铁公司申请的专利采用高能量激光照射或局部酸洗的方法进行了细化磁畴，如图 1.15 所示。

该专利提出控制沟槽深度 15～20 μm，沟槽宽度 80～200 μm，沟槽间距 10～30 mm，沟槽与轧制垂直方向的夹角为 0°～15°，铁损得到一定程度的降低，叠片系数为 97.9%～98.5%。沟槽与轧制垂直方向的夹角保持在 0°～10°较好。考虑到细化磁畴对 B_8 的削弱，$\Delta B_8=$（沟槽宽度/沟槽间距）×100%，沟槽宽度与间距的比值小于 0.1。涂绝缘膜经消除应力退火后，磁畴宽度可减小到 0.6 mm，0.4 mm 厚 6.5%Si 取向硅钢板的 $B_8=1.66$ T，$P_{10/50}$ 从 0.39 W/kg 降到 0.25 W/kg，叠片系数 98%，噪声小。

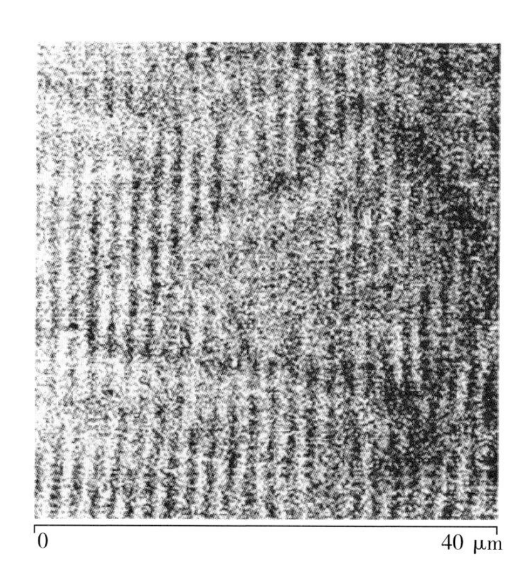

图 1.13　0.3 mm 厚冷轧高硅钢退火薄板 40 μm×40 μm 原子力显微镜图像

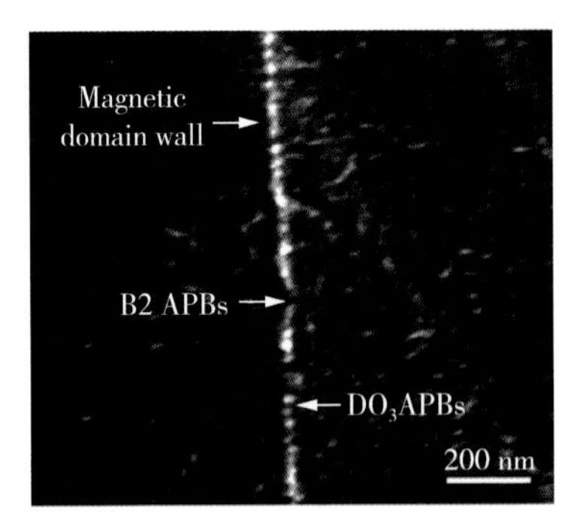

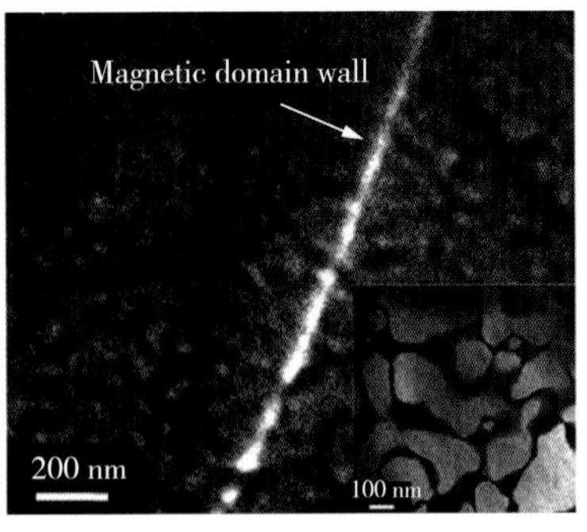

图 1.14 反相畴界和磁畴壁的 TEM 微观形貌

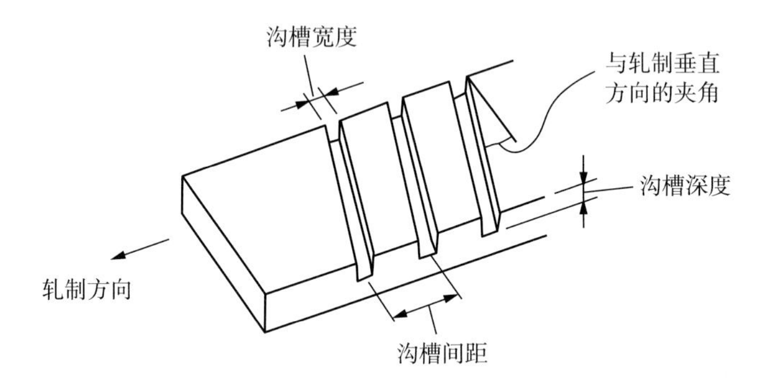

图 1.15 细化磁畴后的钢板示意图

1.2 轧制法制备无取向高硅钢

1.2.1 逐步增韧增塑轧制法

低温下有序相的出现使得高硅钢变得硬且脆，加工性能急剧下降，导致冷加工变形困难，难以利用常规工艺轧制成形。为了回避大幅度塑性变形，有人另辟蹊径采用其他特殊制备方法，如化学气相沉积法（CVD）、热浸扩散法、电沉积法、快速凝固法、激冷甩带法、粉末轧制烧结法、喷射成型法等多种手段，但都因为成本高、技术复杂、效率低很难进行大规模的工业生产。唯一已投入生产的 CVD 法，因为对设备腐蚀、环境污染破坏严重，不符合人们对环保的要求。大量研究表明，通过制定合理的热加工和热处理工艺，掌握并控制高硅钢有序化转变规律，进行增韧增塑处理，可以改善其塑性。

为了改善高硅钢的塑性，有人采用添加B元素的微合金化法。B原子处于体心立方的八面体间隙中，改变了DO_3超点阵的微观环境，降低了位错的反相畴界能，畴界密度增大，长程有序度降低，有序化作用减弱，位错可以相对独立地滑移，从而提高高硅钢的塑性。硼的添加增强了晶界的结合力，使得晶界处位错激活和对滑移的调节作用得到改善，滑移能在晶界以较低的应力累积水平开动和传递；同时B元素的添加可以细化铸态晶粒，提高了高硅钢的强度和塑性。除了B元素，还有人添加一定量的Ni或Mn元素提高合金的延伸率。Ni是铁磁性元素，细化晶粒提高塑性的同时，对磁性能也有利。最近也有研究通过添加Cr和Ce元素来降低有序度、细化晶粒、强化晶界、提高塑性和韧性。高硅钢塑性变形时，大量位错持续不断地滑移会使得位错密度增加、出现大量形变带，破坏低温有序化进程，因此大变形量的冷轧可以降低合金有序度。随变形量的增加，高硅钢的硬度缓慢降低，呈现明显的形变软化现象，明显提高塑性。对处于高温无序结构状态的高硅钢采用油淬和水淬等快速冷却的方法使无序状态尽量多得保留到低温，抑制有序相B2和DO_3的大量生成，析出相尺寸减小且数量减少，有序相畴尺寸降低，从而提高高硅钢低温塑性变形的能力。

基于以上思想，已开发出逐步增塑法制备高硅钢薄板技术，即采用“热轧—温轧—冷轧”三步轧制法加上合理的热处理工艺，可以克服高硅钢的本征硬脆性确保稳定轧制成形，成功制备出薄规格的高硅钢薄板带。为了进一步提高磁性能，有人采用定向凝固技术制备高硅钢柱状晶，在合适的温度区间进行温轧、冷轧结合热处理工艺获得高硅钢冷轧薄板。用定向凝固技术制备高硅钢纯铁包覆板坯进行轧制还可以减少冷轧薄板边裂。还有人利用定向再结晶技术控制高硅钢晶界特征分布，同时获得大量小角度及低Σ重合位置点阵（CSL）晶界，使其塑性变形能力明显提高。

1.2.2 高硅钢薄板织构优化控制

电工钢磁性能的好坏很大程度上取决于组织与织构。在轧制热处理过程中高硅钢的组织织构会发生规律性演变，并对磁性能产生重要影响。

在铁磁单晶体中不同晶轴方向上的磁性不同称为磁晶各向异性，是因为受电子轨道和磁矩与晶体点阵的耦合作用，磁矩沿着一定晶轴择优排列。作为体心立方α-Fe和3%Si-Fe单晶体，＜100＞晶轴为易磁化方向，＜111＞

晶轴为难磁化方向。磁晶各向异性常数 K_1 的大小反映了磁矩对晶体的依赖性。随着 Si 含量的增加，K_1 值降低。铁的 $K_1=48.1\ kJ/m^3$，3%Si 硅钢 $K_1=32.6\ kJ/m^3$，而 6.5%Si 高硅钢 K_1 比 3%Si 硅钢约低 40%。饱和磁感应强度 B_s 的大小取决于铁磁性元素每个原子的磁矩数，随着硅含量增加，磁矩数减少，B_s 降低。纯铁 $B_s=2.158$ T，3%Si 硅钢 $B_s=2.03$ T，而 6.5%Si 钢 $B_s=1.80$ T。虽然高硅钢的磁晶各向异性更小，饱和磁感更低，但对于组织敏感的磁性能，如不同磁场下的磁感应强度和铁损依然受到组织与织构的强烈影响。已有研究结果表明，通过对高硅钢的织构进行优化控制仍可以提高磁感。目前，0.2 mm 厚的 CVD 法生产的无取向高硅钢产品磁感 B_8 仅为 1.27～1.30 T，而采用轧制法并对织构优化控制可以使其磁感 B_8 超过 1.4 T，甚至 1.5 T 以上。

综合相关文献，高硅钢织构的优化控制分两个方向。一是获得强{001}织构（以立方或 25°旋转立方织构为主，＜001＞//ND），特点是在{001}面上有两个易磁化方向，都具有较高磁感。一是获得强 η 织构（＜001＞//RD），特点是在轧向上获得更高磁感、更低铁损（相对于横向），磁各向异性明显。在获得以上两种织构的同时，对磁性能不利的 γ 织构被抑制。提高{100}及{110}或至少减弱{111}取向晶粒的比例，制备出有织构的新型无取向高硅钢。

轧制法获得强{100}织构有两种途径。一种是采用柱状晶薄连铸坯通过小压下率热轧（25%）、中等压下率温轧（67%）获得以旋转立方和 α 织构为主的轧制织构，γ 织构相对较弱。经过高温短时退火，{001}织构显著增强，γ 织构继续减弱。另一种是采用锻坯大压下率热轧（97%）后，经过 1000 ℃×5 min 常化处理，再经过多道次（18 个道次）、小的道次压下率、大的总压下率温轧（77%）后获得以{112}＜110＞为主的 α 织构和{111}＜112＞为主的 γ 织构，900 ℃退火后，{001}＜210＞成为主要组分，γ 织构减弱。综上可知，通过在较高温度下、多道次、小压下率轧制，获得以旋转立方和 α 织构为主的轧制织构，抑制 γ 织构的形成，是在后续高温退火中获得强{001}织构的关键。采用柱状晶铸坯比等轴晶铸坯更容易获得强{001}织构。

获得强 η 织构（＜001＞//RD）也有两种途径。一种是通过大压下率热轧、温轧（75%）、中等压下率（50%～60%）冷轧，另一种是经过大压下率热轧、1050 ℃×25 min 常化处理后，直接采用中等压下率（64%）冷轧，最终都获得以{111}<112>为主的γ织构，退火后生成以{210}<001>为主和部分{110}<001>织构。共同之处在于，不论是热轧常化板还是温轧板中粗大的晶粒都有利于冷轧剪切带的形成，采用较大的冷轧压下率是关键，利用{210}<001>及{110}<001>晶粒在{111}<112>冷轧形变晶粒内的剪切带中优先形核长大，如图 1.16 所示，最终获得强η织构。

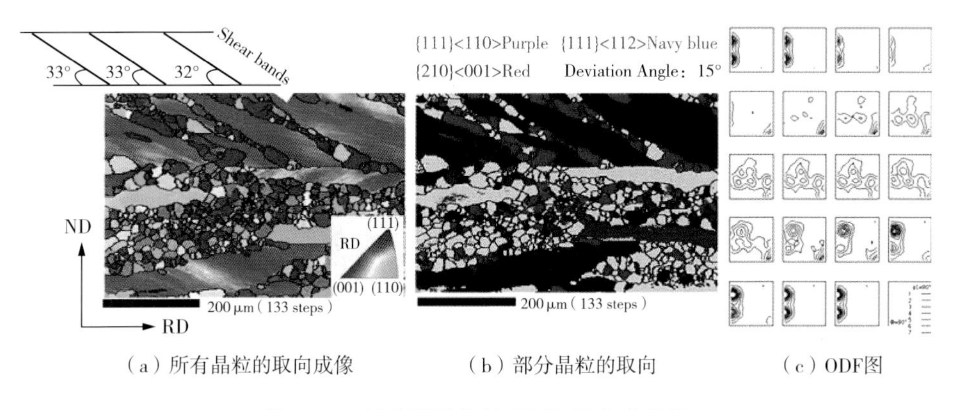

（a）所有晶粒的取向成像　　（b）部分晶粒的取向　　（c）ODF图

图 1.16　部分再结晶的 EBSD 取向成像图

1.2.3　无取向高硅钢薄板磁性能

以工业纯铁、硅为主要原料，添加了少量的纯镍和纯铜，采用真空感应炉熔炼，浇注成铸锭，化学成分见表 1.2 所列。采用真空感应炉熔炼并浇铸，空气锤自由锻造成板坯。利用“热轧—温轧—冷轧”三步轧制法加上合理的热处理工艺，制备具有强η织构的高硅钢薄板。

表 1.2　新型无取向高硅钢铸锭的化学成分　(wt%)

元素	C	Si	Ni	Cu	Fe
含量	0.01	6.4	0.4	0.1	余量

铸锭在 1050～900 ℃锻造成 20 mm 厚的板坯，1250 ℃加热保温30 min后，1200～800 ℃经过 6 个道次热轧至 2.1 mm 厚；经过 950 ℃×1 min常化处理、900 ℃油淬后，在 750～550 ℃温度范围内温轧，轧到0.55 mm厚；再经过850 ℃×20 min 退火及油淬，在 200 ℃冷轧成 0.23 mm 厚薄板，压下规程为0.55→0.32→0.28→0.26→0.25→0.24→0.23（mm）；然后进行 850 ℃×5 min 脱碳退火，线切割成 30 mm×300 mm 标样，涂 MgO 隔离剂后，在高纯 H_2 气氛中经过 1200 ℃×8 h 最终退火，随炉冷却得到成品板。

通过对最终退火后的高硅钢薄板的磁性能进行检测，测得沿轧制方向的磁感应强度 B_8＝1.474 T、B_{50}＝1.714 T，铁损 $P_{10/50}$＝0.30 W/kg、$P_{15/50}$＝0.88 W/kg，与采用CVD法以及其他轧制法制备的高硅钢相比较，结果见表1.3所列。

表1.3 本试验与采用CVD法及其他轧制法制备的高硅钢薄板工频磁性能比较

制备方法		厚度（mm）	B_8（T）	$P_{10/50}$（W/kg）
本试验制备	脱碳退火板	0.23	1.463	0.99
	最终退火板	0.23	1.474	0.30
CVD法		0.20	1.27	0.6
		0.30	1.30	0.5
其他轧制法		0.30	1.44	—
		0.50	1.44	—
		0.50	1.458	—
		0.50	1.45～1.466	—

最终退火板的宏观组织如图1.17（a）所示。可见晶粒发生了均匀长大，大部分晶粒尺寸为1 mm左右。图1.17（b）为最终退火板局部表层的取向分布函数 φ_2＝0°、φ_2＝45°截面图，可见最终退火后的晶粒取向比较漫散，γ纤维织构几近消失，但η织构中的{310}＜001＞取向密度最高，达到了15.3，该织构易磁化方向＜100＞平行于轧向，所以最终退火板在轧制方向上仍获得较高磁感。

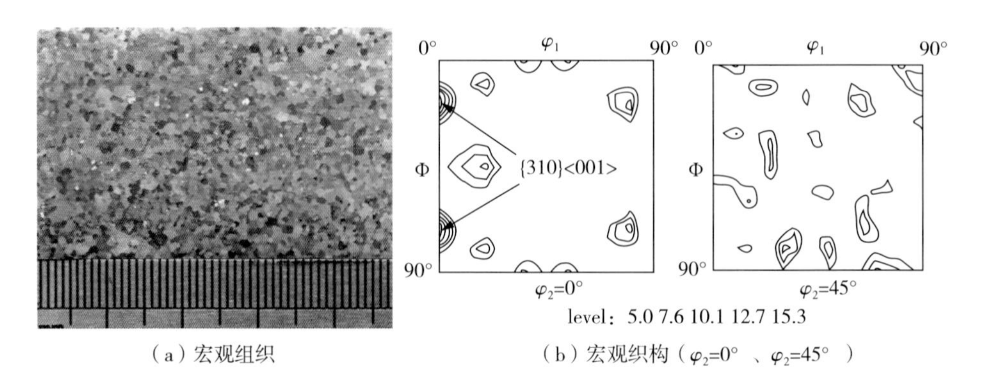

（a）宏观组织　　（b）宏观织构（φ_2=0°、φ_2=45°）

图1.17 最终退火板

表 1.3 给出了高硅钢脱碳退火板与最终退火板磁性能，可见最终退火后磁感提高较少，而铁损却降低很多，随着退火温度的升高及保温时间的延长，平均晶粒尺寸不断增大，晶界所占面积不断减小，缺陷密度降低，磁滞损耗 P_h 大大降低。但磁畴尺寸也会随着晶粒尺寸增大而增大，涡流损耗 P_e 会增高。但由于高硅钢自身电阻率高（82 $\mu\Omega \cdot$ cm），工频铁损中涡流损耗 P_e 所占比重小，所以最终退火板相对于脱碳退火板铁损降低了很多。

表 1.4 给出了本实验制备的高硅钢成品板在工频至高频（50 Hz～20 kHz）下的几种典型铁损值，并与日本 JFE 公司生产的其他近似厚度的硅钢产品进行比较。相比普通无取向硅钢，从高频至工频铁损降低 18%～56%，在较低频率下铁损降低更为明显；相比高磁感取向硅钢（HiB），工频下铁损较为接近，而在 400 Hz 及更高频率下铁损值更低，当频率超过 2000 Hz 铁损降低 30%以上；相比采用 CVD 法生产的高硅钢（JNHF-Core），本实验成品在 2000 Hz 频率下铁损更低，更高频率下铁损反而更高，如图 1.18 所示。除了 JNHF-Core 厚度更薄（0.20 mm）对降低涡流损耗的贡献之外，一方面因为本实验成品板经过长时间高温退火晶粒尺寸相对较大对高频铁损不利，另一方面 CVD 产品由于表层 Si 含量高，高频下的集肤效应导致涡流集中在表层，所以涡流损耗明显降低。通过以上对磁性能的比较可以看出本实验制备的 0.23 mm 厚高硅钢薄板在 2 kHz 频率以下铁损优于 CVD 法生产的高硅钢产品，从工频至高频铁损都优于 3%Si 高牌号的无取向硅钢及 HiB 取向硅钢。

表 1.4 本实验制备的高硅钢与其他类型硅钢磁性能比较

样品类型	工频至高频典型铁损值（W/kg）						
	$P_{10/50}$	$P_{10/400}$	$P_{10/1k}$	$P_{5/2k}$	$P_{2/5k}$	$P_{1/10k}$	$P_{0.5/20k}$
本实验高硅钢 0.23 mm 厚	0.3	6.16	25.0	21.3	19.9	18.8	16.9
JNHF-Core 0.2 mm 厚	1.2	14.5	51.6	29.1	17.9	12.7	9.5
HiB 取向硅钢 0.23 mm 厚	0.3	7.8	35.0	33.0	33.0	30.0	32.0
无取向硅钢 0.2 mm 厚	0.7	11.0	38.5	33.2	26.2	23.0	—

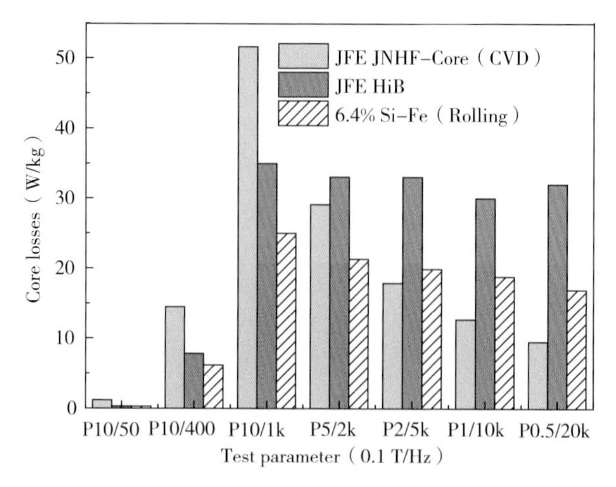

图 1.18　本实验制备的高硅钢与 JFE 公司生产的 JNHF - Core 高硅钢和 HiB 取向硅钢磁性能的比较

1.2.4　无取向高硅钢组织与织构演变

为了澄清高硅钢薄板最终能获得强 η 再结晶织构的原因，利用 XRD 和 EBSD 织构检测技术对高硅钢从锻造、热轧、常化、温轧、冷轧及热处理直到高温退火每个工艺阶段的组织织构进行分析，并研究其织构演变规律，可为高硅钢织构优化控制提供有价值的参考。

锻造不仅可以获得便于热轧所需的板坯形状（65 mm 宽、20 mm 厚），还可以破碎晶粒、改善组织，提高材料的塑性。图 1.19 所示锻造板坯为均匀的等轴晶组织。统计了 300 多个晶粒的取向，结果表明原始板坯晶粒取向为随机取向，通过 $\varphi_2=45°$ 截面 ODF 图上可见有较强的靠近 γ 取向线的织构，还存在少量的近立方织构，这会对后续的织构演变产生一定影响。

图 1.20 给出了热轧板侧面的 EBSD 取向成像，以及占热轧板全厚 1/4 上表层、1/2 中心层和 1/4 下表层区域的极图和 ODF 图。图 1.20（a）中红色代表＜001＞//RD 取向晶粒，其中以 Goss 取向为主（占 43％），黄色代表黄铜 {110} ＜112＞，灰色代表铜型 {112} ＜111＞，绿色代表 45°旋转立方 {100} ＜110＞，灰色代表 {111} ＜112＞，紫色代表 {111} ＜110＞，青色代表 {112} ＜110＞，橄榄色代表 {112} ＜241＞。结合极图和 ODF 图分析可知，高硅钢板在采用大压下率热轧时（压下率为 89％），由于表面所受的剪切力使得热轧次表层产生剪切织构，主要包括高斯织构、黄铜织构和铜型织构，而中心层受平面应变压缩，组织以粗大的形变晶粒为主，其中 {111} ＜112＞和 {112} ＜241＞织构组分较强。

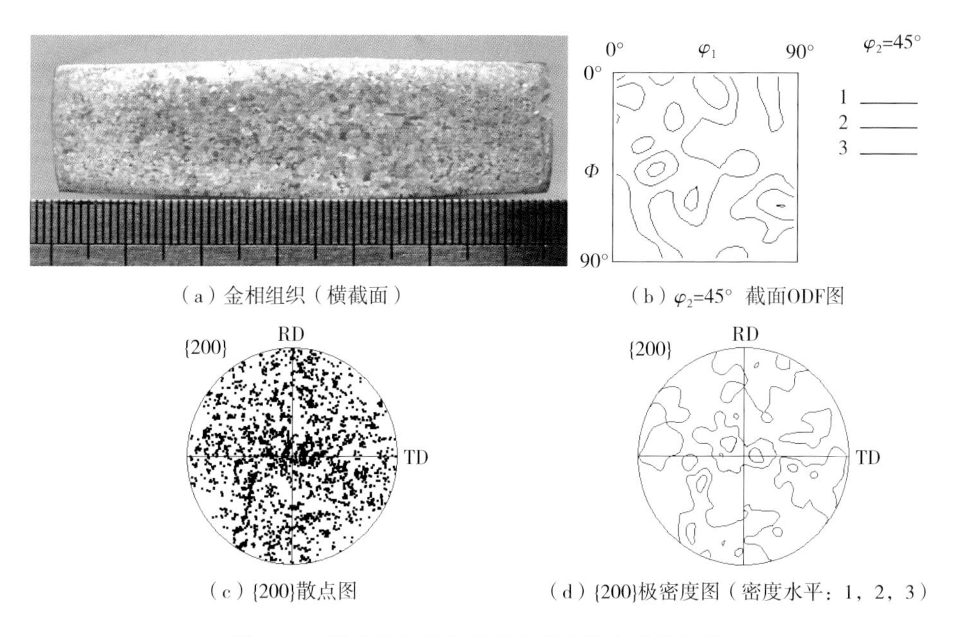

（a）金相组织（横截面）　（b）φ_2=45°　截面ODF图

（c）{200}散点图　（d）{200}极密度图（密度水平：1，2，3）

图 1.19　锻造板坯金相组织和晶粒取向统计结果

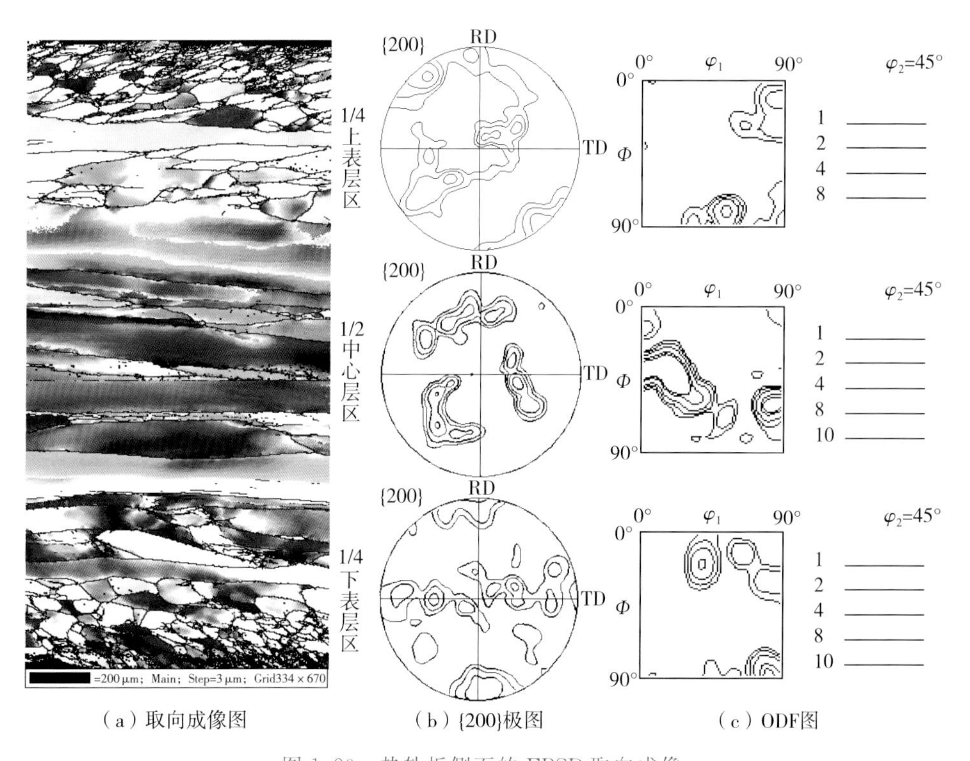

（a）取向成像图　（b）{200}极图　（c）ODF图

图 1.20　热轧板侧面的 EBSD 取向成像

图 1.21 给出了热轧板经 950 ℃×1 min 常化处理、900 ℃油淬后试样侧面的 EBSD 取向成像，以及占热轧常化板全厚 1/4 上表层、1/2 中心层和 1/4 下表层区域的极图和 ODF 图。由图 1.21（a）可见，热轧板经常化工艺处理后上下表层发生再结晶，中心层为回复组织，以旋转立方织构为主，还有 {111} <110>组分。虽然该常化板与之前的热轧板之间不存在对应关系，但可以看出，常化处理使热轧板组织更均匀，再结晶晶粒增多，加强 {100} 和 {110} 组分以及减少对磁性能不利的 {111} 取向晶粒。

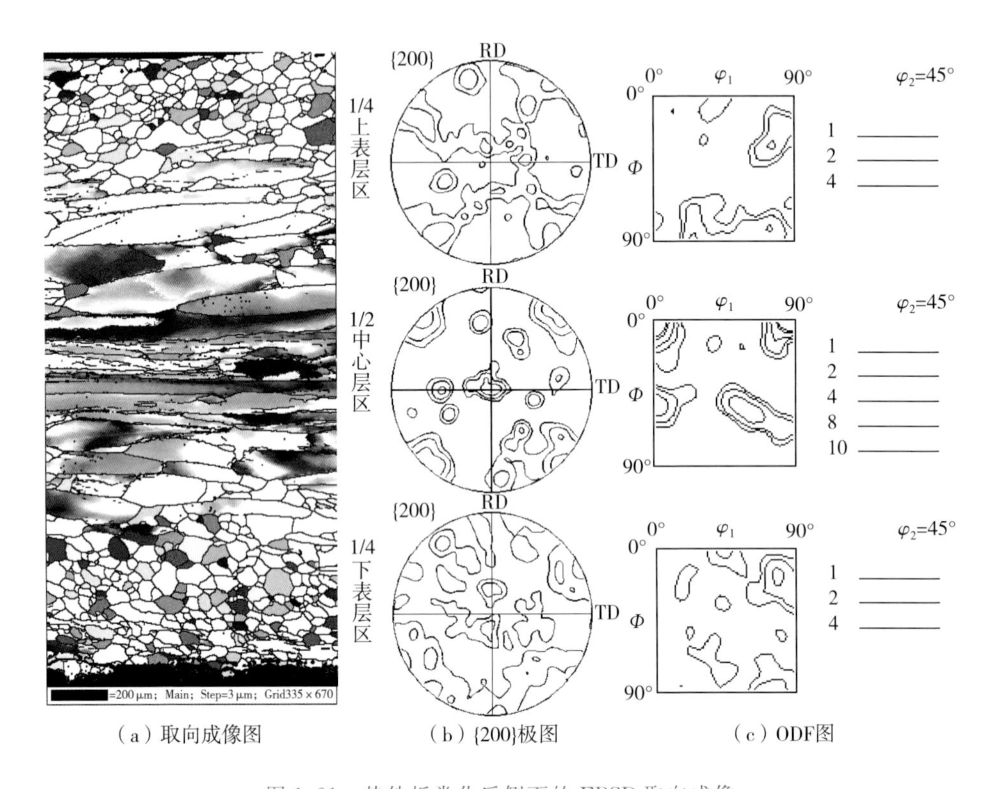

（a）取向成像图 （b）{200}极图 （c）ODF图

图 1.21 热轧板常化后侧面的 EBSD 取向成像

图 1.22 为高硅钢温轧板经过 850 ℃×20 min 退火、油淬处理前后的 EBSD 取向成像。温轧板中主要为回复再结晶组织，这是因为温轧分若干道次进行，总温轧压下率为 74%，道次压下率控制在 10%～20%，为防止板材脆性开裂，每道次轧完后重新在 850 ℃保温 2～3 min，使其发生回复再结晶过程，消除了部分加工硬化，然后在 750 ℃再次进行温轧。由图 1.22（a）可见，温轧板中以 {111} 织构为主，还有部分 α 织构，沿厚度方向上均匀分布。温轧板经 850 ℃×20 min 退火后进行油淬快冷，目的是抑制部分有序相

B2 的形成，并且抑制有序相 B2 向 DO_3 的转变，可提高后续冷轧塑性。B2 有序相虽然不能通过快速冷却加以完全抑制，但 DO_3 有序相的形成却可以在快速冷却的过程中完全被抑制。温轧板经过 850 ℃×20 min 退火、油淬处理后的组织如图 1.22（b）所示，可见温轧退火板中晶粒尺寸较大，平均晶粒尺寸约为 300 μm，在随后较大压下率的冷轧过程中，这些粗晶粒内部更容易形成剪切带。

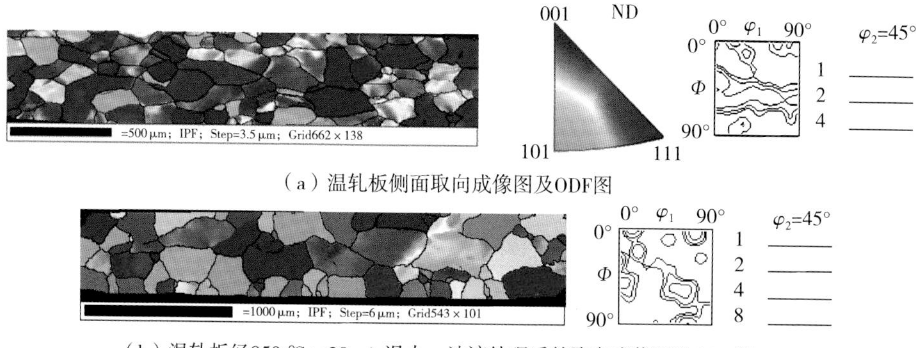

（a）温轧板侧面取向成像图及ODF图

（b）温轧板经850 ℃×20 min退火、油淬处理后的取向成像图及ODF图

图 1.22　温轧板热处理前后的侧面 EBSD 取向成像

高硅钢冷轧板如图 1.23 所示。由图 1.23（a）可见板带表面平滑光亮，无较深裂边，可实现卷曲，长达 800 mm，宽度约 40 mm。冷轧总压下率为 58%，在 100～200 ℃温度范围内具有较好的塑性。

图 1.23（b）为冷轧板的显微组织，可见其中存在偏离轧向约 30°形变剪切带。铁素体中剪切带的形成条件是当加工硬化到一定程度时，正常的位错滑移不能及时实现外载荷所强制推动的瞬间大变形量而发生塑性失稳，以剪切的方式释放高应变储能。由于高硅钢屈服强度较高、滑移的临界分切应力较大、加上冷轧前晶粒比较粗大，因此很容易因加工硬化造成高应力积累而诱发大量的剪切变形而获得剪切带组织。

图 1.23（c）为冷轧板次表层的取向分布函数 $\varphi_2=45°$ 截面图，可见冷轧板次表层有较强的 γ 织构，还有 α 织构，其中｛111｝＜112＞织构组分最强，最大取向密度达到了 7.6。

由于原始铸锭成分中 C 含量偏高，需要通过脱碳退火降低 C 元素的含量。脱碳退火工艺为 850 ℃×5 min，气氛为氮氢混合气氛，氮氢比为 3∶1，水浴温度为 65 ℃。高硅钢冷轧薄板经过脱碳退火后，C 含量由原来的 0.01%降低至 0.005%，虽然没有达到理想的 30 ppm 以下，但在一定程度上削弱了 C 作

(a) 样品外观 (b) 金相组织 (c) 次表层宏观织构

图 1.23 冷轧后的高硅钢薄板

为杂质元素对磁性能的有害影响。

图 1.24 为高硅钢冷轧薄板脱碳退火后的 EBSD 取向成像及 ODF 图。由图 1.24 (b) 可见退火板再结晶织构以 η 线织构为主，η 取向线上 {210} <001> 取向密度最强，达到了 8.6。由图 1.24 (c) 可见立方织构也比较强，其取向密度达到了 5.3，γ 线织构较弱，γ 线上取向密度最高处仅为 3.5。利用 EBSD 分析软件统计计算得出<001>//RD 取向晶粒的面积百分数为 32%，而 {111} <112>和 {111} <110>面积百分数分别为 11%和 6%。对脱碳退火

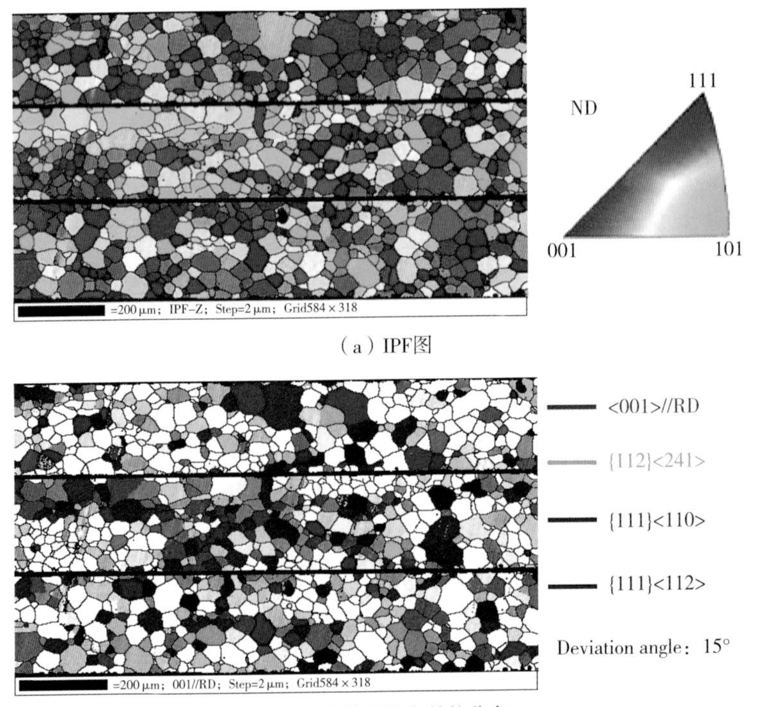

(a) IPF图

(b) 特殊取向晶粒分布

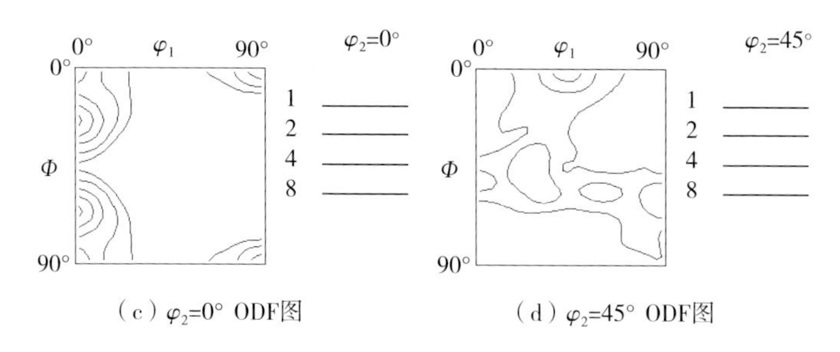

（c）φ_2=0° ODF图　　（d）φ_2=45° ODF图

图 1.24　脱碳退火板侧面取向成像及 ODF 图

板晶粒尺寸进行统计，结果表明平均晶粒尺寸约为 28 μm，但从图 1.24（a）可以看出存在晶粒尺寸不均匀的情况，其中较粗大晶粒多为<001>//RD 取向晶粒，周边为迁移率较高的大角度晶界，有利于该取向晶粒长大。

为了提高再结晶织构的统计性，通过层层减薄的方法对退火板的表层、次表层及中心层进行了 XRD 宏观织构检测，结果如图 1.25 所示。可知冷轧板经过脱碳退火后的确生成了以 {210} <001>为主的强 η 织构，无论是在

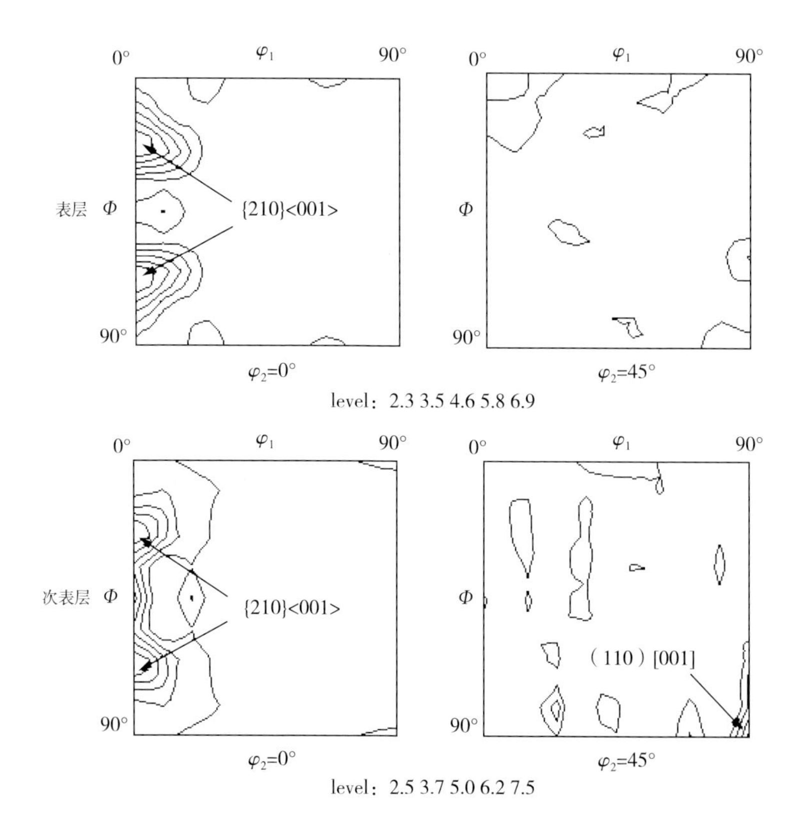

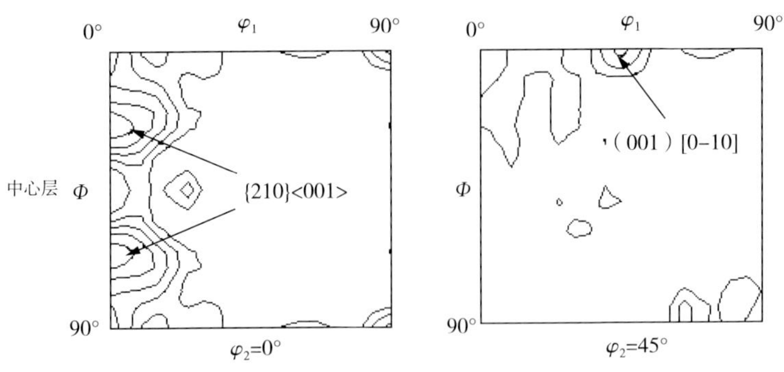

图 1.25 脱碳退火板的宏观织构（$\varphi_2=0°$和 $\varphi_2=45°$）

表层、次表层还是中心层，γ 线织构都较弱。{210} <001>在表层、次表层及中心层取向密度分别达到了 6.9、7.5 和 5.7，在次表层还具有较强的 Goss 织构，取向密度为 6.2，中心层还存在少量的立方织构，取向密度为 3.8。{210} <001>、Goss 和立方织构都具有易磁化方向<100>且都平行于轧向，所以脱碳退火板在轧向上获得较高的磁感，B_8 达到了 1.463 T。

为了观察冷轧退火板中 η 织构取向晶粒的形成过程，通过 EBSD 分析了发生部分再结晶的冷轧板试样中的晶粒取向。图 1.26 为经过 800 ℃×30 s 退火后的高硅钢冷轧薄板侧面及局部微区取向成像。还统计了优先发生再结区域的比例及其内部特殊取向晶粒的面积百分比，如图 1.27 所示。统计结果表明：该试样再结晶程度为 48%，<001>//RD 取向再结晶晶粒占据了很大比例，相对于再结晶区面积百分比为 33%，无论从数量上还是体积上，相对于其他特殊取向晶粒具有长大优势，部分再结晶区的 {200} 极图也反映出 η 织构较强，密度峰值主要集中在 {210} <001>。还未发生再结晶的区域残留着部分 {112} <110>、{111} <110>和 {111} <112>取向形变晶粒。图 1.26 (e) 为图 1.26 (b) 中局部放大图，可见 {210} <001>及 Goss 取向晶粒在 {111} <112>形变晶粒内约 30°剪切带中形核长大，与形变基体之间取向差为 35°～40°，可通过大角度晶界迁移而快速长大，与此同时 {111} <112>形变晶粒被较多<001>//RD 取向晶粒包围，将被逐步吞噬，最终形成了以 {210} <001>为主的强 η 织构。

图 1.28 为另一视场下高硅钢冷轧板部分再结晶的取向成像图，可见 η 织构取向再结晶主要分布在次表层，在其周围总伴随着残留的 {111} <112>取向形变晶粒。在次表层剪切带较密集地方，即形变储能较高的区域优先发

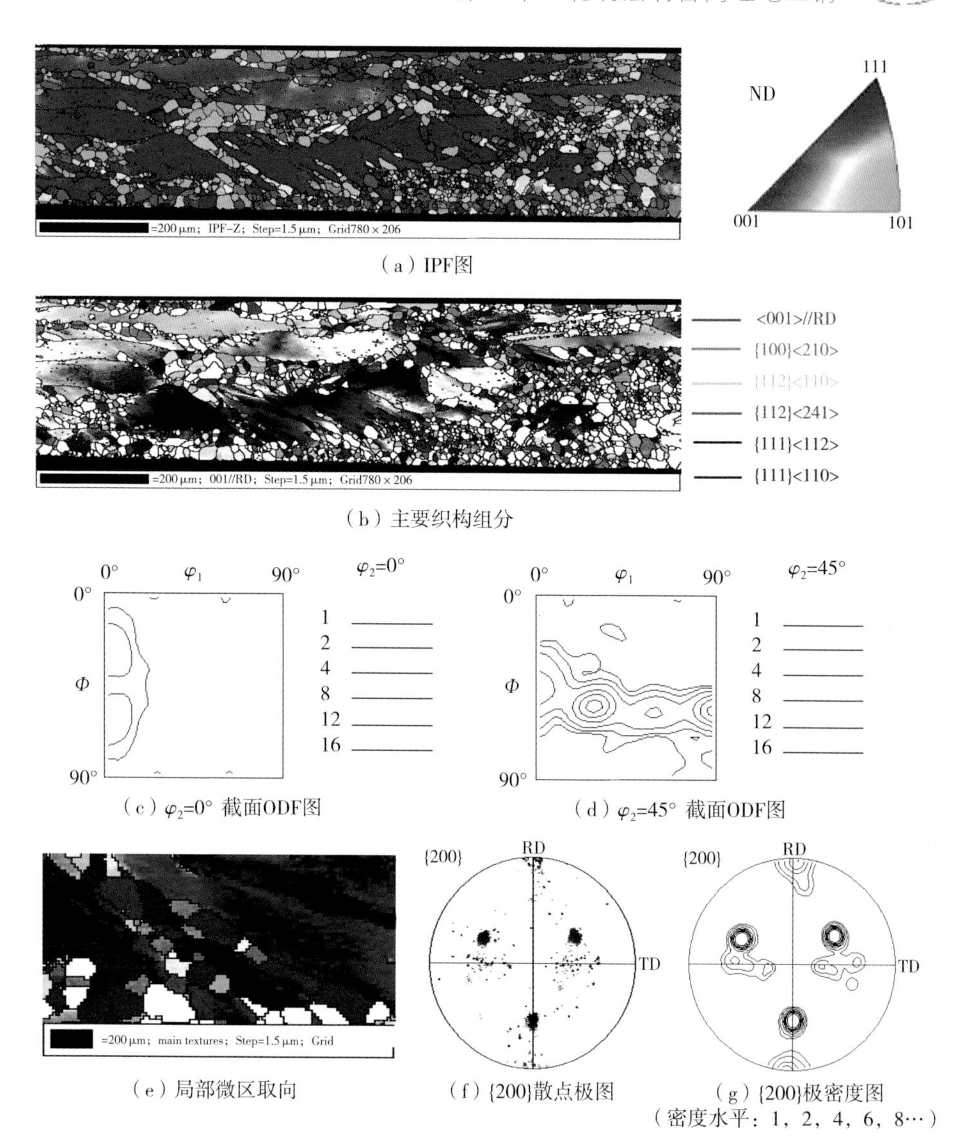

（a）IPF图

（b）主要织构组分

（c）$\varphi_2=0°$ 截面ODF图

（d）$\varphi_2=45°$ 截面ODF图

（e）局部微区取向

（f）{200}散点极图

（g）{200}极密度图（密度水平：1，2，4，6，8…）

图 1.26　800 ℃×30 s 高硅钢退火冷轧板侧面及局部微区取向成像

（a）取向成像图

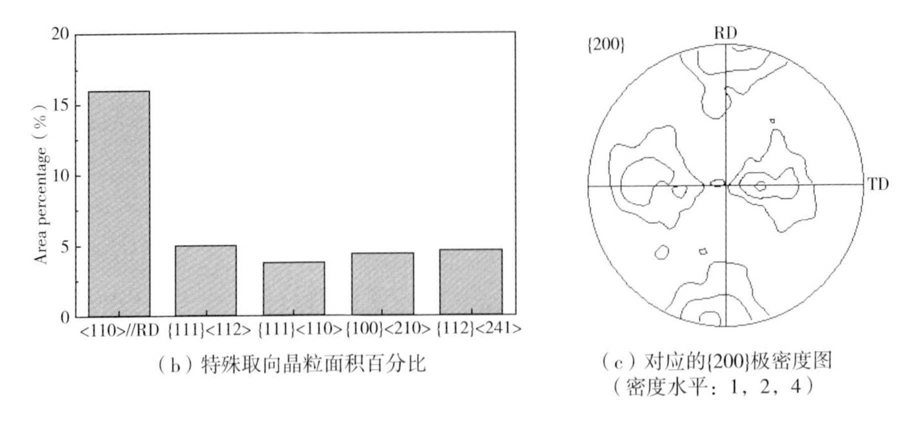

（b）特殊取向晶粒面积百分比

（c）对应的{200}极密度图（密度水平：1，2，4）

图 1.27　部分再结晶区的取向成像及各取向晶粒统计结果（偏差角：15°）

生再结晶，η 织构取向再结晶晶粒数量多并聚集成群。以上 EBSD 分析结果表明：η 织构取向晶粒主要在剪切带中形核并长大，而脱碳退火后形成以 {210}<001>为主的强 η 再结晶织构，这说明剪切带形核在其中发挥了重要作用。通过促进高硅钢 {111} <112>取向形变晶粒中剪切带形核可以提高 η 取向再结晶晶粒的比例，从而在轧向上获得更高的磁感。

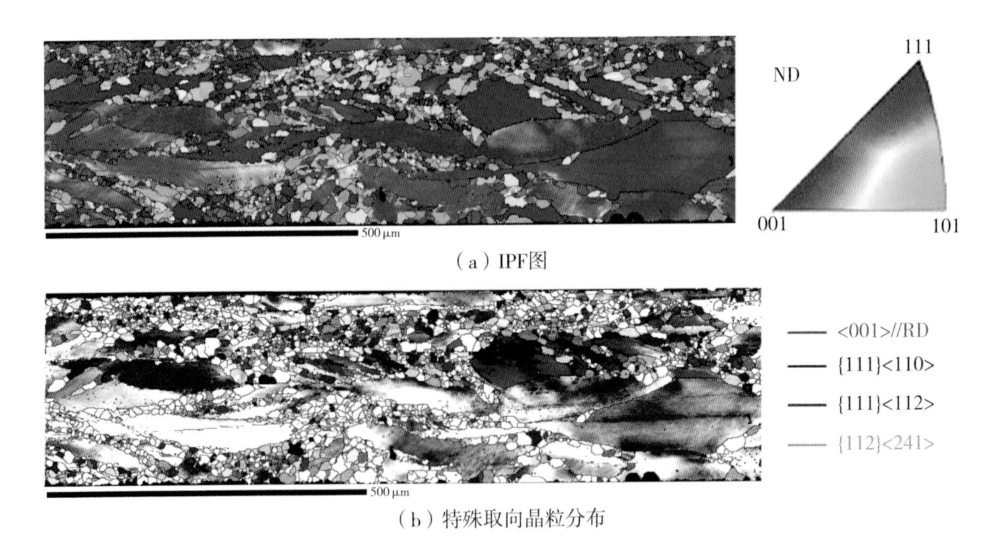

（a）IPF图

（b）特殊取向晶粒分布

图 1.28　高硅钢冷轧样品部分再结晶的取向成像

为了增大晶粒尺寸降低磁滞损耗，脱碳退火板在涂 MgO 隔离剂后，在高纯 H_2气氛中经过 1200 ℃×8 h 退火得到高温退火成品板，宏观织构如图 1.17 所示。XRD 宏观织构检测结果表明，冷轧退火板经过高温退火后虽出现随机取向，但以｛310｝＜001＞织构为代表的 η 织构得以保留并且增强，所以进一步提高了磁感。为了增强统计性，从中线切割出 16 片线样品叠加在一起，选择长度为 2.3 mm 区域，通过 EBSD 分析了最终退火板的组织与织构，如图 1.29 所示。可见所有的晶粒都已经贯穿板厚，平均晶粒尺寸约为 600 μm，其中 η 织构（＜001＞//RD）取向晶粒的体积分数为 37%，｛310｝＜001＞取向密度最强，与 XRD 宏观织构检测结果基本一致。以｛310｝＜001＞为代表的 η 织构组分增强，不但可以提高磁感，一定程度上还能够降低轧向铁损，尤其是磁滞损耗。因为＜001＞方向为易磁化方向，＜001＞取向晶粒增多，磁化过程中磁畴壁移动阻力减弱，磁滞损耗降低。此外成品板中还有一定量的｛100｝＜021＞取向晶粒，特点是在｛100｝面上有两个易磁化方向，具有较高磁感，对提高 B_{50} 有利。

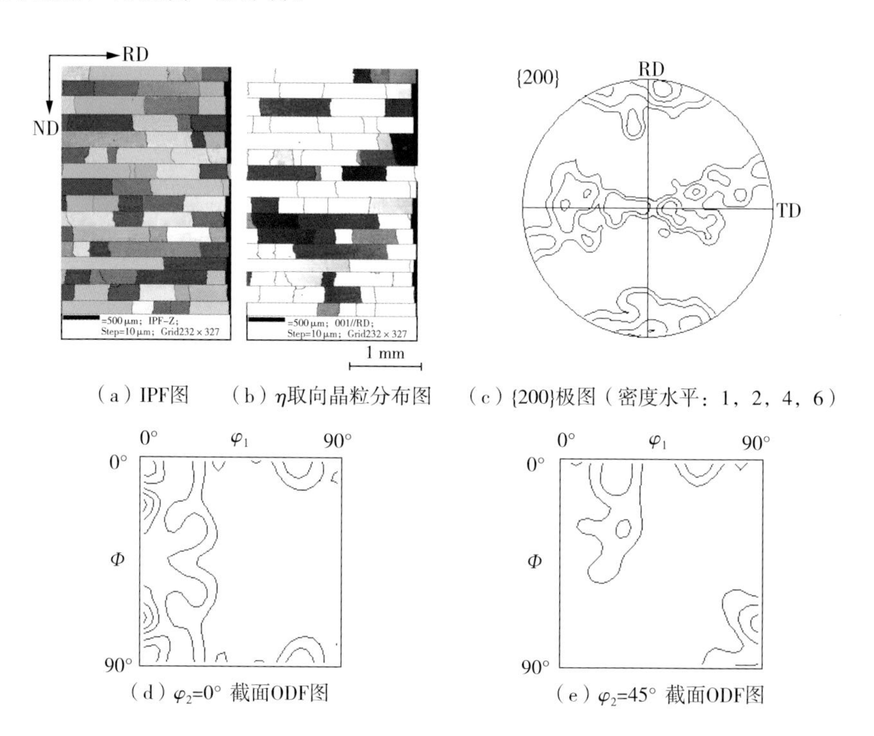

（a）IPF图　（b）η取向晶粒分布图　（c）{200}极图（密度水平：1，2，4，6）

（d）φ_2=0° 截面ODF图　（e）φ_2=45° 截面ODF图

图 1.29　最终退火板侧面的 EBSD 取向成像（ODF 图密度水平：1，3，6，8，10）

综上所述，具有随机取向均匀等轴晶组织的高硅钢板坯经过约 90% 大压下率 1200 ℃热轧，次表层中产生更多以 Goss 织构为主的 η 织构，随后进行遗传。在 750～550 ℃范围内经过多道次反复温轧，总温轧压下率为 75%，850 ℃退火后获得粗大的再结晶晶粒有利于后续冷轧过程中剪切带的形成。采用约 60%中等压下率 200 ℃冷轧，在次表层获得较强的｛111｝＜112＞织构和大量的剪切带组织是强 η 再结晶织构形成的关键，归因于｛210｝＜001＞和 Goss 取向晶粒容易在｛111｝＜112＞冷轧形变晶粒内的剪切带优先形核并长大。为了进一步提高磁感降低铁损，最后增加了高温退火工艺。高温退火后虽出现随机取向，但以｛310｝＜001＞织构为代表的 η 织构得以保留并且增强。高温退火后平均晶粒尺寸约为 600 μm，晶粒尺寸的增大使得磁滞损耗大大降低。高温退火后的随炉冷却使得高硅钢成品板中 DO_3 有序相充分形成，同时随着 B2 相有序畴增大，反相畴界密度下降，也有利于磁滞损耗的降低。最终制备出轧向上具有高磁感低铁损的具有强 η 织构的新型无取向高硅钢，为高硅钢薄板再结晶织构和磁性能的优化提供了一条有效的途径。

1.3 组织与织构对高硅钢磁性能的影响

1.3.1 再结晶组织与织构

高硅钢磁性能的影响因素主要有晶粒尺寸、织构和有序化转变。前人研究表明有序化可以使小晶粒（10 μm）的高硅钢最大磁导率提高，矫顽力与铁损降低，但是对晶粒粗化（300 μm）的高硅钢磁性能影响较小，晶粒尺寸的影响更大。有人研究了不同退火温度对高硅钢冷轧薄板铁损的影响，考虑到了薄板厚度和晶粒尺寸的影响，但没有提及织构所起的作用。若高硅钢磁各向异性相对明显（具备强 η 织构），则织构也会对铁损产生重要影响。因此，本章通过采用不同的退火温度和时间、相同的退火气氛（H_2+N_2）和空冷方式（排除有序化的影响），专门研究再结晶织构及晶粒尺寸变化对 0.23 mm 高硅钢薄板工频至高频的磁性能的影响。为了便于区分织构与晶粒尺寸各自对铁损的影响，采用了铁损分离和磁晶各向异性参数计算的方法。前人采用的理想磁滞损耗 P_h 模型，是以假设全为立方晶粒为前提，适用于普通无取向硅钢，但对于轧向与横向磁性能差异较大、具有 η 织构的新型无取向硅钢，用该模型来描述磁滞损耗会有偏差，因此需要引入磁晶各向异性能参数 ε 来描述晶粒取向的影响，对传统模型加以修正。有研究统计了具有不同晶粒尺寸的无取向 3%Si 硅钢的平均各向异性参数，用各向异性参数来表征织构对磁性能的影响，结果表明在相同平均晶粒尺寸前提下铁损与各向异性参数呈线性关系。基于以上两点，在传统磁滞损耗模型的基础上，建立了磁滞损耗常数 k_h 随晶粒尺寸与各向异性参数变化的数学模型，能更准确地描述磁滞损耗，为织构优化降低铁损提供理论指导。

6 片 0.23 mm 厚冷轧试样的退火工艺、最终厚度、平均晶粒尺寸及磁性能检测结果见表 1.5 所列，试样 5 和 6 采用相同的退火工艺是为了排除晶粒尺寸，研究织构对铁损的单方面影响。图 1.30 为试样 1～6 退火后的金相组织。

表 1.5　高硅钢薄板退火后的晶粒尺寸及磁性能

试样	退火工艺	晶粒尺寸（μm）	B_8（T）	B_{50}（T）	$P_{1.0/50}$（W/kg）	$P_{1.5/50}$（W/kg）
1	850 ℃×10 min	38	1.426	1.624	0.903	2.328
2	950 ℃×10 min	58	1.417	1.607	0.796	2.071
3	1050 ℃×10 min	90	1.433	1.633	0.656	1.712
4	1150 ℃×10 min	140	1.431	1.645	0.620	1.625
5	1150 ℃×60 min	183	1.419	1.641	0.727	1.730
6	1150 ℃×60 min	180	1.426	1.648	0.575	1.435

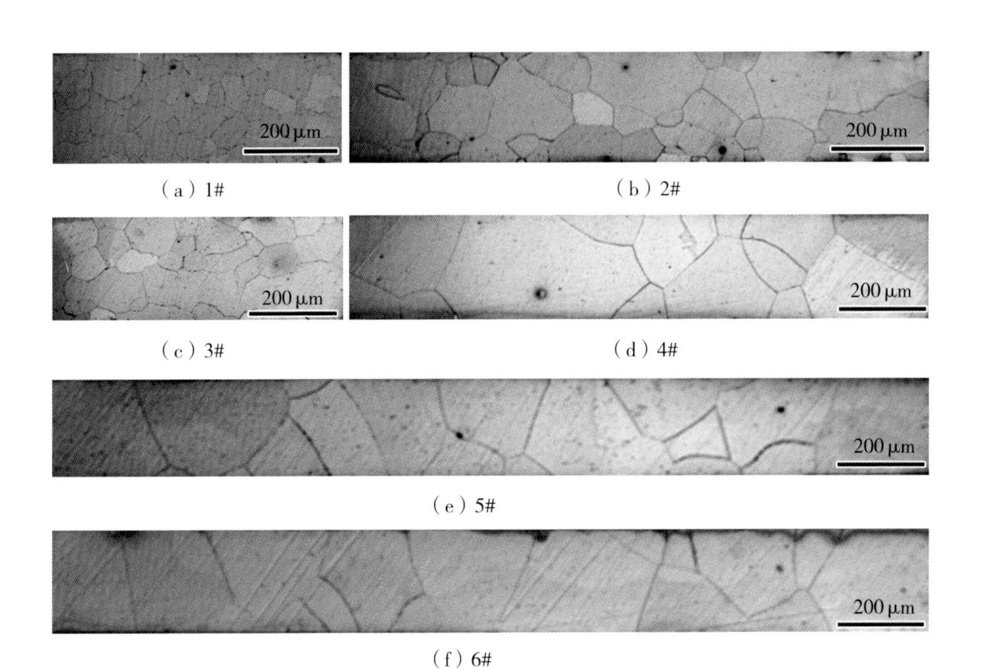

（a）1#　（b）2#　（c）3#　（d）4#　（e）5#　（f）6#

图 1.30　试样 1～6 退火后的金相组织

在成分相同和板厚几乎相同的情况下，磁感 B_8 和 B_{50} 主要与晶体织构有关。为获得更好的统计性结果，每个试样统计了约 1000 个晶粒来自不同的区域。通过对 EBSD 数据进行处理，分别得到了 1～6 试样在 $\varphi_2=0°$ 和 $\varphi_2=45°$ 截面上的 ODF 图（图 1.31），可见大部分试样都具有较强的 η 织构（<001>//RD）和 λ 织构（<001>//ND），较弱的 γ 织构（<111>//ND）。虽然经过相同的退火工艺，试样 5 和试样 6 在磁性能上的差异与其各自在退火前初始织构的差异有关，尽管所有试样都来自同一块冷轧板，但试样 5 的位置远离其他试样选取的位置，为了分析织构随着退火温度和时间的变化，获取了 η、λ 和 γ 织构取向线上的密度分布（图 1.32）及各织构取向晶粒的体积百分比（图 1.33）。

由图 1.32 可见本实验制备的高硅钢薄板随着退火温度的升高，总体上以 {210} <001>～ {310} <001>为主的 η 织构组分先增强后减弱，而以

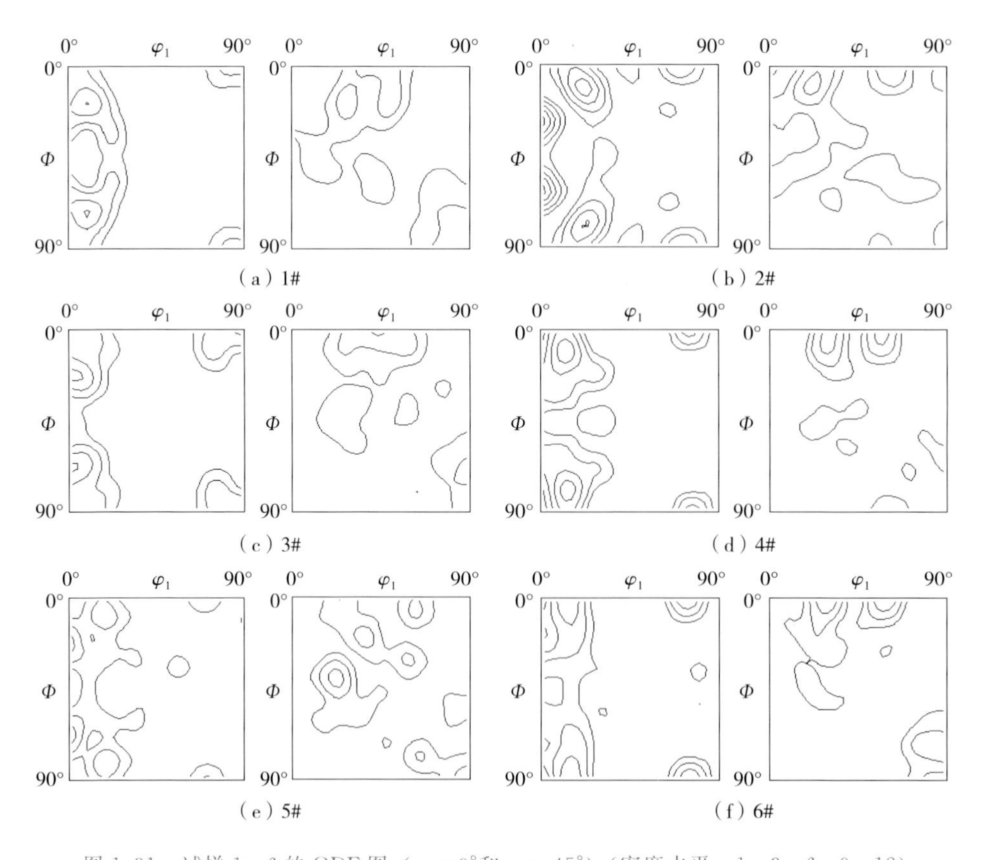

图 1.31 试样 1～6 的 ODF 图（$\varphi_2=0°$ 和 $\varphi_2=45°$）（密度水平：1，3，6，9，12）

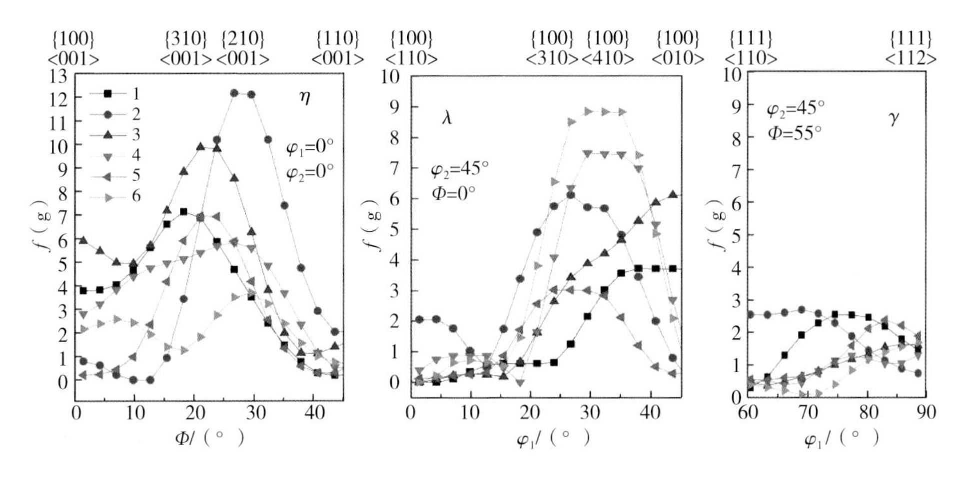

图 1.32　试样 1～6 在 η、λ 和 γ 织构取向线上密度分布

{100}＜310＞～{100}＜010＞为主的 λ 织构组分不断增强，γ 取向线上仅{111}＜112＞织构组分基本保持不变，其他织构组分强度降低，总体上 γ 织构逐渐减弱。

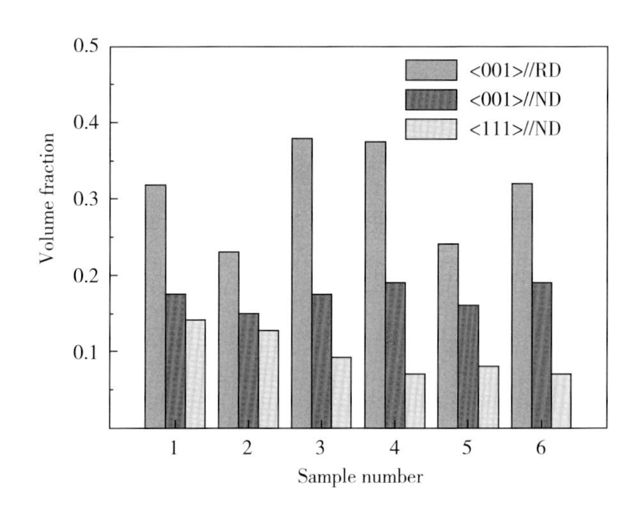

图 1.33　η、λ 和 γ 取向晶粒体积百分比（偏差角：15°）

通过对所有试样的磁感 B_8 与 η、λ 和 γ 织构取向晶粒的体积百分比进行比较，可知 B_8 与 η 织构（＜001＞//RD）组分所占比重有很强的对应关系，η 织构组分比重越大，B_8 值越高。与 B_8 不同，B_{50} 与 λ 织构和 γ 织构取向晶粒所占比重有较大的关系，λ 织构取向晶粒越多、γ 织构取向晶粒越少，B_{50} 值越高。这是因为在 800 A/m 磁场下，所有取向晶粒未达到饱和磁化，最易磁化

的<100>取向晶粒较多的试样具有更高的磁感应强度（B_8值），而在5000 A/m磁场下，<100>取向晶粒已被完全磁化，其磁感达到饱和，此时B_{50}的高低主要取决于λ和γ织构取向晶粒的数量。

1.3.2 铁损分离计算结果

图1.34给出了试样1～6在不同试验参数条件下测得的轧向铁损，可见随着退火温度的升高和时间的延长、晶粒尺寸的增大，高硅钢薄板在轧向上的铁损总体上呈现降低趋势。

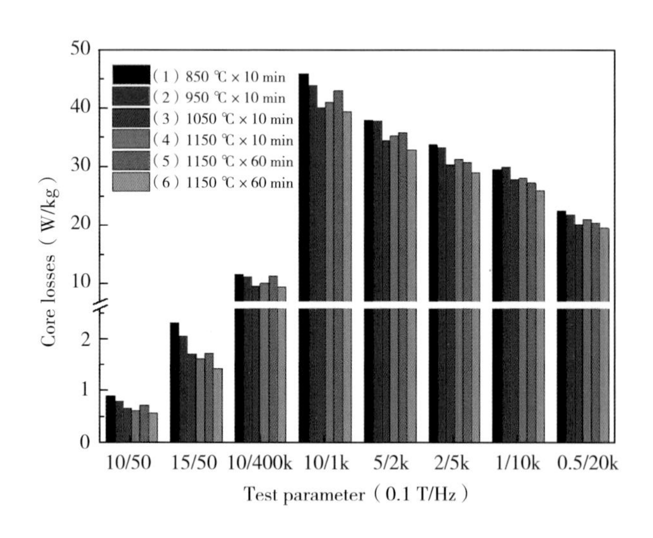

图1.34 试样1～6在不同试验参数条件下的轧向铁损

为进一步分析铁损差异的原因，分别对试样1～6在频率为50～1000 Hz、磁感$B=1.0$ T条件下的铁损进行了分离计算。硅钢总铁损（P_t）由磁滞损耗（P_h）、涡流损耗（P_e）和反常损耗（P_a）三个部分组成，根据Bertotti提出的理论模型，总铁损表达式如下：

$$P_t = P_h + P_e + P_a = k_h f B^{\alpha} + k_e f^2 B^2 + k_a f^{1.5} B^{\beta} \quad (1-1)$$

式中，f——频率，Hz；

B——磁感，T。

其他相关系数k_h、k_e、k_a、α和β均为常数。当$B=1.0$ T时，可得：

$$P_t = P_h + P_e + P_a = k_h f + k_e f^2 + k_a f^{1.5} \quad (1-2)$$

将式（1-2）中P_t/f可得：

$$P_t/f=k_h+k_e f+k_a f^{0.5} \tag{1-3}$$

将测得铁损值 $P_{10/50}$、$P_{10/400}$ 和 $P_{10/1k}$ 及对应的频率带入式（1－3），求出常数 k_h 的值，可以得到试样 1～6 在不同频率下的 P_h。再按照 Maxwell 方程推导出的薄板材料的涡流经典公式：

$$P_e=\frac{1}{6}\times\frac{\pi^2 t^2 f^2 B_m^2 k^2}{\gamma\rho}\times 10^{-3} \tag{1-4}$$

式中，t——板厚，mm；

f——频率，Hz；

B_m——最大磁感应强度，T；

ρ——材料的电阻率，$\Omega\cdot mm^2/m$；

γ——材料的密度，g/cm^3；

k——波形系数，对正弦波形 $k=1.11$。

根据式（1－4）计算出经典涡流损耗，与磁滞损耗一同带入式（1－1）即可得到反常损耗。通过采用上述方法完成铁损分离，最终得到试样 1～6 在不同频率下的磁滞损耗、经典涡流损耗和反常损耗及各损耗占总铁损的比例如图 1.35 所示。

一般工频下普通无取向电工钢（Si 含量＞0.5％）中 P_h 的比例为 55％～75％，P_e 的比例为 10％～30％，P_a 的比例为 10％～20％。而高硅钢在 50Hz 频率下 P_e 的比例仅为 5％～8％，正是由于硅含量（电阻率）的提高使得涡流损耗明显减少。以上铁损分离结果表明，随着频率的增高，磁滞损耗在总铁损中所占比例不断降低，涡流损耗逐渐占据主要。在相同磁感和频率的测试条件下，除了试样 5 比较特殊外，基本上随着退火温度的升高和时间的延长，磁滞损耗呈现不断降低趋势，由于板厚几乎相同，涡流损耗保持不变，但占总铁损的比例不断增加，反常损耗也呈逐渐上升趋势，反常损耗与涡流损耗的关系采用反常因子 η 表示：

$$\eta=(P_a+P_e)/P_e \tag{1-5}$$

图 1.36 给出了在 50～1000 Hz 频率下的试样 1～6 的反常因子。反常因子 η 与磁畴壁间距成正比，与板厚成反比。通过对试样 1～6 的反常因子比较，结果表明在较低频率下，晶粒尺寸的增大导致磁畴壁间距增大，反复磁化时畴壁移动距离大，从而引起反常损耗增高。随着频率的增高，反常因子不断降低，这是因为涡流损耗不断占据主导，因此高频下的铁损主要以涡流损耗为主。

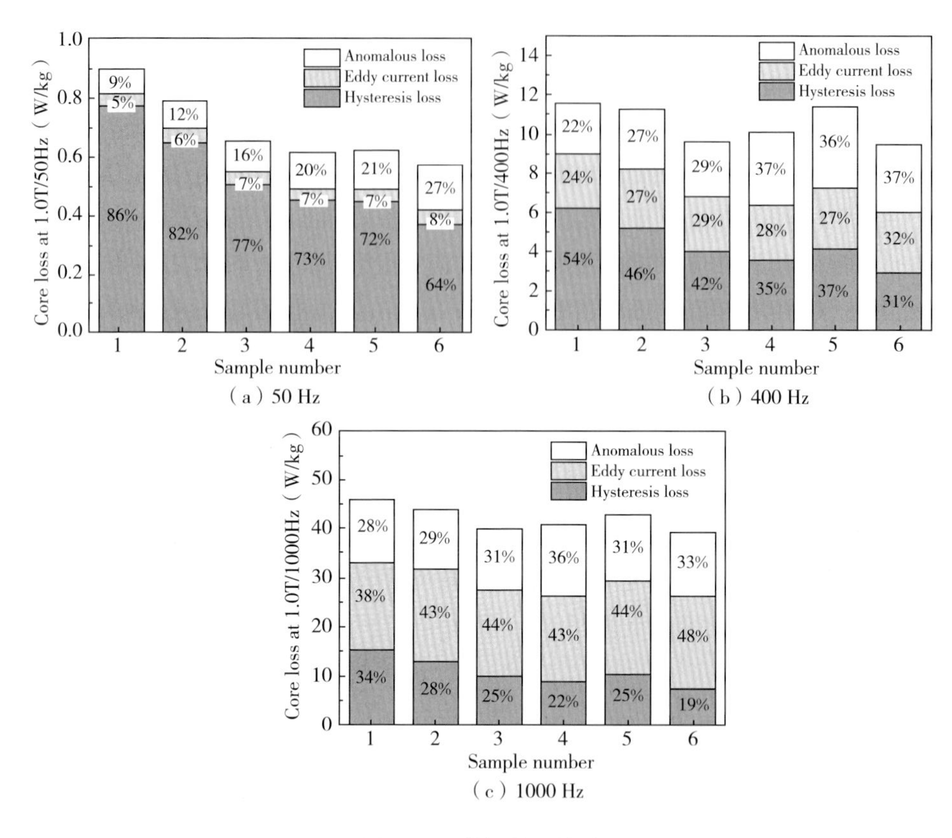

(a) 50 Hz (b) 400 Hz (c) 1000 Hz

图 1.35 铁损分离结果

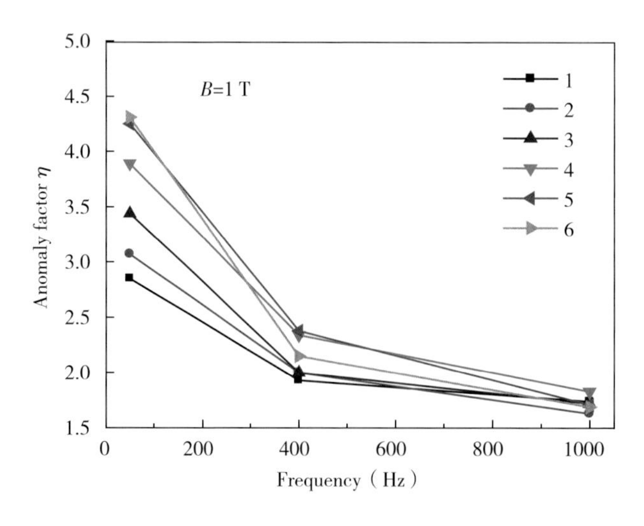

图 1.36 试样 1～6 反常因子

1.3.3 各向异性参数计算

晶粒尺寸和晶体织构是影响铁损的主要因素。一方面，随着退火温度的升高，晶粒尺寸变大，晶界等晶体缺陷所占的面积减小，磁滞损耗降低，但同时会造成磁畴尺寸增大，反常损耗也会增高；另一方面，随着退火温度的升高，{111} 面织构组分比重降低且强度减弱，{100} 面织构组分增强导致磁滞损耗降低。为了澄清织构变化对降低磁滞损耗的作用，引入磁晶各向异性参数 ε 来描述晶粒取向的影响，即

$$\varepsilon=\alpha_1^2\alpha_2^2+\alpha_2^2\alpha_3^2+\alpha_1^2\alpha_3^2 \tag{1-6}$$

式中，α_1——晶粒取向 [uvw] 与 [100] 夹角的余弦值；

α_2——晶粒取向 [uvw] 与 [010] 夹角的余弦值；

α_3——晶粒取向 [uvw] 与 [001] 夹角的余弦值。

[100]、[010] 和 [001] 均为易磁化方向。由于晶粒取向的不同，磁晶各向异性参数 ε 值在 0～0.33 之间变化，$\varepsilon_{100}=0$，$\varepsilon_{110}=0.25$，$\varepsilon_{111}=0.33$。ε 值越小，材料越容易磁化，磁滞损耗越低。综合材料内各取向晶粒的各向异性参数 $\bar{\varepsilon}$，即

$$\bar{\varepsilon}=\sum_{i=1}^{N}f(g_i)\varepsilon(g_i) \tag{1-7}$$

式中，$f(g_i)$—— 某取向晶粒的体积分数(非取向分布函数)；

$\varepsilon(g_i)$—— 某取向晶粒的各向异性参数。

通过对 EBSD 数据进行统计计算得到各试样的 $\bar{\varepsilon}$，如图 1.37 所示。

图 1.37 中平均各向异性参数的高低反映出织构对磁滞损耗的影响，理论上，各向异性参数值越低，磁滞损耗越低。对比图 1.35，可见磁滞损耗的变化趋势与各向异性参数并不一致，这是因为除了织构外，晶粒尺寸增大可降低磁滞损耗。对比试样 5 和试样 6，在平均晶粒尺寸相同的情况下(均为 180 μm)，由于试样 6 在 η 织构取向晶粒的比重与 {100} 面织构强度上优势明显，平均各向异性参数值更低，铁损从高频到低频比试样 5 低 4%～21%，如图 1.38 所示。但随着频率的升高，相对铁损降低值逐渐减小。在 50～400 Hz 频率下，铁损降低 16%～21%，而在 1000 Hz 频率以上，铁损仅降低 4%～8%。

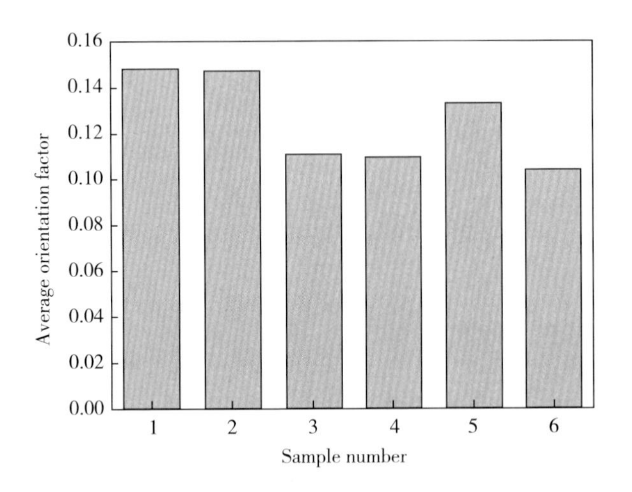

图 1.37 试样 1～6 的平均各向异性参数

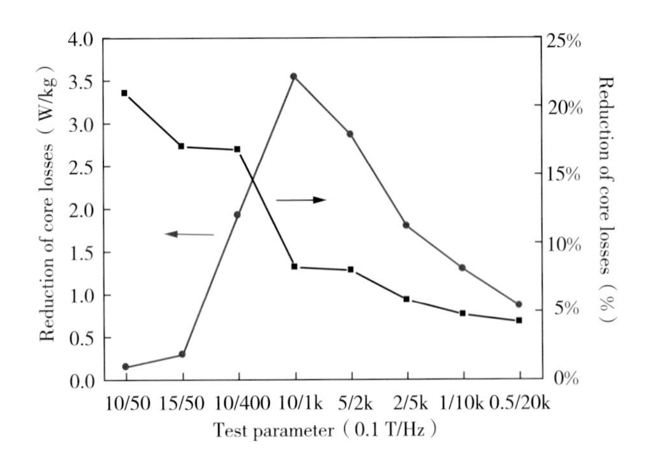

图 1.38 织构差异对各频率下铁损的影响（比较试样 5 与试样 6）

1.3.4 磁滞损耗模型建立

为区分晶粒尺寸与织构对磁滞损耗的影响，在传统磁滞损耗 P_h 模型基础上，考虑到在相同平均晶粒尺寸前提下，铁损与各向异性参数值的线性关系，建立以下模型：

$$k_h = k_d + k_\varepsilon = a + \frac{b}{D} + k_1 (\bar{\varepsilon} - 0.199) \qquad (1-8)$$

式中，k_h——磁滞损耗常数；

k_d——k_h晶粒尺寸影响部分；

k_ε——k_h织构影响部分；

a，b——常数；

k_1——修正系数，与各向异性参数无关；

0.199——材料无择优取向时平均各向异性参数值。

式（1-8）包含平均晶粒尺寸 D 与平均各向异性参数 $\bar{\varepsilon}$ 这两个变量，即当织构基本相同时，磁滞损耗 P_h随平均晶粒尺寸的增大而减小，当平均晶粒尺寸不变时，k_h随各向异性参数（织构）而变化。通过试样 5 与试样 6 磁滞损耗相差，计算得到修正系数 k_1 的值，再用式（1-8）对试样 1～6 的磁滞损耗值进行非线性拟合，得到常数 a 与 b 的值并得出以下关系式：

$$k_h = 0.017 + \frac{0.157}{D} + 0.1065\ (\bar{\varepsilon} - 0.199) \qquad (1-9)$$

图 1.39 所示为 k_d随平均晶粒尺寸变化的拟合曲线，相关系数 $R^2=0.98$，拟合度较好，反映了除去织构影响因素后的磁滞损耗常数随平均晶粒尺寸增大而减小的变化趋势。

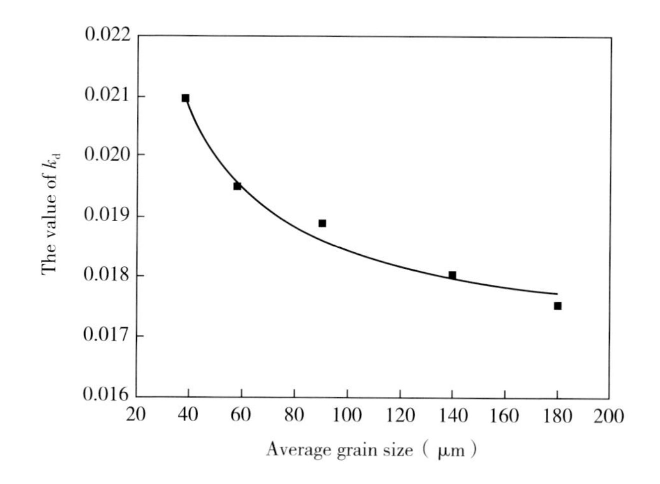

图 1.39　k_d与平均晶粒尺寸的关系

将不同晶粒尺寸和各向异性参数的试样在磁感为 1.0 T、频率为 50 Hz 条件下的磁滞损耗 P_h拟合值与实测值进行比较，见表 1.6 所列，可见上述磁滞损耗模型具有较好的拟合性。

表 1.6 不同试样磁滞损耗 P_h 拟合值与实测值比较（B=1.0 T，f=50 Hz）

晶粒尺寸（μm）	各向异性参数	拟合值（W/kg）	实测值（W/kg）
38	0.148	0.786	0.778
58	0.147	0.710	0.690
90	0.111	0.468	0.506
140	0.110	0.430	0.450
183	0.133	0.541	0.525

通过以上分析可知，随着退火温度的升高和时间的延长，冷轧高硅钢退火薄板在各频率下的轧向铁损总体上呈降低趋势，是晶粒尺寸增大及织构变化共同作用的结果。晶粒尺寸增大可以大大降低磁滞损耗，在相同板厚和平均晶粒尺寸的前提下，优化织构可以进一步降低高硅钢的磁滞损耗，从而降低总铁损，工频下铁损降低最高可达 21%，但这种影响随着频率的升高逐渐减小，是因为在高频下磁滞损耗比重降低，涡流损耗占据主导，因此在中低频率（50～400 Hz）下织构优化对铁损降低效果显著，而对高频铁损的影响依然存在也不可忽略。

图 1.40 给出了部分试样在各频率下轧向与横向的铁损相差百分比，即（横向铁损－轧向铁损）/横向铁损×100%。可见总体上随着频率的升高，铁损在轧向和横向上的差异逐渐减弱，主要原因是涡流损耗占主导，磁滞

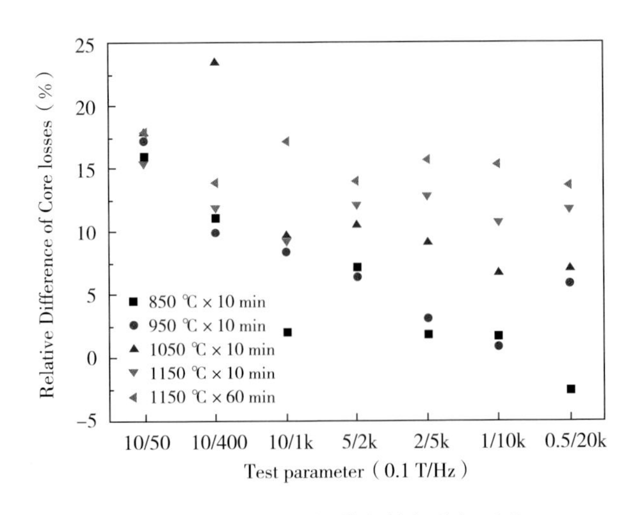

图 1.40 轧向铁损与横向铁损的相对差

损耗比重降低的结果，这也说明织构对铁损的影响作用减弱。同时，随着退火温度的升高和时间的延长，这种铁损差异随频率升高而降低的趋势被逐渐弱化了，铁损在轧向和横向上的明显差异保持到更高频率下。织构分析结果表明，随着退火温度的升高，在各方向磁晶各向异性能稳定的{111}面织构组分不断减少且强度不断减弱，但以{210}<001>～{310}<001>织构为主的 η 织构保留下来，使得轧向磁晶各向异性能低于横向，这就决定了试样在轧向上比横向上具有更高的磁感及更低的铁损，加上晶粒尺寸的增大使得试样整体的各向异性增强，从而造成铁损在轧向和横向上的差异明显。

1.4 轧制法制备取向高硅钢

1.4.1 轧制法结合低温渗氮工艺

取向高硅钢可应用于单方向上要求更高磁感和低铁损的中高频变压器铁芯。由于取向硅钢制备工艺复杂，合金成分控制严格，抑制剂的尺寸、分布及数量需准确控制，特别是织构控制达到了极致水平。而提高硅含量会延缓或阻碍二次再结晶的发展，初次晶粒长大需要更强的抑制剂来抑制，退火后表面生成更多的 SiO_2，这无疑增加了取向高硅钢的制备难度。

轧制法制备高硅取向硅钢，即采取与制备 3%Si 取向硅钢相同的方法，通过抑制剂及二次再结晶，制备出强 Goss 织构的高硅钢板，这种探索集中在 20 世纪八九十年代，近几年报道的取向高硅钢一般采用其他方法制备，如采用 3%Si 取向硅钢渗硅法、高温真空退火（去 Fe 留 Si）加磁化退火法等新的制备方法。

20 世纪 80 年代末，日本住友公司提出了采用轧制法制备取向高硅钢的发明专利，是以 MnS 或 AlN 或 TiC 或 VC 作为抑制剂，通过对连铸坯采用一系列的热轧、温轧和冷轧工艺，加上必要的中间退火和二次再结晶退火获得高斯织构。铸锭成分见表 1.7 所列，制备出 0.2 mm 厚板的 B_{10}＝1.65 T，$P_{10/50}$＝0.15 W/kg；0.3 mm 厚板的 B_{10}＝1.77～1.8 T，$P_{10/50}$＝0.4～0.55 W/kg。工艺流程如图 1.41 所示。

表 1.7　日本住友公司发明的取向高硅钢的成分　(wt%)

C	Si	Mn	P	S	sol. Al	Ti (V)	Fe
0.01～0.08	4.0～6.0	0.1～0.12	0.004～0.006	0.001～0.004	0.002～0.02	—	余量
0.01～0.08	4.5～6.0	0.07～0.15	—	0.008～0.02	—	—	
0.02～0.08	4.0～6.5	0.01～0.02	0.003～0.005	0.004～0.005	0.002～0.02	0.02～0.1	

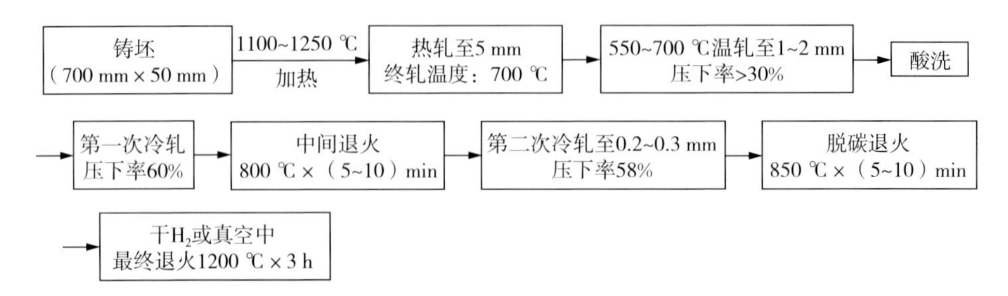

图 1.41　日本住友公司发明的取向高硅钢工艺流程

20 世纪 90 年代初，日本新日铁公司为避免热轧板晶粒粗大，采用低温加热的 AlN 方案和以后渗氮处理方法，以（Al，Si）N 作为抑制剂，经过热轧、常化、温轧及脱碳退火，然后再渗氮处理，最后二次再结晶退火制备出取向高硅钢。利用该工艺制备出的 0.2 mm 厚板的 B_8＝1.62～1.67 T，$P_{10/50}$＝0.3～0.35 W/kg，0.3 mm 厚板的 $P_{10/50}$＝0.35～0.4 W/kg。取向高硅钢成分见表 1.8 所列，工艺流程如图 1.42 所示。

表 1.8　日本新日铁公司发明的取向高硅钢的成分　(wt%)

C	Si	sol. Al	N	Mn	S	Fe
0.005～0.023	4.8～7.1	0.012～0.048	0.0065	0.16	0.005～0.007	余量
0.004～0.02	4.8～7.1	0.015～0.055	≥0.0045	0.15～0.16	0.007	
0.005～0.023	5～7.1	0.013～0.055	≤0.0095	—	≤0.014	
0.005～0.023	4.8～7.1	0.015～0.055	≥0.0045	0.15	0.007	
<0.026	4.5～7.1	0.013～0.055	≤0.0095	—	<0.014	

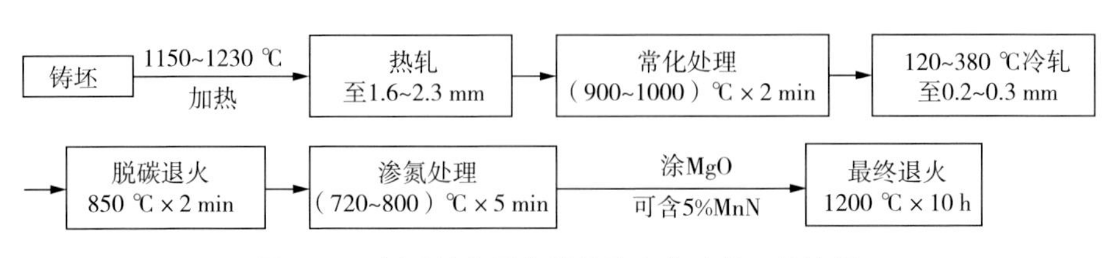

图 1.42　新日铁公司发明的取向高硅钢工艺流程

通过以上专利文献的调研，获知日本在20世纪80年代末到90年代初，曾以MnS、AlN、TiC或VC作为抑制剂，或者采用低温加热的AlN方案和以后渗氮处理方法，以（Al，Si）N作为抑制剂，通过对连铸坯采用一系列的热轧、温轧和冷轧工艺，加上必要的中间退火、脱碳退火以及渗氮处理，最终退火获得高斯织构，从而制备出取向高硅钢。铸坯加热温度、时间及轧制温度，含碳量、渗氮量及轧制方法都会影响到其加工性能及最终磁性能。到了90年代后期，开始较多地采用CVD法制备取向及无取向高硅钢，而采用轧制法工艺则比较少见。

日本早在20世纪90年代就有了取向高硅电工钢专利，但由于成材率较低、技术难度大，一直未得到普及和工业化规模应用。取向高硅钢也一直缺乏相关的理论研究，有人通过二次再结晶制得了6.5%Si取向高硅钢，研究其磁性能并与板厚相同的无取向高硅钢、3%Si无取向与取向硅钢进行比较，但其二次再结晶行为特点并不清楚。也有研究者利用3%取向硅钢在高温真空的环境下进行磁场退火，或对3%取向硅钢进行渗硅并均匀化处理获得了0.1～0.15 mm厚的取向高硅钢，并研究了低温时效热处理、不同冷却方式及DO_3有序相对其铁损的影响，然而制备过程中没有涉及高硅钢的二次再结晶行为。

本著在常规低温渗氮钢生产工艺的基础上，改进了传统的轧制方式，采用温轧加带温冷轧代替一次冷轧法、常化时油淬代替水冷以及冷轧前的热处理，减少高硅钢有序相析出，防止高硅钢薄板在轧制过程中发生边部开裂，脱碳退火后减薄表面氧化层便于后续渗氮，从而提高取向高硅钢薄板的成品率，通过二次再结晶制备出具有较高磁感、中高频下具有低铁损优势的0.23～0.3 mm厚取向6.5wt%硅钢薄板。实验采用“中断法”研究了高温退火连续加热的过程中样品组织和织构的变化及第二相粒子的析出行为，并分析了渗氮量对二次再结晶行为的影响。

以工业纯铁、硅为主要原料，添加少量固有抑制剂（MnS为主），采用轧制结合低温渗氮追加抑制剂（AlN）的方法制备具有Goss织构的取向6.5wt%硅钢薄板。采用真空感应炉熔炼铸锭，主要化学成分见表1.9所列。

表1.9　取向高硅钢铸锭的化学成分　（wt%）

元素	C	Si	Mn	S	Als	N	Fe
含量	0.01	6.5	0.16	0.005	0.016	0.003	余量

铸锭在1050～900 ℃锻造成20 mm厚的板坯，1150 ℃加热30 min后热轧至2 mm厚，经过950 ℃保温2 min常化后油淬，650 ℃温轧至0.67 mm厚后，经过800 ℃保温2 min退火及油淬，350 ℃冷轧成0.23～0.3mm厚的薄板。在850 ℃保温4 min脱碳退火后，采用机械磨光减薄氧化层。750 ℃渗氮在含15% NH_3干的75% H_2+N_2气氛中进行，渗氮时间为30～90 s，之后样品涂覆MgO进行高温退火，如图1.43所示。在氮气气氛下以200 ℃/h快速升温至400 ℃，在气氛比例为H_2∶N_2=2∶1下继续升至600 ℃，保温4 h，以15 ℃/h的速度升温至1150 ℃，再以50 ℃/h升温至1200 ℃，纯氢气氛下保温5 h，最终获得成品板。

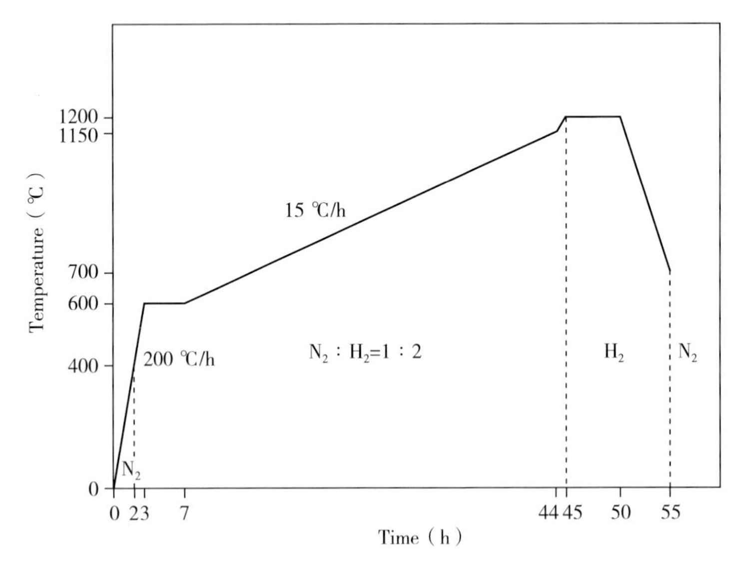

图1.43 最终退火工艺流程图

在升温过程中适当提高加热气氛中N_2气的比例，可以减少渗氮钢板中N元素的散失，防止AlN过早分解，以获得足够的粒子和抑制力。采用“中断法”研究高温退火连续加热的过程中样品组织和织构的变化及第二相粒子的析出行为，中断实验采用渗氮60 s试样，从850 ℃开始每隔25 ℃从炉中取出一试样，研究样品组织和织构的变化及第二相粒子的析出行为。

1.4.2 取向高硅钢薄板磁性能

图1.44为0.3 mm厚取向高硅钢成品薄板金相组织、{200}极图和ODF图（φ_2=45°），可见渗氮30 s试样二次再结晶发展不完全、晶粒细小，二次

再结晶晶粒尺寸不超过3 mm，以偏离Goss取向13°的{110}<116>（$\varphi_1=77°$，$\Phi=90°$，$\varphi_2=45°$）取向晶粒为主，存在少量的10°旋转立方取向的小晶粒；渗氮60 s的试样相对于渗氮30 s试样二次再结晶发展较完善，以Goss取向晶粒和{110}<116>取向晶粒为主，二次再结晶晶粒尺寸更大，但也存在细晶区，小晶粒以立方和近立方取向为主；渗氮90 s试样二次再结晶晶粒相对粗大，平均晶粒尺寸超过5 mm，个别大晶粒直径可达1 cm，Goss取向密度更高。

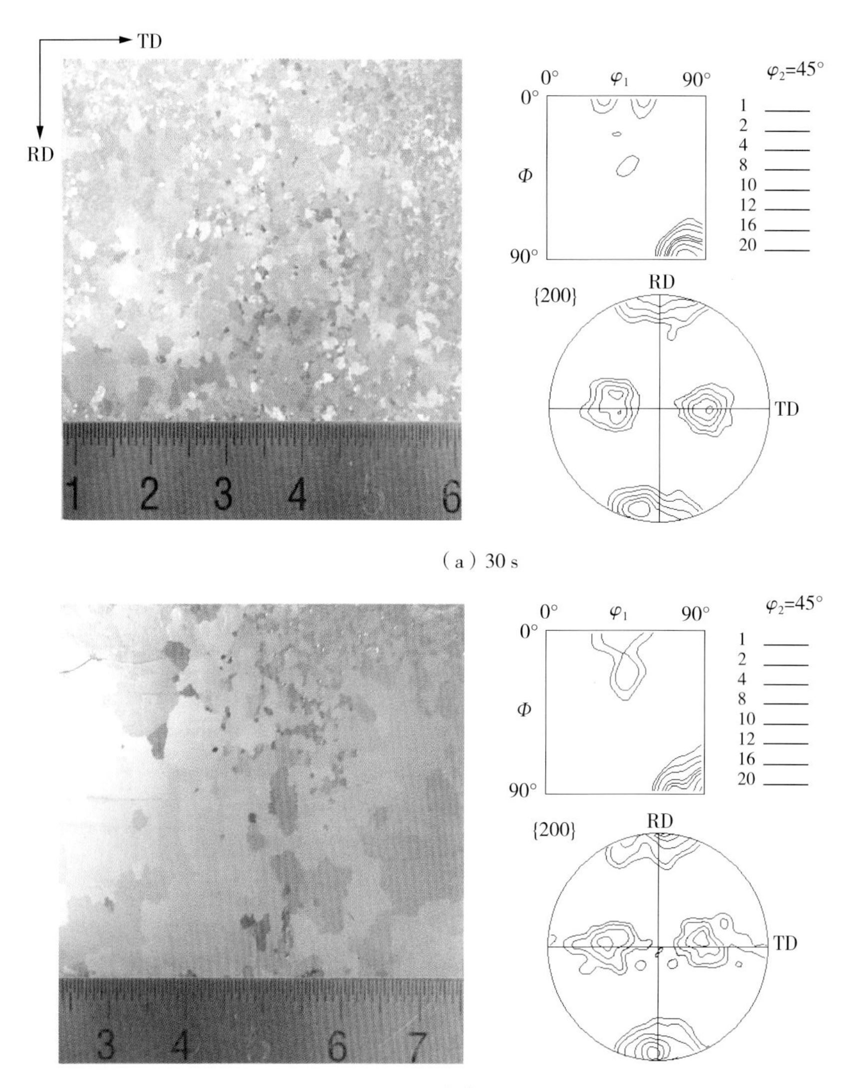

（a）30 s

（b）60 s

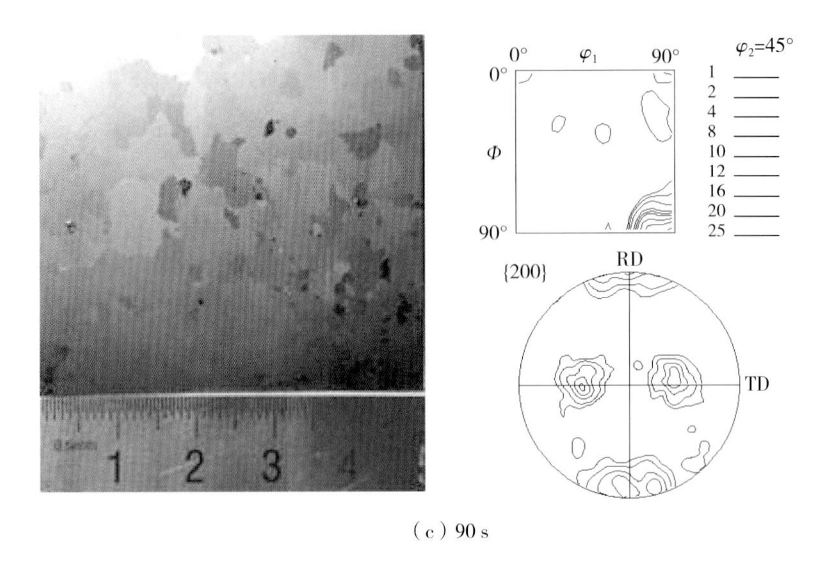

(c) 90 s

图 1.44　0.3 mm 厚取向高硅钢成品薄板宏观组织、{200} 极图
（密度水平：1，2，4，6，8，10）和 ODF 图（$\varphi_2=45°$）渗氮时间

对渗氮 30 s、60 s 和 90 s 成品试样中异常长大晶粒所占面积比例进行统计，分别为 23%，82%和 95%，显而易见渗氮 60 s 与 90 s 试样二次再结晶程度远高于渗氮 30 s 试样，渗氮 90 s 试样二次再结晶发展最完善。本实验制备的取向高硅钢成品板 50 Hz 频率下的磁性能见表 1.10 所列，磁感 B_8 为 1.525～1.570 T，都高于具有强 η 织构的新型无取向高硅钢，磁感 B_{50} 接近了 Fe－6.5%Si 合金的饱和磁感 B_s（1.80 T）。

表 1.10　本实验制备的取向高硅钢成品板 50Hz 频率下的磁性能

板厚 (mm)	渗氮时间 (s)	磁感（T）		铁损（W/kg）	
		B_8	B_{50}	$P_{10/50}$	$P_{15/50}$
0.3	30	1.525	1.761	0.585	1.567
	60	1.537	1.768	0.581	1.568
	90	1.555	1.775	0.603	1.502
0.23	90	1.570	1.797	0.378	1.135

图 1.45 为 0.23 mm 厚的取向高硅钢在不同频率下与相同厚度的 3%Si 取向硅钢（牌号 23Q100）的铁损比较。可见取向高硅钢虽然在工频下的铁损略高，但在 400～20 kHz 频率下，铁损值降低了 16.7%～35.8%，体现出高硅

钢在中高频的铁损优势。这是因为随着频率的升高，磁滞损耗占总铁损的比重降低，涡流损耗占据主导，由于 Fe-6.5%Si 高硅钢电阻率比 3%Si 取向硅钢约高一倍，因此取向高硅钢在中高频下具有更低的铁损值。

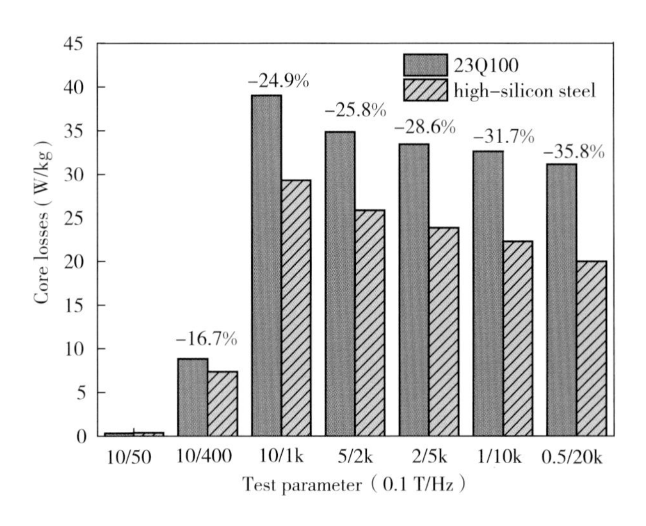

图 1.45　不同频率下的铁损比较（6.5%Si 取向硅钢 vs. 3%Si 取向硅钢）

图 1.46 为 0.23 mm 厚的取向高硅钢与相同厚度的强 η 织构新型无取向高硅钢在不同频率下的铁损比较。可见尽管取向高硅钢的磁感值 B_8 与 B_{50} 更高，但在 400 Hz 以及更高的频率下，强 η 织构高硅钢的铁损值更低，这与其晶粒尺寸相对较小有关，因为最合适的晶粒尺寸是随着使用频率的增高而减小。

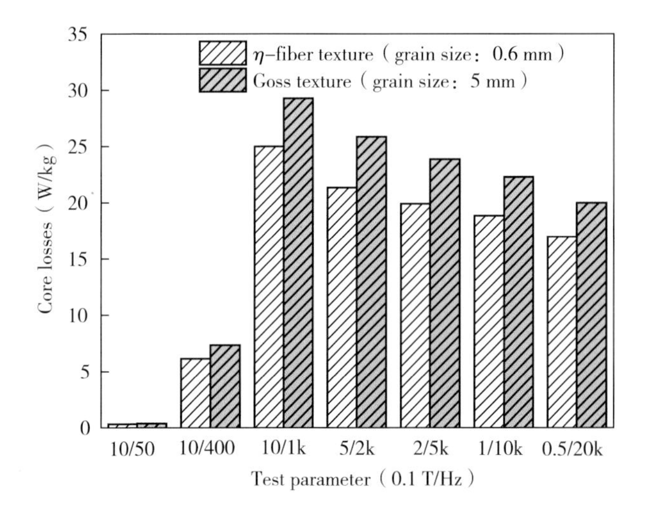

图 1.46　不同频率下的铁损比较（取向高硅钢 vs. 强 η 织构高硅钢）

为了分析铁损差异的原因，分别对这两种高硅钢在 50～1000 Hz 频率下磁感为 B=1.0 T 条件下的铁损进行了分离计算。将它们的铁损值 $P_{10/50}$、$P_{10/400}$和 $P_{10/1k}$及对应的频率带入式（1－3），通过拟合得到铁损分离结果如图 1.47 所示。

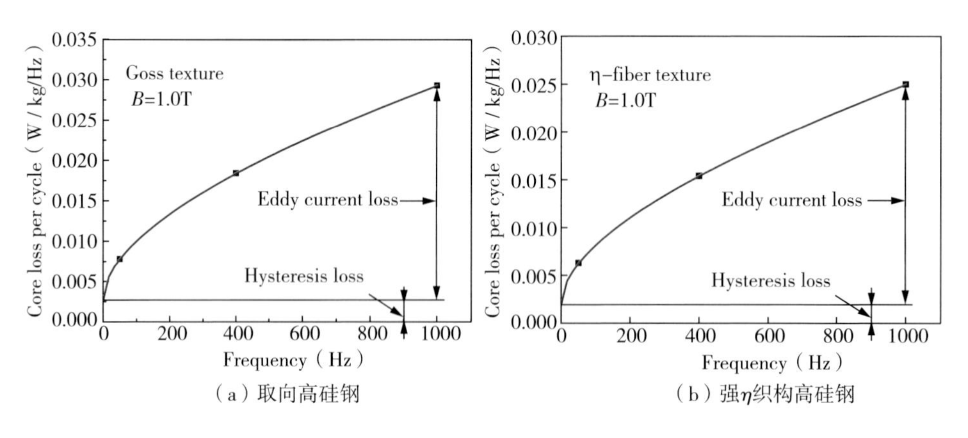

图 1.47 铁损分离结果

图 1.47 中曲线在纵坐标上的截距即为磁滞损耗常数 k_h的值，再带入式（1－3）即可得到在不同频率下各自的磁滞损耗 P_h。根据式（1－4）计算出经典涡流损耗 P_e，再将总铁损减去磁滞损耗和经典涡流损耗，就可得到反常损耗 P_a。两种高硅钢在 50～1000 Hz 频率下的 P_h、P_e和 P_a见表 1.11 所列。

表 1.11 两种高硅钢在不同频率下的 P_h、P_e和 P_a

频率	取向高硅钢			强 η 织构高硅钢		
(Hz)	P_h（W·kg^{-1}）	P_e（W·kg^{-1}）	P_a（W·kg^{-1}）	P_h（W·kg^{-1}）	P_e（W·kg^{-1}）	P_a（W·kg^{-1}）
50	0.13	0.04	0.21	0.10	0.04	0.17
400	1.07	2.79	3.48	0.80	2.79	2.57
1000	2.68	17.46	9.16	2.00	17.46	5.54

由表 1.11 可见，由于两者板厚相同，经典涡流损耗一致，但在各频率下强 η 织构高硅钢的磁滞损耗与反常损耗都要低于取向高硅钢。理论上，晶粒尺寸增大、晶界减少、取向度越高的情况下，磁滞损耗应更低。但由于本实验设计的取向高硅钢样品高温退火净化时间相对较短（5 h），氮化物与硫化物等残留杂质没有完全去除，对磁畴壁移动的钉扎作用使得磁滞损耗

增高，而强 η 织构高硅钢成分相对纯净，初始不添加任何抑制剂，且高温退火净化时间更长（8 h）净化效果更好，由此可知延长高温净化退火时间对铁损降低起到非常重要的作用。反常损耗在总铁损中的比重可以引用反常因子 η 来衡量，根据式（1－5）计算出这两种高硅钢的反常因子 η 如图1.48所示。

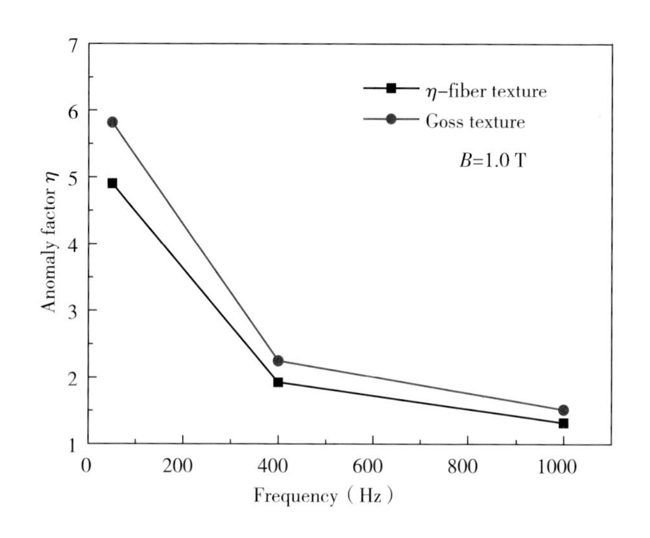

图1.48　两种高硅钢反常因子的比较

由图1.48可见在较低频率50～400 Hz下取向高硅钢的反常因子比强 η 织构高硅钢更大。这是因为在板厚相同的前提下，磁畴尺寸是反常因子主要影响因素。取向高硅钢晶粒尺寸更大，所以磁畴壁间距更大，反复磁化时畴壁移动距离大，引起 P_a 增高。随着频率的增高，反常因子不断降低，表明反常损耗 P_a 的比例逐渐降低，涡流损耗 P_e 不断占据主导，P_e 与 f^2 成正比，而 P_a 与 $f^{1.5}$ 成正比，因此在高频下铁损主要以涡流损耗 P_e 为主，磁畴尺寸的影响作用随着频率的升高逐渐减弱。

1.4.3　取向高硅钢组织织构演变

取向高硅钢的织构演变不同于任何传统的取向硅钢。一方面由于是高硅钢所特有的有序化转变影响着轧制及退火过程中组织和织构变化，另一方面因为高硅钢的低温变形抗力和加工硬化率很高，所以要通过温轧、带温冷轧及必要中间退火来完成薄板制备，这不同于任何传统的取向硅钢的制备工艺，所以澄清取向高硅钢的组织织构演变过程很有必要。

图 1.49 为高硅钢锻锭经过 1150 ℃加热、热轧后侧面取向成像，可见由于初始组织粗大，导致形变组织不均匀，次表层晶粒主要有偏 Goss 取向 {110} <116>、黄铜取向 {110} <112>和铜型取向 {112} <111>，中心层主要为粗大的近似 {113} <361>取向和 {111} <110>与 {111} <112>之间取向晶粒。次表层中较多的黄铜取向晶粒的形成是热轧时 Goss 取向在剪切力作用下向铜型取向转动受阻而绕法向转动的结果。与 Goss 晶粒和 {111} <112>取向晶粒类似，黄铜取向和 {111} <110>取向晶粒之间存在形变与再结晶相互转化关系，过多的黄铜取向晶粒不利于 Goss 取向晶粒异常长大，对磁性能有负面影响。

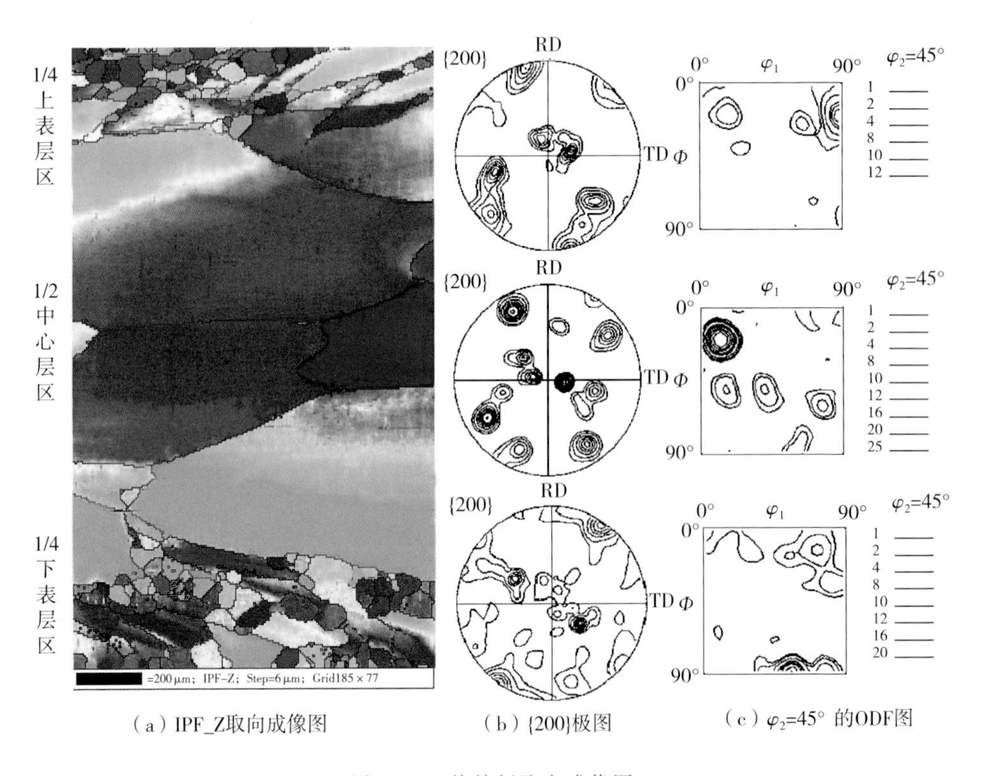

(a) IPF_Z取向成像图　(b) {200}极图　(c) φ_2=45° 的ODF图

图 1.49　热轧板取向成像图

图 1.50 为高硅钢热轧板常化后的取向成像图。在常化板的上下表层及次表层均匀分布着再结晶晶粒，中心层为粗大的回复组织，粗大的晶粒有利于在后续温轧过程中形成剪切带。从极图和 ODF 图中可以看出，虽然常化后织构变得较为漫散，但常化后下表层区出现了部分高斯织构，近 {111} <112>织构组分强度也有所增加。

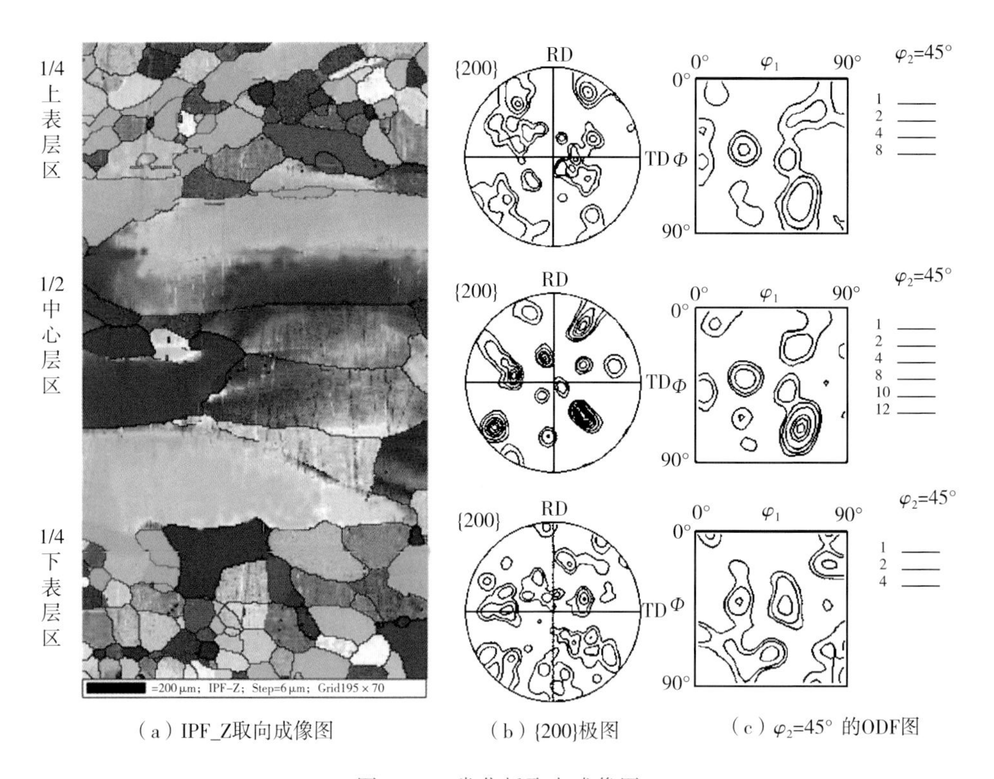

（a）IPF_Z取向成像图　　（b）{200}极图　　（c）φ_2=45° 的ODF图

图 1.50　常化板取向成像图

图 1.51 为热轧常化板经过 650 ℃温轧后的取向成像，粗大的晶粒经 67% 压下率温轧后容易形成 30°～45°剪切带，主要织构组分为 {112} ＜241＞、{112} ＜110＞和 {111} ＜112＞，其中 {112} ＜110＞和 {111} ＜112＞织构取向密度最强。

图 1.52 为另一个视场下的温轧板侧面半厚的取向成像，主要织构组分为 {113} ＜110＞、{111} ＜110＞、{111} ＜112＞和 {112} ＜241＞，还有小部分 25°旋转立方织构及立方织构组分。其中 {112} ＜241＞是一重要织构组分，高硅钢近柱状晶初始组织的形变及再结晶行为研究结果表明，{112} ＜241＞取向可从原始立方取向转动而来，转动路径为 {100} ＜001＞→ {100} ＜021＞→ {113} ＜361＞→ {112} ＜241＞。与 {112} ＜241＞形变晶粒相邻的晶粒取向以 {112} ～ {113} ＜110＞和 {111} ＜112＞为主，在 {111} ＜112＞形变晶粒之间还存在着部分 {210} ＜001＞取向晶核，如图 1.52 (a) 中箭头所示。

高硅钢温轧板在冷轧前经过 800 ℃退火 2 min 后油淬处理，目的是将温

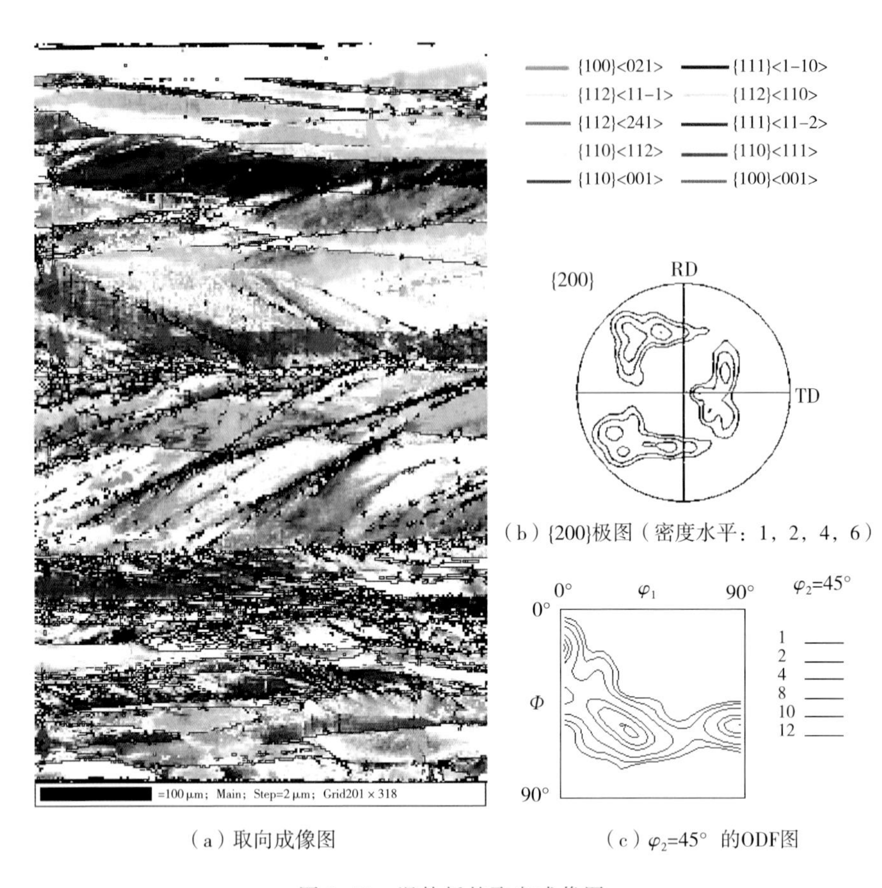

（a）取向成像图

（b）{200}极图（密度水平：1，2，4，6）

（c）φ_2=45° 的ODF图

图 1.51 温轧板的取向成像图

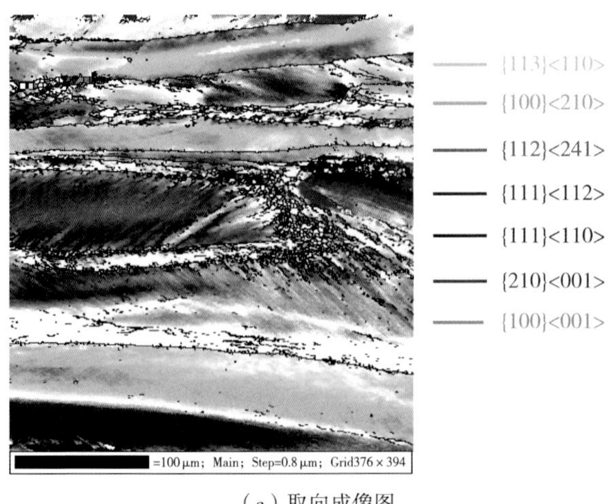

（a）取向成像图

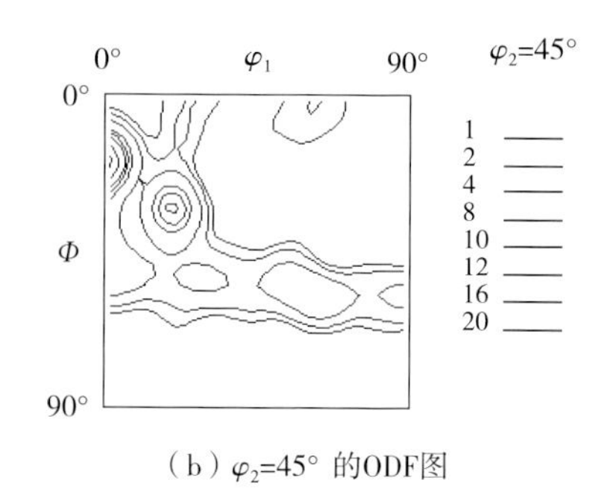

（b）φ_2=45° 的ODF图

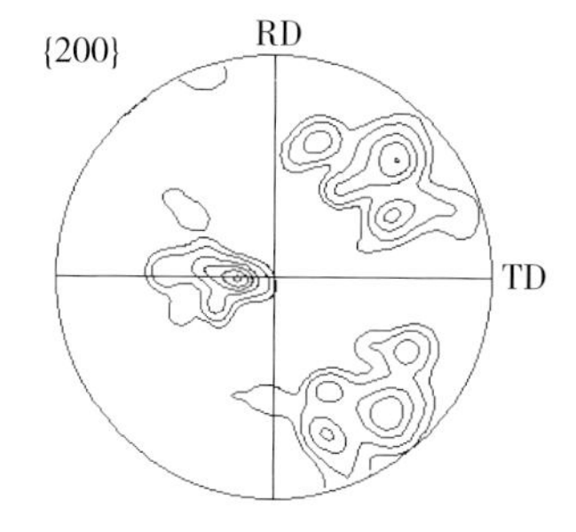

（c）{200}极图（密度水平：1，2，4，6，8，10）

图 1.52　温轧板侧面 1/2 厚度取向成像图

轧板重新加热到 B2 相区并快速冷却降低高硅钢有序度，同时还可以消除部分加工硬化有利于后续冷轧。图 1.53 给出了温轧退火板侧面全厚取向成像图，可见在表层和次表层主要为再结晶组织，中心为粗大条状回复组织，以 γ 线织构为主，主要织构组分为 {111} ＜110＞和 {111} ＜112＞。再结晶晶粒中有很多以 {210} ＜001＞～ {310} ＜001＞为主的 η 织构取向晶粒，这与温轧剪切带形核有关。

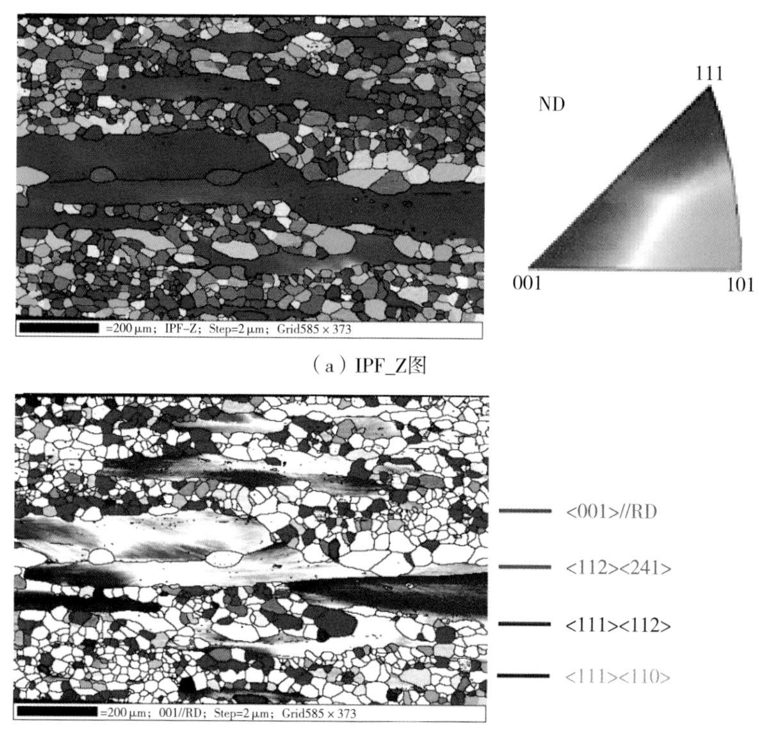

（a）IPF_Z图

（b）特殊织构组分取向成像

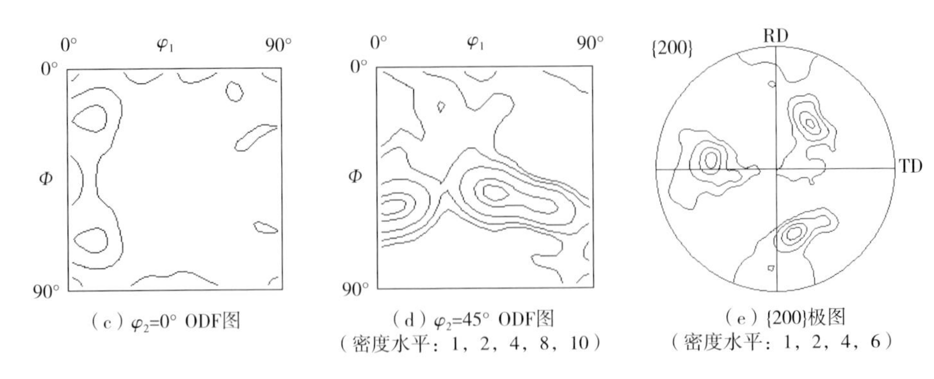

（c）φ_2=0° ODF图

（d）φ_2=45° ODF图
（密度水平：1，2，4，8，10）

（e）{200}极图
（密度水平：1，2，4，6）

图 1.53　温轧退火板侧面全厚取向成像图

图 1.54 为 0.3 mm 厚冷轧板取向成像，可见冷轧织构以 γ 纤维织构为主，其中 {111} <112>织构组分的取向密度最大，其次是 α 取向线织构，其中 {112} <110>取向密度最大，另外次表层和中心层还存在一定的 20°～45°旋转立方织构。在带温冷轧过程中产生了大量的 {111} <112>取向剪切带组织，而这些剪切带内部有<001>//RD 取向晶粒亚结构，在退火过程中通过亚晶合并形成再结晶晶核，因此在高硅钢低温轧制过程中形成大量的具有高形变储能的 {111} <112>取向形变晶粒有利于 η 线再结晶织构的形成。

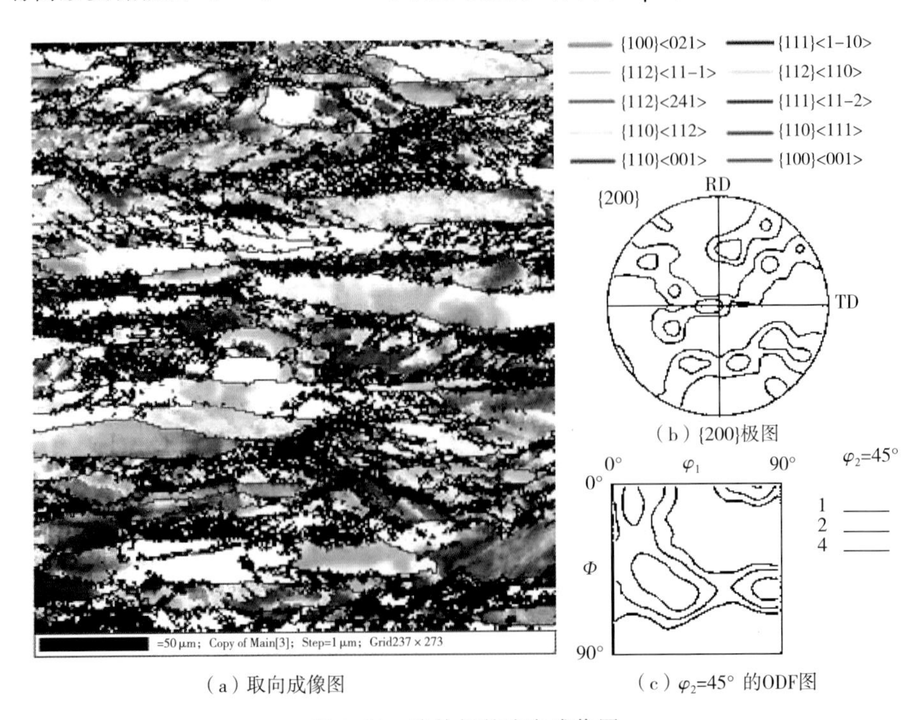

（a）取向成像图

（b）{200}极图

（c）φ_2=45° 的ODF图

图 1.54　冷轧板的取向成像图

为了增强统计性，采用XRD检测了冷轧板表层、1/4次表层及1/2中心层的宏观织构，如图1.55所示，可见次表层中{111}<112>织构密度最强，从表层至中心层都有少量的立方织构，中心层还存在较强的20°～45°旋转立方织构，值得注意的是，在次表层和中心层都存在少量的偏Goss织构，这对后续的再结晶织构产生一定的影响。

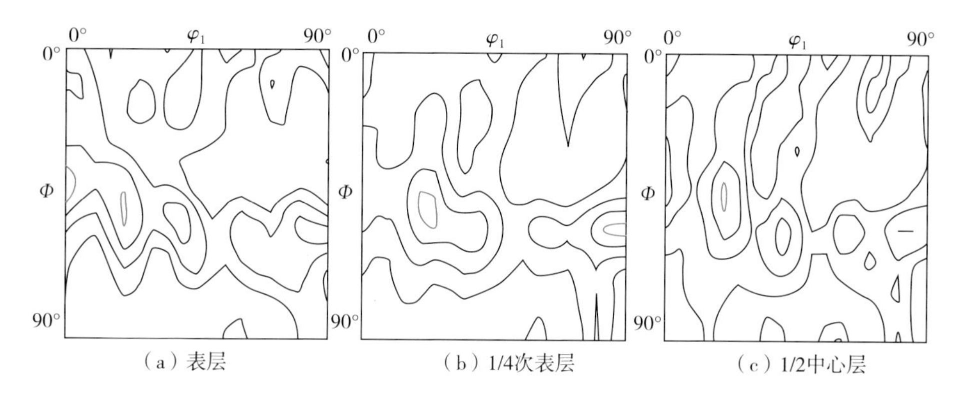

图1.55 冷轧板XRD宏观织构ODF图（φ_2=45°，密度水平：1，2，3，4）

图1.56为0.3 mm厚的冷轧薄板经过850 ℃×4 min脱碳退火、750 ℃渗氮不同时间（30 s、60 s和90 s）后的取向成像。通过统计计算得出，脱碳退火加渗氮处理后平均晶粒尺寸为20～24 μm，该晶粒尺寸处于采用渗氮工艺

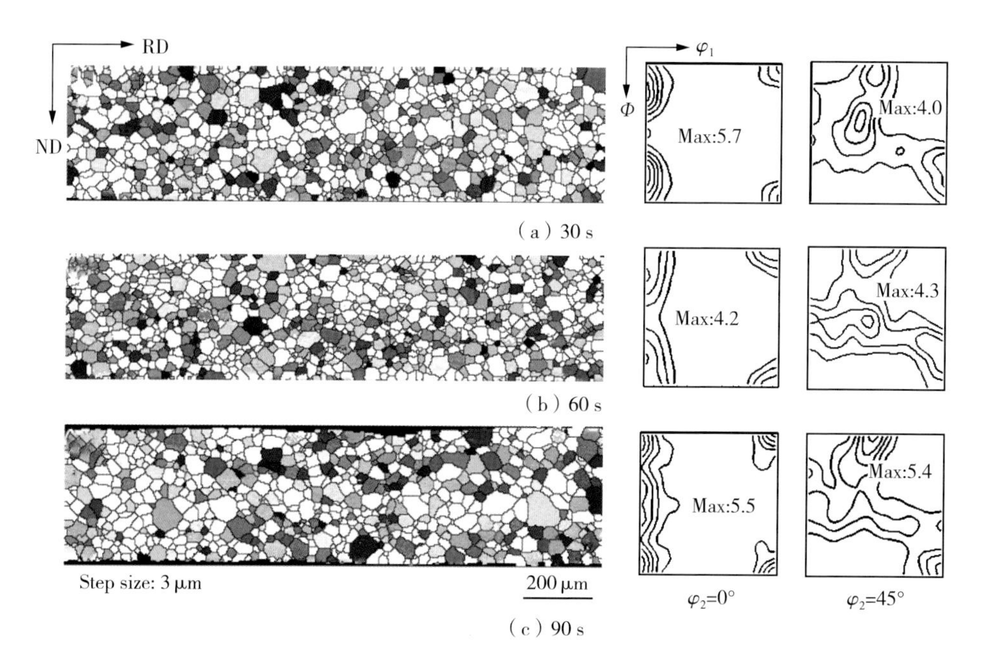

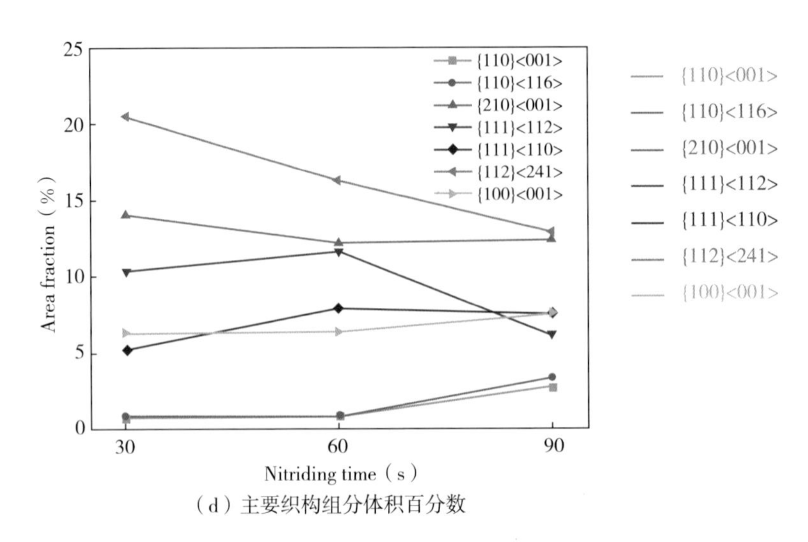

（d）主要织构组分体积百分数

图 1.56 850 ℃×4 min 脱碳退火后 750 ℃渗氮样品的取向成像、ODF 图（$\varphi_2=0°$、45°；levels：1，2，3，4，5）

生产 Hi－B 钢的合适范围内，大于 CGO 钢和高温 Hi－B 钢的初次平均晶粒尺寸。初次再结晶晶粒尺寸过小，晶界驱动力过大，除 Goss 取向之外其他取向晶粒也会长大导致磁感降低，初次再结晶尺寸过大，需要更多更强的抑制剂来抑制其他取向晶粒的正常长大。随着晶粒尺寸的增大，二次再结晶驱动力会而减弱，二次再结晶的开始温度也越高。

由图 1.56 中可以看出，高硅钢薄板初次再结晶织构主要为 γ 纤维织构、{112} <241>和立方织构为主，还具有较强的以 {210} <001>～ {310} <001>为主的 η 织构。与普通 CGO 钢相似的是，经过两次轧法在脱碳退火后都获得较强的立方织构和最强的 γ 线织构，还有一定比例的 Goss 织构，但其强度不高，CGO 钢脱碳退火样品取向分布函数 $\varphi_2=45°$截面图如图 1.57 所示。

与普通 CGO 钢相比，高硅钢脱碳退火板中 γ 线织构总体强度较弱，但 η 取向线织构很强，{210} <001>为主要再结晶织构组分，其所占体积分数远高于 Goss 取向晶粒，明显区别于普通 CGO 钢脱碳退火板，这与高硅钢采用温轧加中等压下率带温冷轧有很大关系。以 {210} <001>为主的 η 线织构取向晶粒容易在 {111} <112>取向晶粒内的剪切带中优先形核并长大，而高硅钢在冷轧过程中产生的大量 {111} <112>取向剪切带正好为 η 取向晶粒提供更多的再结晶形核的地点，所以初次再结晶时得到了较为锋锐的 η 线

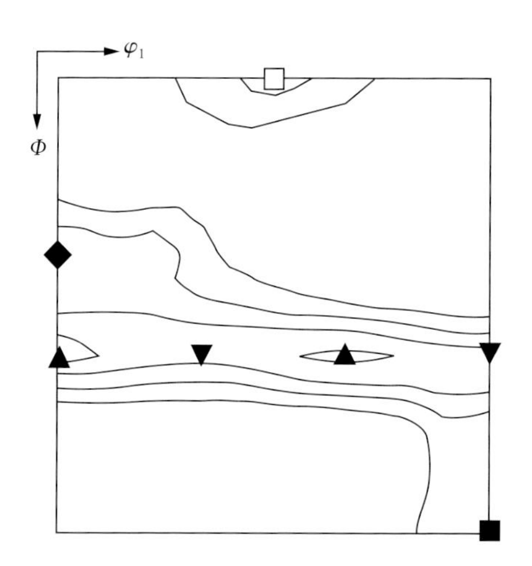

图 1.57　CGO 钢脱碳退火样品 ODF 图（φ_2＝45°截面图；levels：2，4，6，8；▲：{111}＜110＞，▼：{111}＜112＞，■：{110}＜001＞，◆：{112}＜110＞）

织构。由图 1.56（d）可见，随着渗氮时间的延长，在晶粒尺寸增大的同时，{111}＜112＞与{112}＜241＞织构组分不断减少，而 Goss 织构锋锐度不断增强，{110}＜116＞和立方织构也逐渐增强。

图 1.58 为 750 ℃渗氮 60 s 高硅钢高温退火中断实验样品侧面取向成像，此时没有出现晶粒异常长大现象，875～900 ℃时次表层与中心层个别非 Goss 取向晶粒长大明显领先于周边晶粒，如图 1.58（c）所示，{310}＜137＞取向晶粒尺寸达到了 200 μm，而此时表层及次表层中少量的 Goss 取向晶粒仍未发生异常长大。

925 ℃时异常长大的晶粒取向为{110}＜116＞而非正 Goss，晶粒已贯穿板厚在吞并与之相邻的小晶粒，如图 1.58（d）所示，除了与 A、B 晶粒取向差 45°外，与周围其他小晶粒取向差为 29°～45°，具有高迁移率的大角度晶界，异常长大晶粒与 C 晶粒取向差为 34°，但由于 C 晶粒尺寸较大，晶界迁移明显滞后。由图 1.58 可见，在 875～925 ℃升温过程中，位于样品心部的晶粒明显要大于表层与次表层的晶粒，这可能与厚度方向上抑制剂分布不均匀、抑制力强度差异有关。950 ℃时异常长大的晶粒尺寸超过了 1 mm，随机观察到的晶粒取向近似为{110}＜116＞和{210}＜001＞，其中有少量残余的岛晶被取向差为 50°的低迁移率晶界包围，因此难被吞并。在后续升温过程中，样品局部 EBSD 分析表明异常长大晶粒有的为 Goss 取向，有的为{110}＜116＞取向。

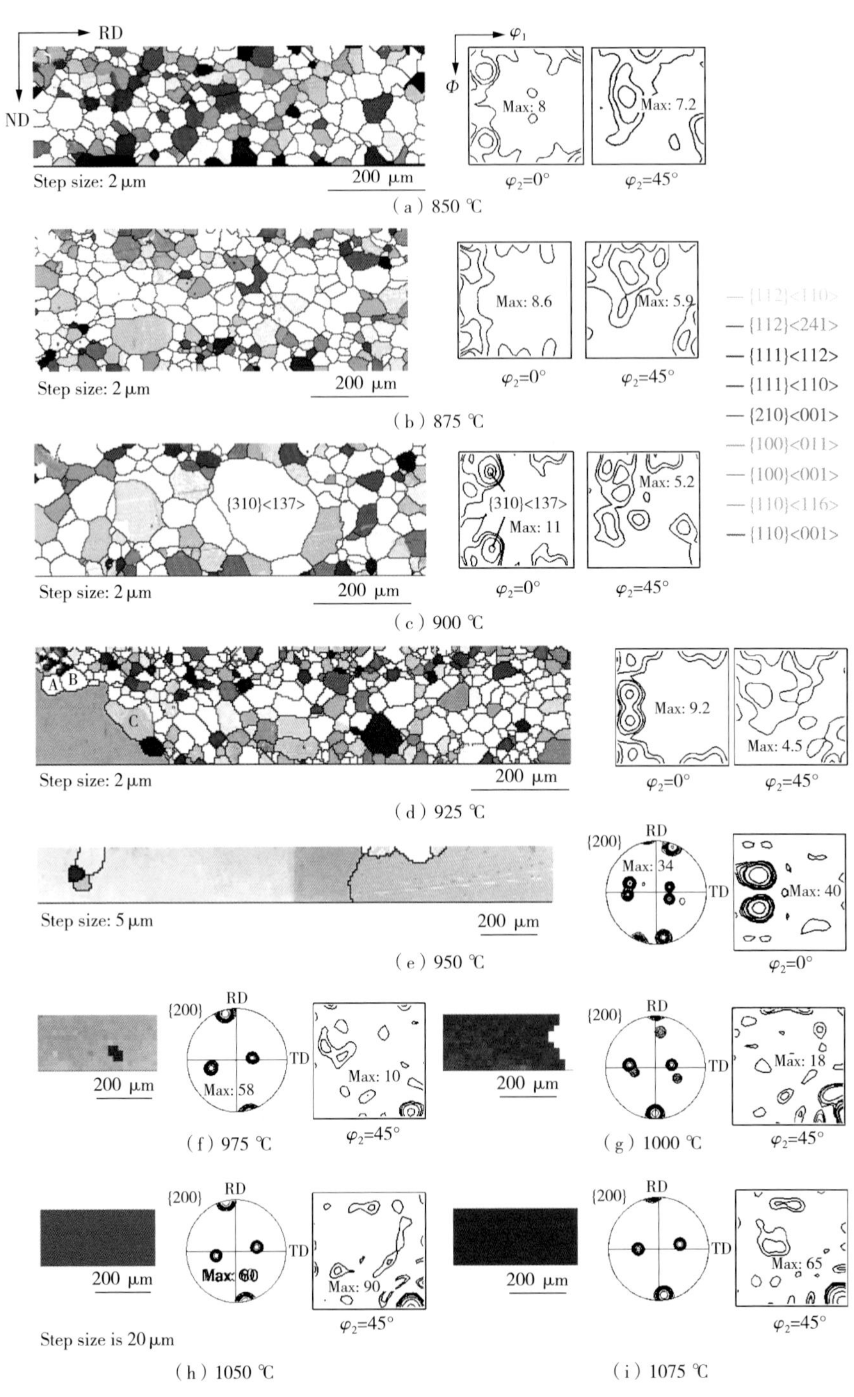

图 1.58　750 ℃渗氮 60 s 高硅钢高温退火中断实验样品侧面 mapping 图、{200} 极图及 ODF 图（levels：1，2，4，8，10，20，40，80）

1.4.4　取向高硅钢第二相粒子行为

取向高硅钢中第二相粒子作为抑制剂在组织结构控制和二次再结晶过程中形成强 Goss 织构上发挥着重要作用。取向高硅钢初始添加的固有抑制剂主要为 MnS，在热轧、常化、温轧及中间退火的过程中都会有第二相析出。由于热轧前采用 1150 ℃板坯加热，较低的加热温度会造成溶解于高硅钢中的 Mn、S 原子数量减少，会明显降低冷却过程中的形核驱动力，并对析出行为产生影响。图 1.59 给出了各加工阶段第二相析出物分布情况。

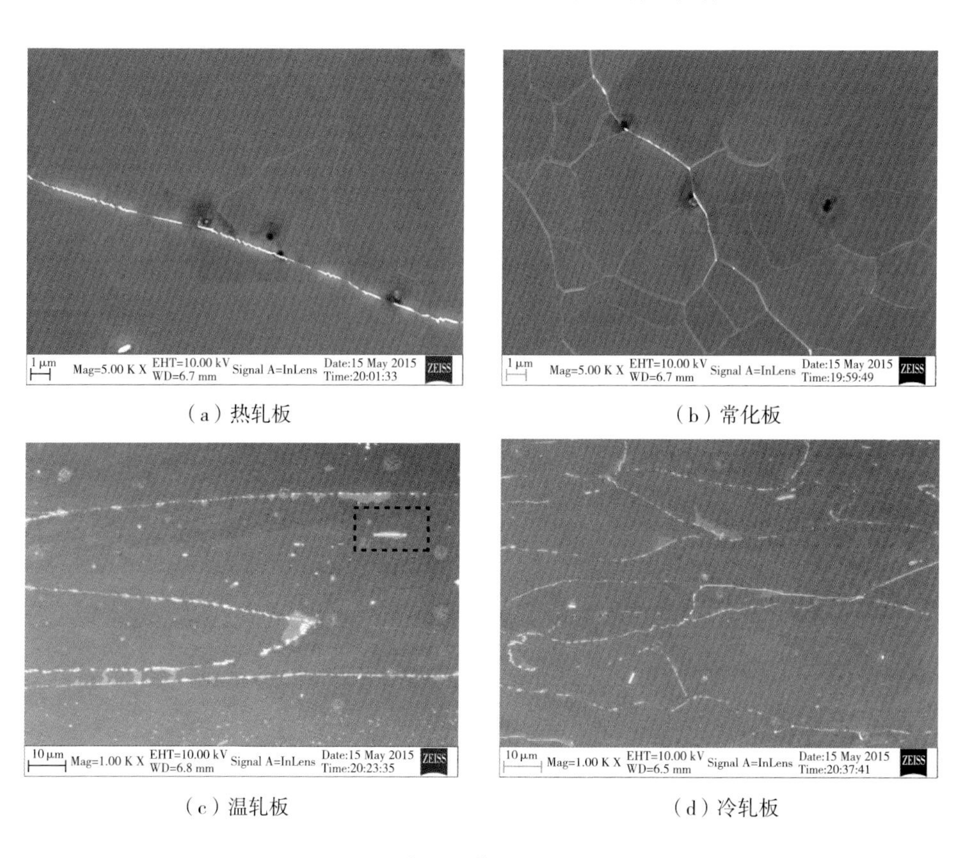

（a）热轧板　（b）常化板

（c）温轧板　（d）冷轧板

图 1.59　各阶段第二相析出物分布

由图 1.59 可见第二相大部分集中在晶界等晶体缺陷处形核并粗化，从热轧、常化到温轧，第二相析出物分布更加弥散、数量不断增加。能谱分析表明，在热轧至冷轧阶段析出的第二相主要为 MnS，因为位错密度的升高可以为 MnS 析出提供更多的形核位置，促进 MnS 更弥散的析出。而温轧阶段的

650 ℃回炉保温会促进析出的第二相不断粗化和新的第二相形核。图 1.60 给出了图 1.59（b）中方框内所示的析出物的能谱分析结果，可见粗化的 MnS 被拉伸成长条状，这是因为 MnS 为塑性相，在轧制过程中会沿着轧制方向产生一定延展，随基体一起发生塑性变形。由于高硅钢经过反复的回炉加热再温轧，第二相粗化的同时也会消耗基体的析出驱动力，会使基体的过饱和度与析出驱动力明显下降，因此高硅钢在温轧后很难获得均匀且弥散分布的高密度 MnS 粒子，而已经粗化的第二相析出物起不到抑制剂的作用。

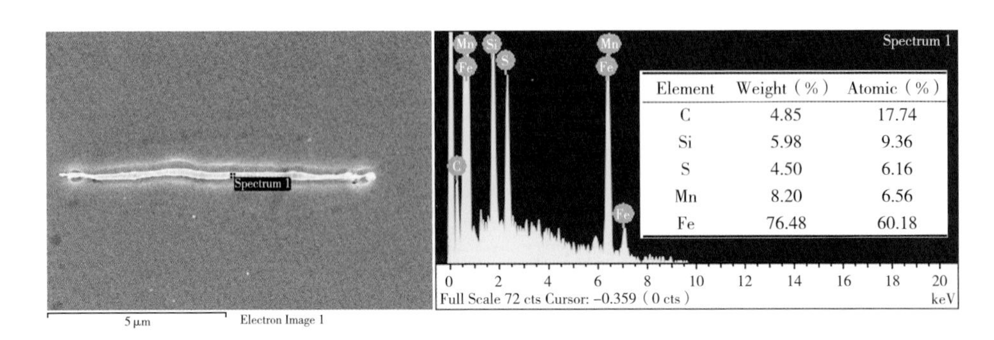

图 1.60 温轧板中第二相析出物能谱分析结果

由于高硅钢热轧前板坯加热温度低，以 MnS 为主的第二相经热轧、常化、温轧退火析出后，抑制剂粒子析出的驱动力已基本消耗殆尽，因此主要起抑制作用的第二相粒子是靠在后续渗氮中追加完成。常规低温渗氮钢渗氮后的 N 元素质量分数在 0.013%～0.024%范围内抑制效果最好。通过化学检测分析，本实验高硅钢薄板渗氮 30 s 后的氮含量约为 100 ppm，60 s 约为 160 ppm，90 s 约为 230 ppm，渗氮 60～90 s 后 N 含量均在上述范围内。但只有渗氮 90 s 样品二次再结晶发展较完善，这说明制备取向高硅钢需要更强的抑制剂。

图 1.61 为渗氮 60 s 后析出物分布及能谱分析结果。渗氮后粒子数量无论是表层还是中心层相对于常规低温渗氮钢，粒子密度都很低。统计结果表明，能够起抑制作用的，即粒子尺寸小于 100 nm 的粒子密度为 1.14×10^6 个/mm^2，其中以尺寸为 30～50 nm 大小的粒子为主。粒子密度低一方面与材料本身固有抑制剂含量少且初始 Al 含量低有关，另一方面是由于高硅钢相比普通含量硅钢表面更容易氧化，致密的 SiO_2 氧化膜阻碍氮原子扩散进入基体内部。大量的能谱分析结果表明，刚渗完氮后用 SEM 观察到第二相粒子仍以 MnS 粒子为主，基本不含 Al。

（a）析出物分布　　（b）粒子形貌

Element	Weight（%）	Atomic（%）
Si	7.82	14.19
S	2.35	3.73
Mn	4.37	4.06
Fe	85.46	78.02

Full Scale 725 cts Cursor: -0.301（0 cts）　keV

（c）能谱分析结果

图 1.61　750 ℃渗氮 60 s 后试样中析出物分布及能谱分析结果

图 1.62 给出了 750 ℃渗氮后试样中晶界处的第二相粒子形貌，粒子直径为 40～50 nm，能谱分析表明主要为 MnS 粒子。这些粒子是在试样脱碳退火的过程中析出，在后续渗氮加热的过程中会拖曳晶界迁移，降低晶界迁移率，对晶粒的正常长大起到一定的阻碍作用，但由于材料固有的 MnS 抑制剂数量

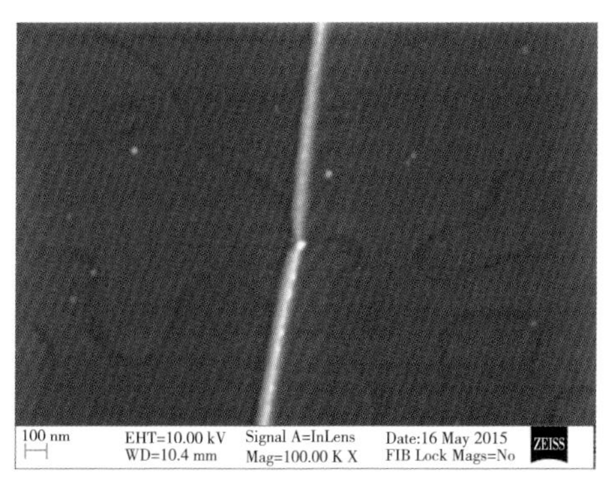

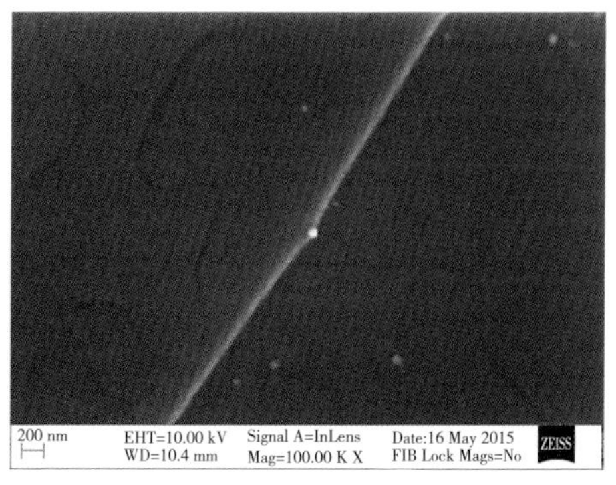

图 1.62　750 ℃渗氮 60 s 后试样中第二相粒子对晶界迁移的钉扎作用

有限，真正起主要抑制作用的还是得靠渗氮处理后升温加热过程中不断弥散析出的 AlN 和（Al，Si）N 粒子。已固溶进入基体的 N 原子是通过扩散与 Al 原子结合形成 AlN，温度的升高促进了溶质原子的扩散，当元素浓度升高部位的成分接近第二相成分时，结构开始发生转变，于是第二相粒子开始形核。

图 1.63 给出了 750 ℃渗氮 60 s 试样在 875 ℃、900 ℃和 925 ℃第二相粒子分布（表层与心部）及能谱分析结果，可知试样在高温退火的过程中，弥散析出的第二相粒子以 AlN 和（Al，Si）N 粒子居多，随着温度的升高，析

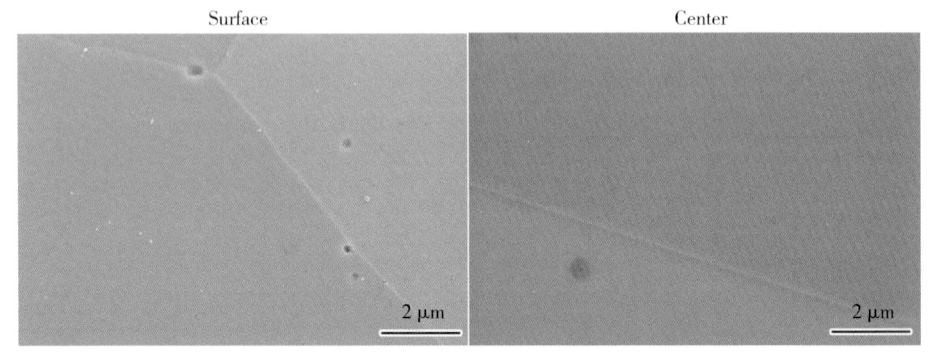

(a) 875 ℃

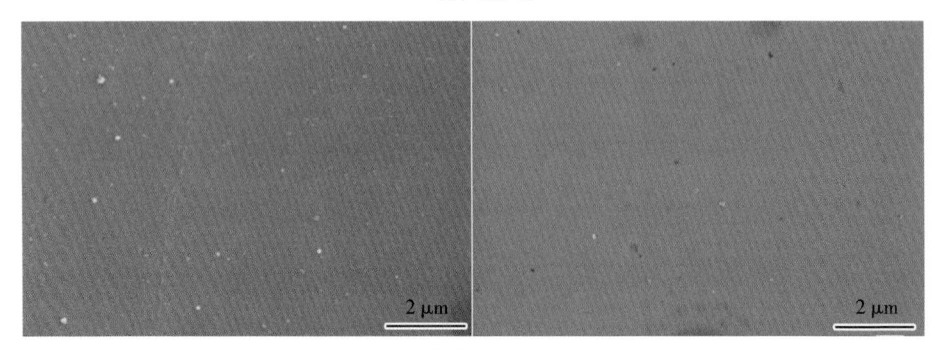

(b) 900 ℃

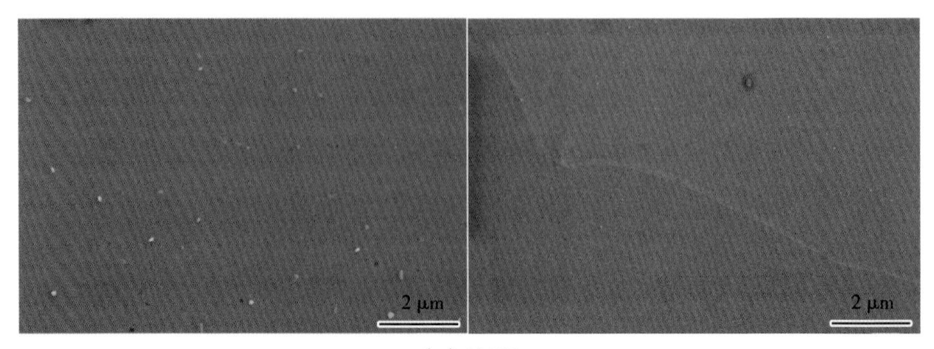

(c) 925 ℃

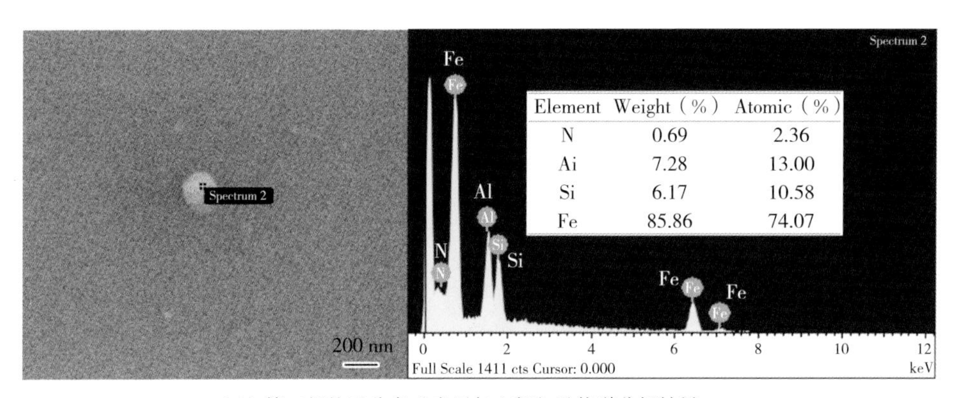

Element	Weight（%）	Atomic（%）
N	0.69	2.36
Ai	7.28	13.00
Si	6.17	10.58
Fe	85.86	74.07

（d）第二相粒子分布（表层与心部）及能谱分析结果

图 1.63　渗氮 60 s 试样

出的粒子数量不断增多，尺寸不断增大，当 900 ℃时粒子已明显粗化，大部分粒子失去了对晶界的钉扎能力，但对晶界迁移仍有一定的阻碍作用。第二相粒子以 AlN 和（Al，Si）N 粒子为主，图 1.64 给出了部分粒子的能谱分析结果。

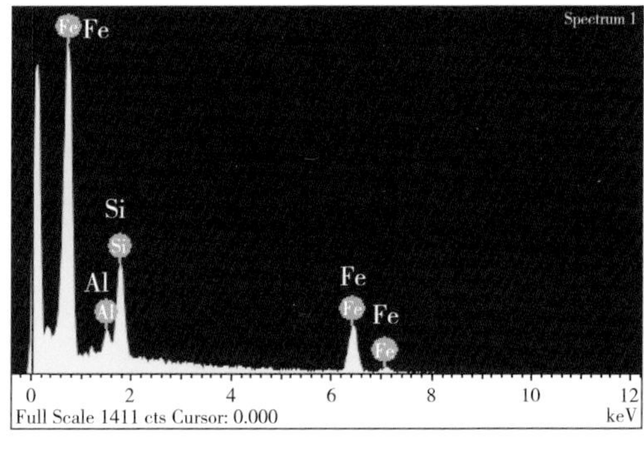

（a）

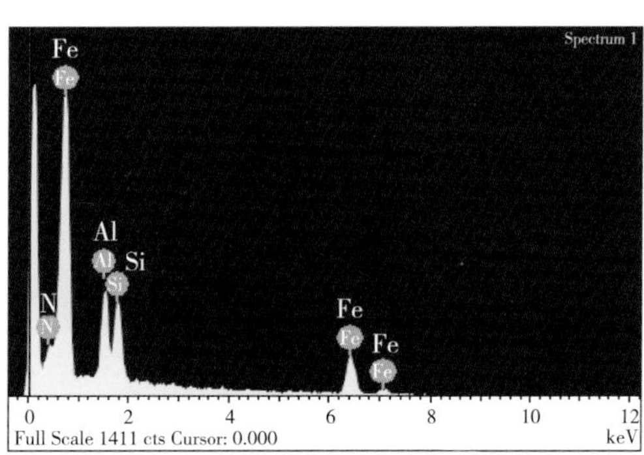

（b）

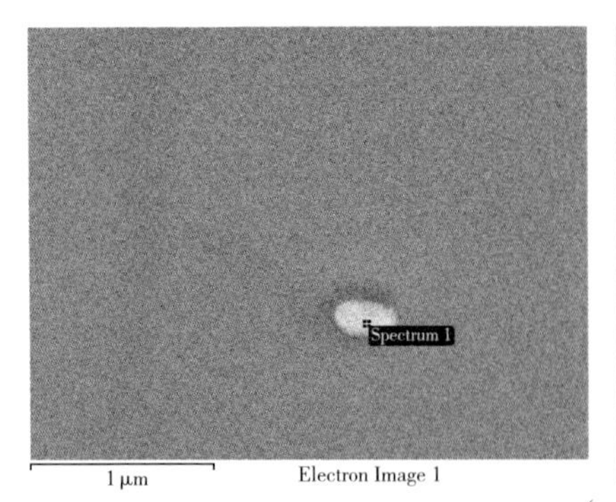

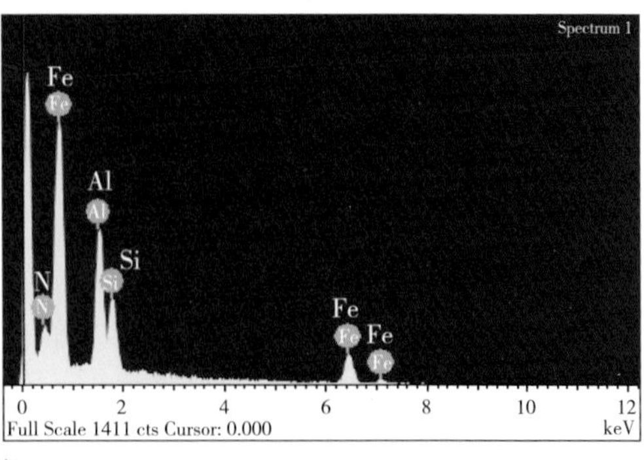

(c)

Element	a		b		c	
	Weight (%)	Atomic (%)	Weight (%)	Atomic (%)	Weight (%)	Atomic (%)
N	—	—	3.35	10.91	6.84	20.00
Al	1.70	3.24	6.19	10.46	9.79	14.84
Si	6.87	12.57	5.92	9.61	5.62	8.19
Fe	91.43	84.19	84.54	69.02	77.74	56.97

图 1.64 900 ℃部分第二相粒子能谱分析结果

通过以上 SEM 观察和 EDS 分析，得出在最终退火升温的过程中，在同一温度下表层的第二相粒子数量始终高于心部，说明氮元素没有均匀化。说明渗氮后的样品厚度方向上抑制剂浓度呈梯度分布，表层浓度较大、抑制力较强，而中心层抑制剂浓度低、抑制力弱。这种抑制剂的分布势必会对二次再结晶产生重要影响。

1.4.5 初次再结晶织构及渗氮量对二次再结晶的影响

本实验制备的取向高硅钢初次再结晶织构不同于其他类型的 3%Si 取向硅钢。常规低温渗氮钢经过 90%以上大压下量冷轧后，初次再结晶以｛114｝<418>织构和 γ 线织构为主，普通取向硅钢（CGO）经两次中等压下量冷轧后，初次再结晶时会形成以立方和｛111｝<110>为主的 γ 线织构，而高磁感取向硅钢（HiB）则以 87%大冷轧压下量的一次冷轧后退火会得到 25°旋转立方织构和｛111｝<112>为主的强 γ 线织构。由于｛111｝<112>取向晶粒与 Goss 取向晶粒间为 Σ9 关系的大角度晶界，有利于 Goss 取向晶粒异常长大，因此希望在初次再结晶时，得到尽可能多的{111}＜112＞织构。但由于高硅钢的室温脆性，无法直接冷轧成形，必须通过温轧和带温冷轧才能制成薄板。正是采用温轧和中等压下率（55%～65%）带温冷轧，造成初次再结晶织构中{111}＜112＞不锋锐还有较强的立方织构存在，所以对高硅钢而言，更需要靠后期抑制剂发挥强有力的钉扎作用，促进Goss取向晶粒二次再结晶的发展。

二次再结晶晶粒位向取决于二次再结晶晶粒出现和长大的温度范围内抑制剂行为，抑制剂在高温区分解消失时间越长，对二次再结晶晶粒择优长大越有利。高硅钢初次再结晶组织中，位向准确的Goss晶粒主要分布在样品的表层和次表层，中心层最少，而{110}＜116＞晶粒则相反。关于{110}＜116＞取向晶粒的异常长大，有研究表明，当{110}＜116＞取向晶粒周围拥有最多的HE晶界（高迁移率及晶界扩散速率的20°～45°大角度晶界）时，即使在初次再结晶织构中面积百分比仅为2%，但通过二次再结晶择优长大，最终达到了63%。由于渗氮后样品厚度方向上抑制剂浓度呈梯度分布，表层浓度较大、抑制力较强，而中心层抑制剂浓度低、抑制力弱。当抑制剂不足时，次表层中较多的{110}＜116＞取向晶粒由于具有大量20°～45°高能晶界且受到抑制力较弱，容易优先发生异常长大，以{110}低表面能与Goss取向晶粒竞争吞并其他取向的小晶粒，二次再结晶晶核增多，因此渗氮30 s试样最终宏观组织表现为二次晶粒尺寸小且数量多。随着渗氮量的增加，抑制剂浓度提高，粒子钉扎作用增强，由于缺少部分{110}＜116＞取向晶粒的竞争，在更高的温度下相对少量的Goss晶粒能够发生异常长大，以至于最终样品宏观组织表现为二次再结晶晶粒尺寸较大且Goss取向锋锐度增加，渗氮90 s试样的Goss取向密度比渗氮60 s试样更高。所以，提高渗氮量可以增加抑制剂浓度，抑制部分偏Goss取向晶粒的异常长大，从而提高Goss织构锋锐度。

根据Fe-Si二元相图，高硅钢经过高温退火后在随炉冷却的降温过程中，会依次发生A2→B2、B2→DO_3，有序转变，最终在室温下形成B2+DO_3有序相。为了揭示最终高硅钢成品板中有序相结构及反相畴界特征，通过TEM采用选区电子衍射的方法分析了成品板有序化情况，结果如图1.65所示。

因为取向高硅钢最终成品板的晶粒很大，TEM所能观察到的是一个大晶粒内部微小的区域。图1.65（a）中如箭头所示的尺度较大的曲线状畴界，结合前人大量的研究结果，推测这可能是B2相1/4＜111＞型反相畴界，因为只有 B2 相的反相畴尺寸才可能达到微米级，而 DO_3 相 1/4＜111＞型反相畴尺度一般不超过 200 nm。由图 1.65（b）的衍射图谱可以看出，中心斑点两侧的衍射斑点具较高的对称性，超点阵衍射斑点比较清晰。标定结果表明，取向高硅钢成品板中生成了 DO_3 有序相。由于 DO_3 有序结构是在 B2 结构的基础上进一步发生 Fe 和 Si 原子的次近邻有序化而形成的，由此可知高温退火后随炉冷却得到的取向高硅钢成品板有序程度很高。

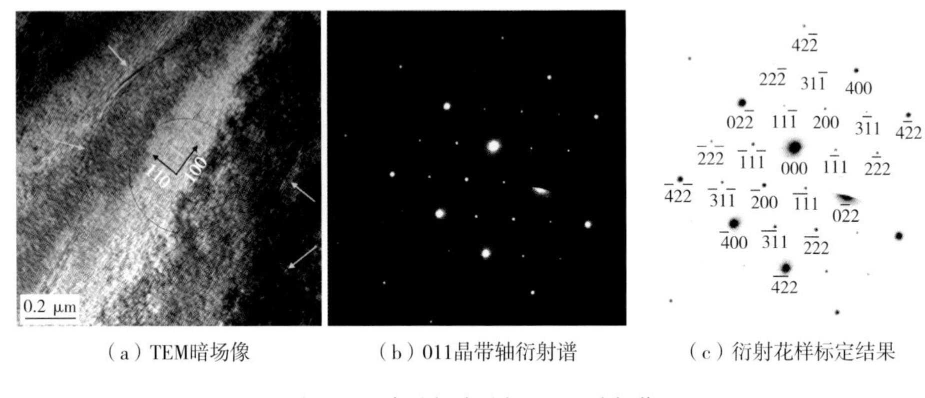

（a）TEM暗场像　（b）011晶带轴衍射谱　（c）衍射花样标定结果

图 1.65　高硅钢成品板 TEM 暗场像

1.5　高硅钢薄板的冲片性能

1.5.1　高硅钢薄板冲片质量分析

目前，人们通过掌握并合理的控制高硅钢有序化转变规律，对其增韧增塑处理，通过轧制的方法能够顺利地制备出高硅钢薄板，但如何进一步把高硅钢薄板高效快速地加工成铁芯用的叠片并保证其尺寸精确依然是个难题。有人采用电火花线切割、激光切割、水射流切割和等离子切割等方法加工高硅钢片，但由于线切割效率低、激光切割成本较高、水射流和等离子切割尺寸精度难以保证，依然无法取代经济快速的冲剪加工方法。

高硅钢薄板冲片区别于普通硅钢冲片在于其自身受到有序化的影响，在轧制制备过程中塑性变形导致其无序增韧，提高了加工性，而再结晶退火在提高磁性能的同时，却又提高了有序度，降低了冲片性能。所以先退火再冲片不一定适用于高硅钢，如何改进传统冲片工艺、提高高硅钢薄板的冲片性能对促进其工业化应用具有现实意义。

为了实现稳定且有良好断面的冲片加工，对高硅钢薄板可以采用小的冲片间隙和带温冲片等措施，高硅钢薄板的状态、冲片温度和冲片间隙都会影响到高硅钢的冲片质量。高硅钢的韧脆转变温度约为150 ℃，冲压变形时比拉伸时表现出更好的塑性，对于不同状态的高硅钢薄板需选择合理的冲片温度。减小冲片间隙可以增加光亮带、减少断裂带并减小断裂角度，从而提高冲片精度，但同时也会增加冲裁力和模具磨损，减少模具使用寿命，因此减小冲片间隙要适当。比利时Ghent大学研究者提出，低Si钢板剪切合理的间隙为板厚的5.5%，中、高Si钢剪切合适的间隙为板厚的2%～3%；通常薄规格无取向电工钢冲片间隙控制在板厚的5%～6%之间，日本生产的0.35 mm和0.5 mm厚的高硅钢薄板在冲片间隙≤5%条件下可顺利冲成圆形和E-I形冲片，可见对高硅钢薄板冲片需采用较小的冲片间隙。

本研究旨在通过高硅钢冷轧薄板及不同退火态的高硅钢薄板冲片实验，提出较合理的冲片工艺参数，以得到达标的冲片性能，为其工业化生产应用提供参考。与此同时，研究高硅钢薄板在不同温度条件下的冲片断裂行为、断口形貌特征及断裂机理、有序度差异对冲片性能的影响具有一定的理论价值。

众所周知，随着Si含量的升高，钢板硬度增大，延伸率下降，冲片性能降低。普通3%Si硅钢板冲片合适的硬度为130～180 HV，而本著制备的高硅钢冷轧板、850 ℃退火板和1200 ℃退火板在室温下的显微维氏硬度平均值分别为475 HV、410 HV和390 HV，都远远超出合适的硬度范围。高硅钢薄板硬度过高不但会对模具造成边缘磨损，还会引发样品脆性开裂，影响尺寸精度。因此要选择合理的冲片温度控制高硅钢板硬度、提高塑性，改善高硅钢薄板的冲片性能。

以新型无取向高硅钢为研究对象，将冲片温度设置在室温到150 ℃之间，分别考察高硅钢冷轧薄板、850 ℃退火板和1200 ℃退火板的在此温度范围内的冲片性能。850 ℃退火板是高硅钢冷轧板在N_2+H_2混合气氛中经过850 ℃保温4 min获得，平均晶粒尺寸为28 μm。1200 ℃退火板是在高纯H_2的气氛下经过1200 ℃高温退火获得，平均晶粒尺寸为300 μm。采用自行设计模具将高硅钢薄板冲成内径32 mm外径40 mm的环形样品。凸模与凹模单边间隙为0.01 mm，冲片载荷为250 kN，冲片温度通过冲模边恒温加热平台控制，由即时测温仪测量冲片温度。

冲片后的宏观形貌如图 1.66 所示，可以看出本实验制备的高硅钢冷轧薄板及 850 ℃退火板在室温至 150 ℃下都能顺利冲片成形，而且冷轧板的冲片余料中几乎没有开裂，850 ℃退火板冲片后环形试样完整，但余料发生开裂。而 1200 ℃退火板在室温下冲片开裂现象严重，无法冲出完整的环形样品，在 100 ℃下冲片依然存在裂纹，在 150 ℃能够顺利完成冲片，环形试样完好无损。

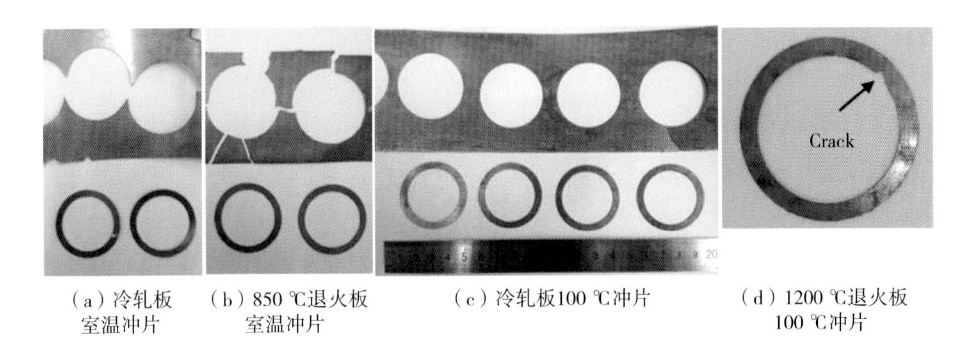

（a）冷轧板室温冲片　（b）850 ℃退火板室温冲片　（c）冷轧板100 ℃冲片　（d）1200 ℃退火板100 ℃冲片

图 1.66　高硅钢薄板冲片后的宏观形貌

图 1.67 给出不同状态的 0.23 mm 厚度的高硅钢薄板在不同温度下冲片开裂概率的统计结果，可见 1200 ℃退火板在室温下冲片几乎都开裂，随着冲片温度的增高，开裂概率大幅度下降；850 ℃退火板在室温下冲片开裂概率为 30%，在 100 ℃冲片降低至 5%，而冷轧板在室温下冲片开裂概率最低，在 100 ℃以上冲片基本无开裂。通过对比可知，相同的温度条件下高硅钢冷轧板具有良好的冲片性能，晶粒尺寸较小的 850 ℃退火板比晶粒粗大的 1200 ℃退火板冲片性更好。

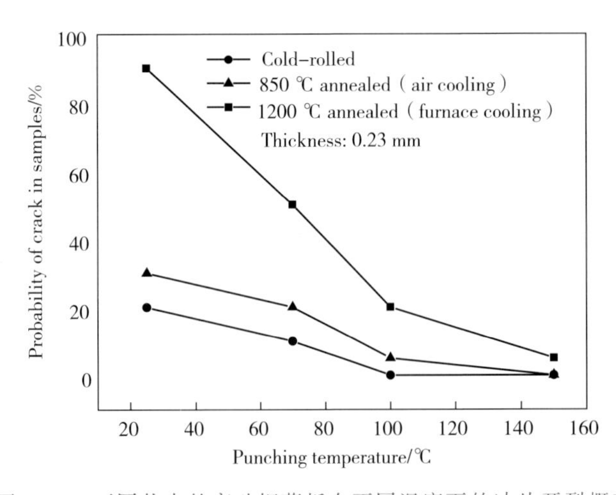

图 1.67　不同状态的高硅钢薄板在不同温度下的冲片开裂概率

在对不同状态的高硅钢薄板进行冲片实验的同时，也考察了高硅钢半有机绝缘涂层的冲片性。图 1.68 给出带绝缘涂层的高硅钢 850 ℃退火板在 100 ℃冲片后的环形试样，这两种具有不同涂覆量的绝缘涂层在冲片过程中均未剥落，边缘亦无脱落迹象，冲片检测结果表明该半有机绝缘涂层在单面涂覆量 $\leqslant 2.4\ g/m^2$ 的条件下具有良好的冲片性。由图 1.68 可以看出，冲片环形试样边缘轮廓不是很完整，这是由冲片造成的微区断裂所致，在同等条件下，850 ℃退火板的冲片质量不如冷轧板。

（a）单面涂覆量：$1.2\ g/m^2$

（b）单面涂覆量：$2.4\ g/m^2$

图 1.68　0.23 mm 厚高硅钢（带有绝缘涂层）冲片环形试样

1.5.2　高硅钢薄板冲片断裂行为

为研究高硅钢薄板冲片断裂行为及断裂机理，通过扫描电镜细致观察不同的高硅钢冲片断口形貌特征。1200 ℃退火板在 70 ℃和 150 ℃冲片断面形貌及局部放大图如图 1.69 所示。可见在 70 ℃下冲片断面为脆性断口，发生了解理断裂，从图 1.69（c）中可以清晰地看到“河流花样”，这是解理断口最基本的微观特征。而在 150 ℃下冲片断面为典型的冲裁断面，由图 1.69（b）中可见明显的三个特征区。上边缘区域为圆角带，大部分断面为光亮带，有少部分断裂带，断裂部分内有韧窝的存在，为韧窝断裂，韧窝的形态取决于应力状态，韧窝浅而大说明基体加工硬化能力强，而在虚线圆圈内所示的区域呈现出准解理断裂的特征，说明此断裂带不完全为韧性断裂。通过对比这两个不同温度下的冲片断口形貌，可知提高冲片温度可以提高光亮带在断面上所占的比例，减少断裂带的面积，从而提高冲片断面质量。对于晶粒粗大的高硅钢退火板，合适的冲片温度为 150 ℃。

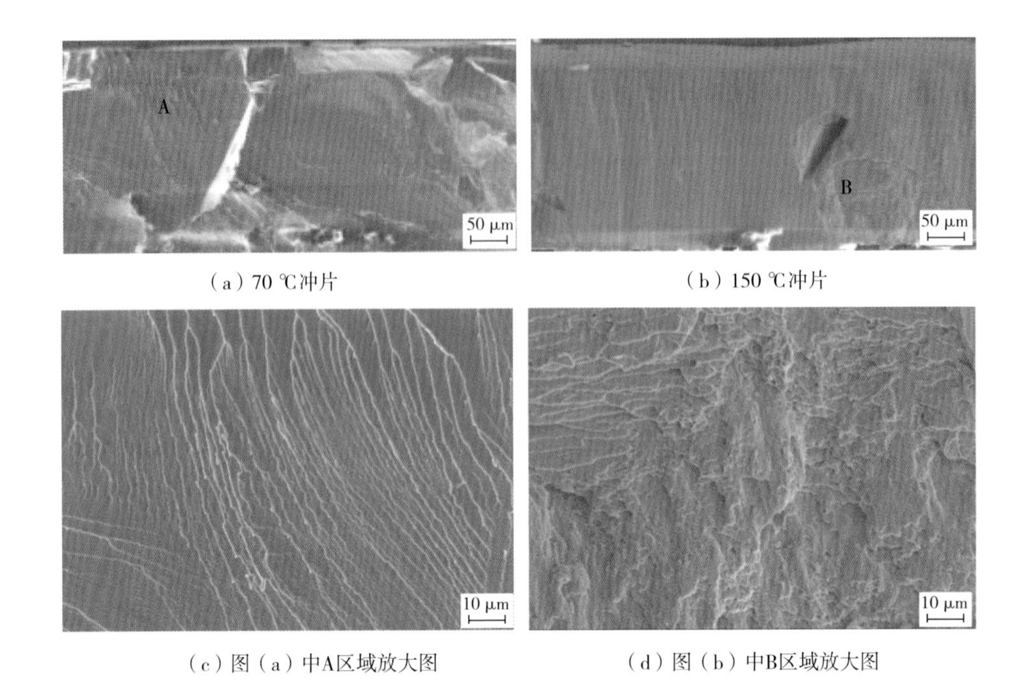

（a）70 ℃冲片　（b）150 ℃冲片

（c）图（a）中A区域放大图　（d）图（b）中B区域放大图

图 1.69　1200 ℃退火板冲片断面微观形貌

为了澄清 1200 ℃退火板在低温下冲片发生脆性断裂的解理系统，通过对侵蚀后的冲片开裂解理断口进行 EBSD 分析，结果如图 1.70 所示。图 1.70（a）中散点取向见图 1.70（d），表明该处为 Goss 取向晶粒。图 1.70（a）中断面法向平行于轧向（RD），则该断面即为解理面，即 {100} 晶面，侵蚀后的解理面上依稀可见片层状的条纹，纹路的走向代表了裂纹扩展方向如箭头表示，即<110>方向，由此可以断定高硅钢退火板中 Goss 取向晶粒断裂的解理系统为 {100} <110>。图 1.70（b）为另一取向晶粒的解理面，由图 1.70（e）可见该晶粒取向为（110）[$\bar{1}$17]，其 {110} 面平行于轧面，由于该断面法向逆时针偏离 RD 约 12°，基本平行于<100>方向，由此可以断定该解理面依然为 {100} 晶面，图 1.70（b）中清晰可见解理特征“河流花样”，支流解理阶汇合的方向即裂纹扩展方向，先沿着近似<110>方向延伸，然后沿<100>方向扩展，再转回<110>方向直到断裂完成，由此可知该解理系统为 {100} <110>→ {100} <100>→ {100} <110>。图 1.70（c）和图 1.70（f）所示为另一处解理断裂面形貌及取向，解理系统同上，裂纹扩展方向由<110>平滑过渡到<100>再到<110>。通过以上分析可知，高硅钢高温退火板在室温冲片发生脆性断裂的解理面为 {100} 晶面，解理系统包括｛100｝＜110＞和｛100｝＜100＞，靠其一或两者交替开动完成断裂。

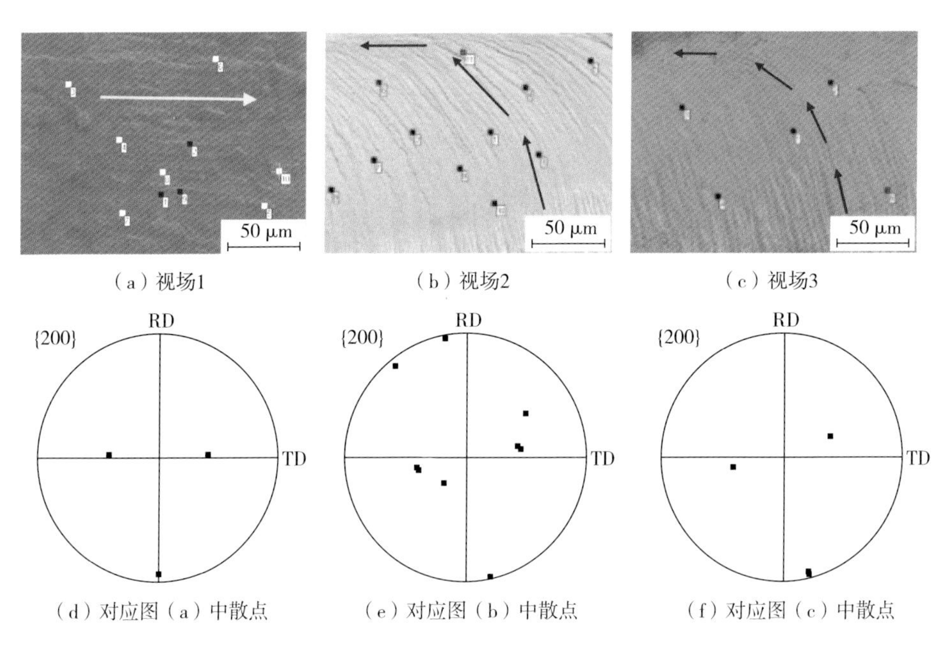

（a）视场1　（b）视场2　（c）视场3

（d）对应图（a）中散点　（e）对应图（b）中散点　（f）对应图（c）中散点

图 1.70　1200 ℃退火板解理断裂微观形貌及｛200｝极图

0.23 mm 厚 850 ℃退火板在室温和 100 ℃冲片的断面微观形貌如图 1.71 所示，可见 850 ℃退火板室温冲片断面呈现出穿晶解理断裂和沿晶断裂混合形态，为脆性断裂，而在 100 ℃冲片断面质量良好，光亮带比例超过二分之一，断裂带为韧窝断裂。和晶粒粗大的高温退火板相比，晶粒尺寸较小的退火板在较低的温度下具有更好的冲片性能。

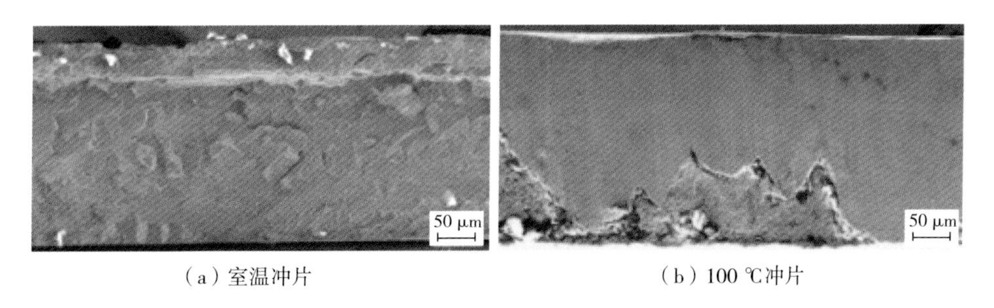

（a）室温冲片　（b）100 ℃冲片

图 1.71　850 ℃退火板冲片断面微观形貌

0.23 mm 厚冷轧板的冲片断面微观形貌如图 1.72 所示，可见在室温下冲片发生了脆性断裂，为纯解理断口，80 ℃冲片断面出现了圆角带和光亮带，但光亮带所占的比例很小，断裂带中有韧窝出现。随着温度的升高，冲片断面光亮带大幅度增加，当温度为 150 ℃，在冲模剪切拉伸作用下出现较多毛刺，影响了冲片质量，因此冷轧板合适的冲片温度在 100 ℃。

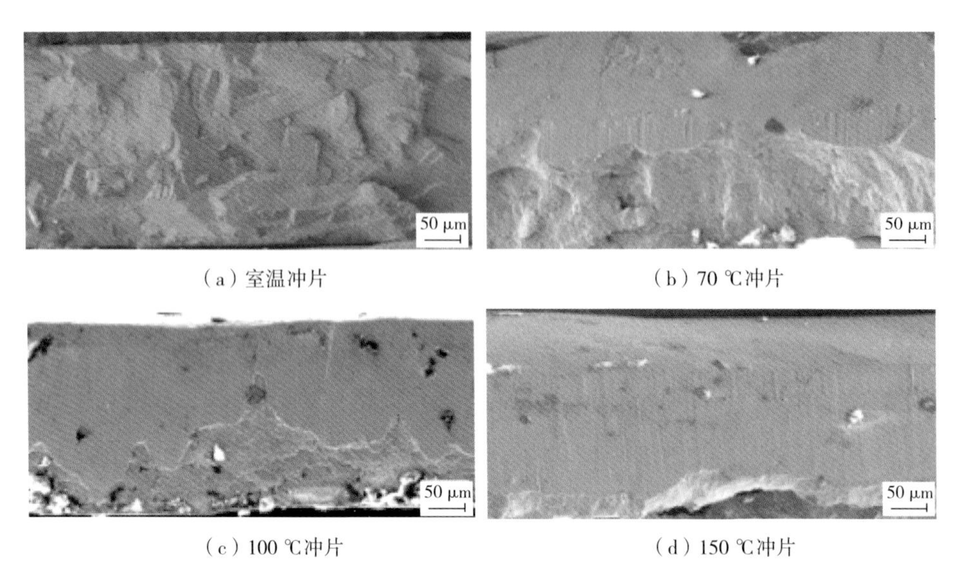

(a) 室温冲片　(b) 70 ℃冲片

(c) 100 ℃冲片　(d) 150 ℃冲片

图 1.72　冷轧板冲片断面微观形貌

图 1.73 所示为不同厚度、状态的高硅钢薄板冲片断口侧面形貌，可见 0.23 mm 厚的高硅钢冷轧板在 70 ℃冲片断面质量差，光亮带较小，同时在上边缘附近被撕裂产生裂纹，将冲片温度提高到 100 ℃即获得良好的冲片断面。相对于 0.23 mm 厚的冷轧板，0.3 mm 厚冷轧板冲片间隙更小（相对间隙由 4.3%减小到 3.3%），按理不容易出现毛刺，但由于冲片温度过高，毛刺高度

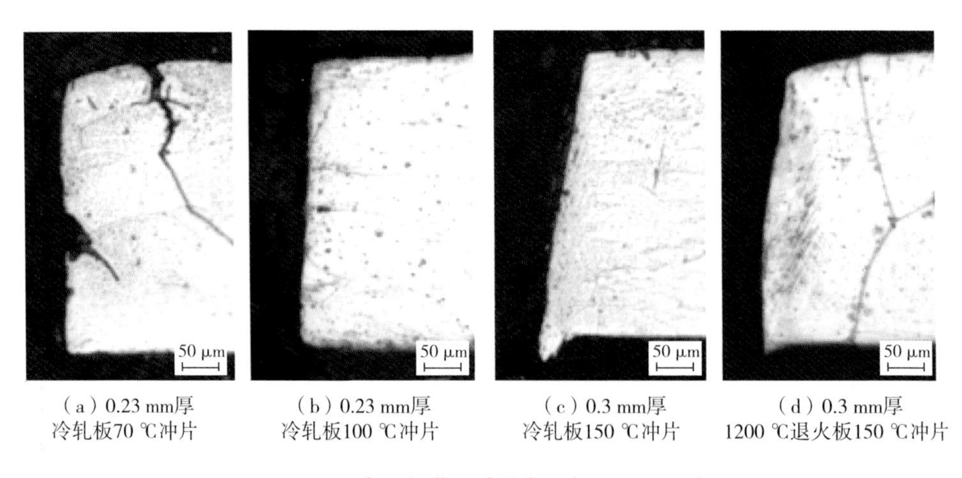

(a) 0.23 mm厚冷轧板70 ℃冲片　(b) 0.23 mm厚冷轧板100 ℃冲片　(c) 0.3 mm厚冷轧板150 ℃冲片　(d) 0.3 mm厚1200 ℃退火板150 ℃冲片

图 1.73　高硅钢薄板冲片断口侧面组织形貌

明显增加，而在相同的冲片温度下，高温退火板却获得了良好的冲片断面，可见150 ℃的冲片温度对冷轧板不适合，但适用于高温退火板冲片。

1.5.3 冲片温度对冲片性能的影响

通过对不同状态的高硅钢薄板冲片结果分析可知，适当提高冲片温度可以明显提高高硅钢薄板的冲片性能，降低开裂概率并提高断面质量。

尽管高硅钢冷轧薄板在室温下冲片发生宏观开裂概率很小，但冲片断面全为已经发生脆性断裂的断裂面，光亮带所占面积的比例很少，在冲片样品边缘附近还有可能有微裂纹的存在，断面质量差。将冲片温度提高到100 ℃，光亮带面积明显增加，所占比例超过一半，获得了良好的断面质量。这是因为高硅钢在室温下延伸率几乎为零，而低温脆性受到位错移动阻力的影响，提高冲片温度可以使材料的切变模量下降，派纳力减小，在热激活的作用下，位错短程交互作用引起的阻力减小，导致临界分切应力随温度的上升而降低，同时缺陷对位错钉扎作用减弱，当冲片预热温度升至接近韧脆转变温度时，高硅钢冷轧薄板韧塑性有了较大的提高。有研究表明0.3 mm厚的6.5%Si-Fe冷轧板在100 ℃及以上温度拉伸时表现出一定的塑性变形。但继续提高温度，断口上边缘会发生明显的塑性变形，而下边缘毛刺高度明显增加，断面质量下降。通过对不同冲片温度下高硅钢冷轧薄板断面质量的比较得出合适的冲片温度为100 ℃。由于冲片前加热温度低且预热时间短，对高硅钢冷轧薄板的有序度没有太大影响，因此不会因为冲片前的短暂预热而恶化其原有的加工性。

由于有序度的差异和晶粒尺寸效应的影响，不同状态的高硅钢薄板合适的冲片温度也不相同。850 ℃退火板在室温下的冲片断面为解理断裂与沿晶断裂混合的脆性断裂面，在100 ℃下冲片断面为典型的冲裁断面，光亮带面积大且边部无毛刺，获得了良好的冲片断面质量。而1200 ℃退火板在100 ℃下冲片依然容易发生开裂，冲片断口发生以解理断裂为主的脆性断裂，将冲片温度提高到150 ℃，才能获得达标的冲片性能及断面质量。

综合以上分析得出，0.2～0.3 mm厚的高硅钢冷轧薄板和晶粒细小的退火板在冲片间隙为0.01 mm、冲片温度为100 ℃的条件下具有良好的冲片性能，对于晶粒粗大的高硅钢退火板，合适的冲片温度为150 ℃。

1.5.4 有序度对冲片性能的影响

除了冲片温度，高硅钢的有序度对冲片性能产生重要的影响。通过对高硅钢冷轧板、850 ℃退火板和 1200 ℃退火板在相同温度条件下冲片结果的比较，得出高硅钢冷轧板具有良好的冲片性能，850 ℃退火板的冲片性能比 1200 ℃的退火板的冲片性能更好，这主要归因于有序度的差异。

由于 1200 ℃退火板采用的冷却方式为炉冷，在慢冷过程中经历了较完全的有序化转变，根据 Fe－Si 合金相图，先在 760 ℃发生 A2→B2 相的有序化转变，B2 相结构中位错迁移较困难，交滑移受阻，大的伯氏矢量位错的塞集和交互作用导致塑性下降。随后在 640 ℃发生了 B2→DO_3 相的有序化转变，DO_3 有序相是在 B2 有序相的基础上发生了 Fe 和 Si 原子的次近邻有序化，其位错伯氏矢量更大，使得位错密度和塑性变形能力进一步降低，塑性大幅度下降，极易在变形过程中萌生微裂纹。由于高温退火板晶粒粗大、晶体的各向异性明显，大晶粒内产生应力集中并沿着{100}面发生解理断裂。有研究表明，热处理后的 Fe－6.5％Si 合金薄带断口呈解理断口，是因为热处理后形成的有序结构导致了超点阵位错的形成和增强了晶内应力集中，最终导致原子键破坏。

对于 850 ℃退火板，虽然空冷无法完全抑制 A2→B2 有序化转变，但在一定程度上抑制了部分 DO_3 有序相的形成，有序畴尺寸比 1200 ℃退火板更小，有序度更低。由于 850 ℃退火板晶粒尺寸细小，大角度和小角度晶界增多，晶界多而曲折，不利于裂纹的传播，在断裂过程中能吸收更多能量，因此表现出一定的韧性，冲片性能比高温退火板要好。由于高硅钢有序相与基体同为立方结构又保持共格关系，形核应变能低，有序相不依赖于晶界和位错等晶体缺陷均匀形核，对晶界结合强度影响较小，因此高硅钢退火板在室温下冲片断口呈现出穿晶解理断裂和沿晶断裂混合形态。

对于冷轧板，高硅钢有序结构在冷轧过程中被大量的位错滑移破坏，有序畴被破碎，有序相的含量也大大降低。前人采用 XRD 和 TEM 等手段在形变对高硅钢有序相的影响方面已做了大量的研究，证明了在形变过程中 Fe－6.5wt％Si 合金发生无序化是超位错滑移的结果，大量超位错的运动会逐渐扩大无序化面积，降低了合金的有序度，即形变诱导无序化。所以冷轧变形后的高硅钢薄板韧塑性相对较高，在相同温度下冲片性能最好。

通过以上分析讨论得出，0.2～0.3 mm 厚的高硅钢冷轧板相比退火板具有更好的冲片性能。高硅钢薄板冲片性能的好坏主要与冲片温度、有序化程度及晶粒尺寸有关。降低有序化程度、提高冲片温度及细化晶粒，可以改善高硅钢薄板韧塑性，提高其冲片性能。从冲片性能和工业成本两方面综合考虑，冷轧板在高温退火前进行带温冲片，这样既有利于冲片性，同时也可以省去消除应力退火，因为冲片后样品内部的残余应力会恶化磁性能，增大铁损，冲片后的去应力退火是必要的。所以对高硅钢薄板而言，先冲片再退火不失为一种经济有效的工艺安排。

1.6　结　论

本章通过织构优化和对晶粒尺寸及有序度控制，制备出沿轧制方向上具有高磁感低铁损的新型无取向高硅钢，并研究了晶粒尺寸与织构对其磁性能的影响；采用轧制法结合低温渗氮追加抑制剂的方法制备出磁感更高的取向高硅钢并研究其初次和二次再结晶行为；为了得到达标的冲片性能，对高硅钢冷轧及退火薄板进行了冲片试验，并研究了断口特征及有序度差异对冲片性能的影响。主要结论如下：

（1）采用轧制法制备出0.23 mm厚的高硅钢板，经过脱碳退火及高温长时退火，最终得到具有低铁损高磁感的高硅钢。沿轧制方向的磁感应强度：B_8＝1.474 T，B_{50}＝1.714 T；铁损：$P_{10/50}$＝0.30 W/kg，$P_{15/50}$＝0.88 W/kg。通过采用大压下率热轧，确保次表层中产生更多的η织构（以Goss织构为主），随后进行遗传；温轧板中粗大的晶粒有利于冷轧剪切带的形成；冷轧板退火后生成强{210}＜001＞织构及次表层部分高斯织构是在轧向上获得高磁感的原因，归结于{210}＜001＞和Goss取向晶粒在{111}＜112＞冷轧形变晶粒内的剪切带优先形核并长大；冷轧退火板经过长时间高温退火后虽出现了随机取向，但以{310}＜001＞织构为代表的η织构得以保留并且增强，进一步提高了磁感。

（2）高硅钢冷轧退火薄板磁感B_8值的高低与η织构取向晶粒的比重密切相关，而B_{50}值与γ织构和λ织构取向晶粒的比重有关。随着退火温度的升高和时间的延长，高硅钢冷轧退火薄板在各频率下的轧向铁损总体上呈降低趋势，这是晶粒尺寸增大及织构变化共同作用的结果。为区分晶粒尺寸与织构对磁滞损耗的影响，建立了磁滞损耗常数k_h随晶粒尺寸与各向异性参数变化的数学模型。除了晶粒尺寸增大对降低磁滞损耗的贡献，在相同板厚和平均晶粒尺寸的前提下，优化织构可以进一步降低高硅钢磁滞损耗，工频下铁损降低幅度最高可达21％。织构对铁损的影响虽然随着频率的升高逐渐减小，但对高频铁损的影响依然存在仍不可忽略。随着退火温度的升高和时间的延长，高硅钢铁损在轧向和横向上的显著差异保持到更高的频率下，归因于晶粒尺寸的增大、γ织构的减弱和较强的η织构的保留。织构与晶粒尺寸共同影响高硅钢的高频铁损。

（3）采用轧制结合低温渗氮工艺制备的取向高硅钢的磁感B_8与B_{50}值要高于具有强η织构的新型无取向高硅钢，B_8可达1.57 T，B_{50}接近饱和磁感。0.23 mm厚取向高硅钢在400 Hz～20 kHz频率下铁损较相同厚度的3%Si取向硅钢降低16.6%～35.8%。随着渗氮后氮含量的增加，高硅钢薄板二次再结晶发展更加完善，二次再结晶晶粒尺寸增大的同时，Goss织构锋锐度也不断增强，磁感不断提高。这是因为除了Goss取向晶粒之外，次表层中较多的{110}＜116＞取向晶粒也具有大量的20°～45°高能晶界，当抑制剂数量少、受到抑制力较弱时，容易优先异常长大，以{110}低表面能与Goss取向晶粒竞争吞并周围其他取向的小晶粒。提高渗氮量可以增加抑制剂浓度，抑制部分偏高斯取向晶粒的异常长大，从而提高取向高硅钢的Goss织构锋锐度。

（4）0.2～0.3 mm厚的高硅钢冷轧薄板在冲片间隙为0.01 mm、冲片温度为100 ℃的条件下具有良好的冲片性能，晶粒细小的退火板比晶粒粗大的退火板冲片性更好，对于高硅钢退火板尤其是晶粒较大的退火板，合适的冲片温度为150 ℃。高硅钢退火板在低温下冲片发生脆性断裂的解理面主要为{100}晶面，解理系统包括{100}＜110＞和{100}＜100＞，靠其一或两者交替开动完成断裂。高硅钢薄板冲片性能的好坏主要与冲片温度、有序化程度及晶粒尺寸有关。降低有序化程度、提高冲片温度及细化晶粒，可以改善高硅钢薄板韧塑性，提高其冲片性能。综合考虑冲片性能和工业成本，高硅钢冷轧薄板最好在退火前冲片。

第2章 稀土钇微合金化高硅钢增韧增塑机理

2.1 概　述

2.1.1 稀土 Y 在电工钢中的存在形式

国内外学者在电工钢中添加的稀土元素 Ce 和 La，都属于轻稀土元素，而重稀土元素钇（Y）元素在电工钢中的应用却鲜有报道。Y 与钢液中的 S、O、P、C、N 等在高温下可发生反应生成 YS、Y_2O_3、YP、YC 和 YN 等稀土化合物从而使得稀土 Y 达到净化钢液和除杂的效果，此外，Y 与 MnS、Al_2O_3 等生成 YS 和 Y_2O_3，而 MnS 和 Al_2O_3 则变为 Mn 和 Al。这就达到了阻碍 A1N 和 MnS 等析出相在电工钢中析出的效果，对降低成品板铁损有利。Y 在钢液中出现的稀土化合物以 YO_xS_y 为主，而 Ce 和 La 的化合物主要为 Ce（La）O_xS_y，其密度约为 YO_xS_y 的两倍，根据 Stocks 公式，在熔炼时 Ce（La）O_xS_y 的上浮速度大约是 YO_xS_y 速度的一半，故重稀土 Y 的净化除杂效果更显著。

有学者利用第一性原理计算了稀土元素 Y、La 和 Ce 作为溶质在 α－Fe 中的扩散性质。结果表明 Y 在 α－Fe 中扩散最快，在 970 K 以下超过了 Fe 的自扩散系数，Y 的扩散系数比 La 高了一个数量级，而 Ce 的扩散率最低，归因于其更高的迁移能而溶质原子与空位的结合能低于 La 和 Y。Y 在 Fe－Y 固溶体中的活性系数和固溶度研究表明，随着温度的升高，bcc Fe 基体中的 Y 活度系数迅速增加，Y 和 Fe 之间的相互作用变得更加有利。基于热力学性质计算预测了 Y 在 bcc Fe 基体中的固溶度，在 1000 K 和 1100 K 温度下分别为 0.0013at%和 0.0015at%，低于通过电子探针显微分析（EPMA）、X 射线衍射（XRD）以及正电子湮灭技术（PAT）测得的 0.0259at%和 0.0322at%，这是因为实际非平衡凝固冷却过程会导致剩余部分不稳定或亚稳定化合物，同时 Y 原子倾向偏聚在多晶金属的晶界。

2.1.2 稀土在高硅钢中的应用

前人研究了不同 Ce 含量对 6.5%Si 高硅钢有序结构的影响，发现高硅钢中 B2 和 DO_3 有序相含量随 Ce 含量增加而减少，在高硅钢中加入适量的稀土 Ce 可以很大程度上降低 B2 和 DO_3 有序相含量，对沿晶脆断起到了抑制作用，从而显著提高了高硅钢的塑性变形能力。

图 2.1（a）为含 0.021wt%Ce 和无稀土两种高硅钢试样在 400 ℃下拉伸得到的工程应力-应变曲线，由图 2.1（b）可知无稀土和含 0.021wt%Ce 的两种高硅钢平均断后延伸率分别为 7.3%和 23.0%，稀土 Ce 的加入导致延伸率明显提高，相比无稀土高硅钢提高了约 3.2 倍。图 2.1（c）、(d）表明加入稀土元素 Ce 之后，高硅钢在 400 ℃时拉伸断裂模式由无稀土时沿晶脆性断裂转向了含大量韧窝的韧性断裂，高硅钢塑韧性因 Ce 的加入明显提高。

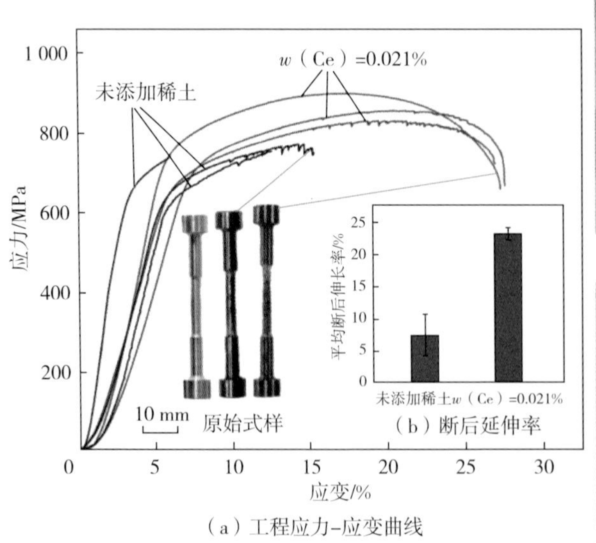

（a）工程应力-应变曲线

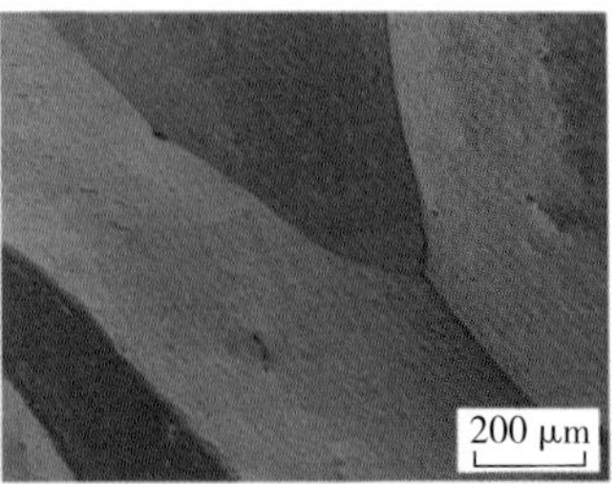

（c）无稀土高硅钢拉伸断口形貌

（d）含0.021wt%Ce的高硅钢拉伸断口形貌

图 2.1 稀土 Ce 对 Fe-6.5wt%Si 高硅钢拉伸性能和断口的影响

通过选区电子衍射（SAED）和透射（TEM）系统分析了0.021wt%稀土Ce对Fe-6.5wt%Si高硅钢的影响，结果如图2.2所示。图2.2（a）、（d）显示了经过计算标定后的［100］轴衍射斑点，衍射斑点中｛100｝（圈出的斑点）代表B2和DO_3有序相，｛100｝暗场像TEM显微照片如图2.2（b）、（e）所示，无稀土高硅钢试样中的B2和DO_3有序相区域清楚明亮且尺寸较大（约1 μm），而且，无稀土试样中反相畴界（APB）清晰可辨，而含0.021wt%Ce的高硅钢试样中B2和DO_3弥散分布且尺寸较小（约5 nm）相对比较模糊。

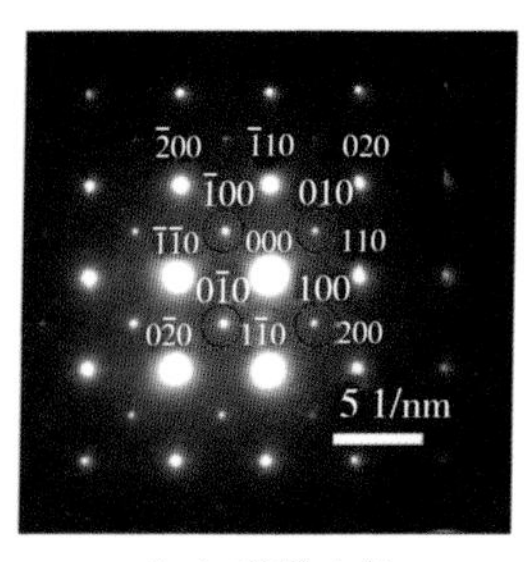

（a）无稀土的
高硅钢试样[100]轴衍射花样

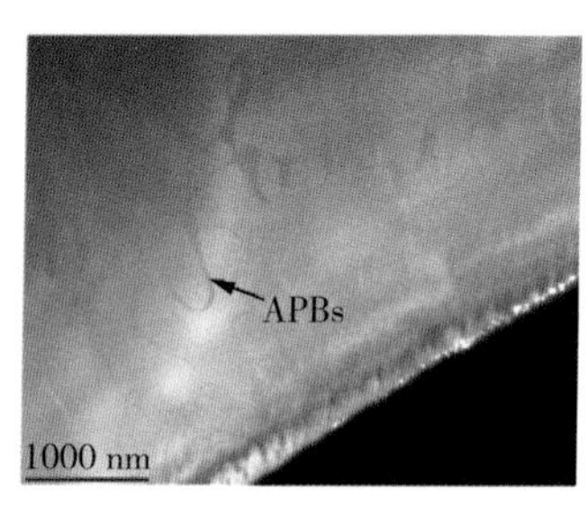

（b）无稀土
高硅钢{100}暗场像TEM照片

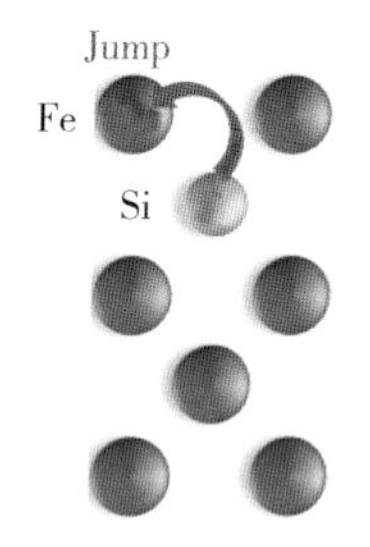

（c）无稀土高硅钢{110}
平面原子间作用示意图

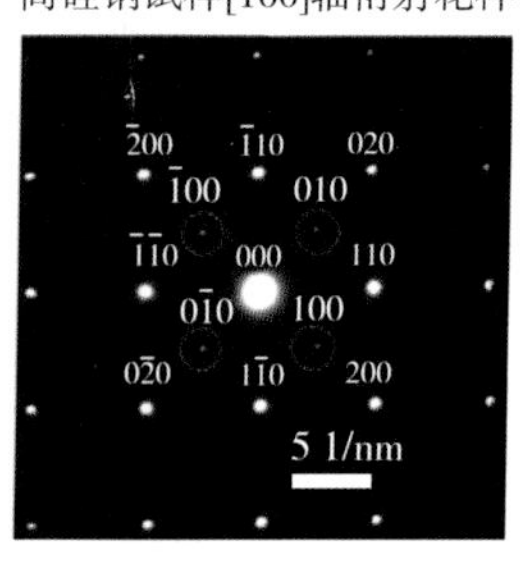

（d）含0.021wt%Ce的
高硅钢试样[100]轴衍射花样

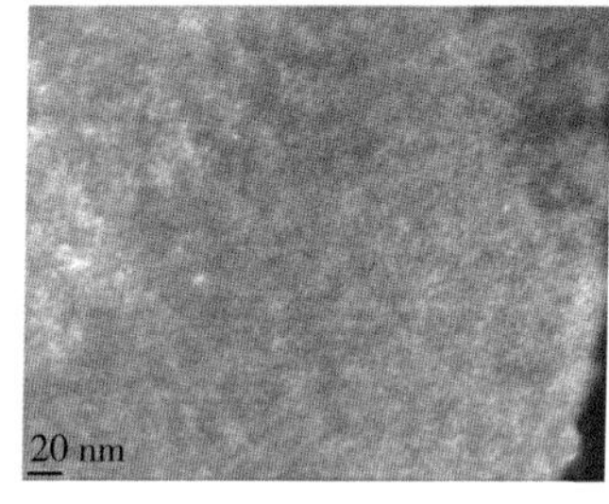

（e）含0.021wt%Ce
高硅钢{100}暗场像TEM照片

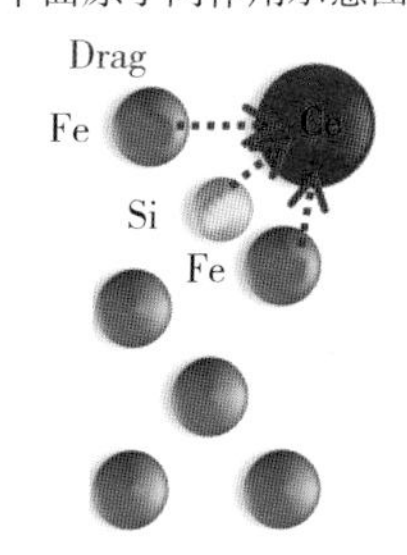

（f）含0.021wt%Ce高硅钢{110}
平面原子间作用示意图

图2.2　无稀土和含0.021wt%Ce的高硅钢TEM显微照片与原子间作用示意图

稀土Ce的原子半径为1.80 Å，比Fe原子半径（1.27 Å）大，因它们原子半径之间差异较大，故而Ce在Fe-Si合金中仅以置换原子存在，固溶度极低，Si、Fe和Ce的电负性依次为1.9、1.8和1.1，明显Si和Fe要比Ce电负性高很多，这将导致Si和Fe原子更容易从Ce原子中吸取电子，如图2.2（c）、（f）所示，Ce原子能够产生“拖曳”Fe和Si原子的作用力，使得在B2和DO_3形成时，Fe、Si原子向附近位置跃迁和结构重排的能力降低，这在很大程度上抑制了B2和DO_3有序相的形成，降低了硬脆性。

国内研究者开发了一种采用双辊薄带连铸技术制备Fe-6.5wt%Si高硅钢的方法，通过稀土元素Ce来增强其拉伸延展性。研究结果表明，在Fe-

6.5wt%Si 高硅钢中添加稀土 Ce 能形成高熔点稀土析出物，有助于提高异相形核。如图 2.3 所示，在含有 0.023wt%Ce 的 Fe-6.5wt%Si 高硅钢试样的晶粒内部检测到粗大六角析出物，且析出物的面积分数相当低，通过 EPMA 测得约为 0.03%。并在析出物中检测出高浓度的 Ce、O、S 元素。根据稀土化合物形成的标准自由能，这种析出物的主要成分为 Ce_2O_2S，这种析出物能有效作为含有稀土的高硅钢试样双辊铸造中的形核剂，密集的非均匀形核有助于高硅钢试样形成更均匀细小的凝固组织，同时，添加稀土后，高硅钢在 600 ℃延伸率由 22.8%（不含 Ce）提高至 56.8%，稀土 Ce 对高硅钢的塑韧性改善效果显著。

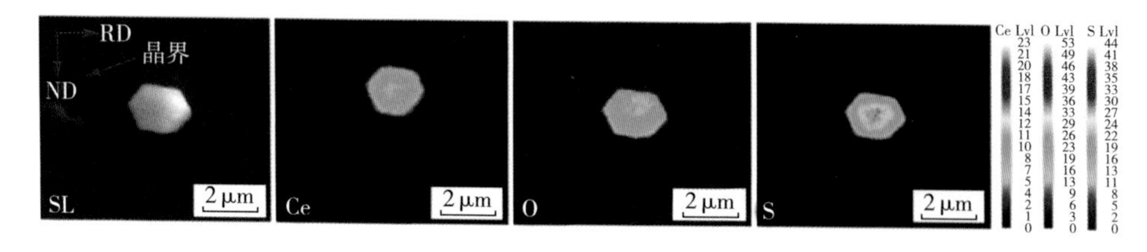

图 2.3 通过 EPMA 得到含 0.023wt%Ce 的高硅钢晶粒内部析出物元素分析

以上研究表明，在 Fe-6.5wt%Si 高硅钢中添加稀土可以细化晶粒、大幅度减少钢中有序相含量，抑制沿晶脆断，从而显著改善塑韧性并获得良好的加工性能，稀土微合金化对克服高硅电工钢低温脆性、突破其生产瓶颈起到至关重要的作用。

目前研究学者在电工钢中添加的稀土均为轻稀土元素，而重稀土元素在电工钢中的应用研究鲜有报道，重稀土 Y 是否同样会影响到 Fe-6.5wt%Si 高硅钢有序化转变，稀土 Y 微合金化对 B2 及 DO_3 反相畴及反相畴界的影响尚未清楚，其塑性改善机制有待深入探讨，稀土 Y 对高硅钢组织织构遗传演变的影响有待深入研究。

2.1.3 高硅钢热变形激活能及软化行为

热变形激活能计算如式（2-1）所示，式中，Q 为热变形激活能，$\dot{\varepsilon}$ 为应变速率，ε 为应变量，T 为变形温度，σ 为峰值应力，R 为常数，R=8.314 J/（mol·K）。

$$Q=R\left.\frac{\partial \ln\dot{\varepsilon}}{\partial \ln\sigma}\right|_{T,\varepsilon}\left.\frac{\partial \ln\sigma}{\partial 1/T}\right|_{\dot{\varepsilon},\varepsilon} \tag{2-1}$$

前人以 Fe-6.5wt%Si 高硅钢为研究对象，研究了 Fe-6.5wt%Si 高硅钢的热变形激活能及软化机制，该研究利用 Gleeble 1500 热模拟实验机进行热压缩实验，并利用压缩实验数据计算了不同温度段的平均热变形激活能，计算结果显示，在 500～700 ℃温度段为 478 kJ/mol，而在 800～1100 ℃温度段为 211 kJ/mol，该研究结果表明，在 500～700 ℃时和在 800～1100 ℃时的主要软化机制依次为动态回复和动态再结晶。

有研究者通过热模拟实验研究了 Fe－6.5wt%Si 高硅钢在 400～650 ℃和 0.001～10 s^{-1} 变形条件范围内的温变形塑性，根据真应力-真应变曲线相关数据计算得到了高硅钢在 400～650 ℃时的平均热变形激活能为 446 kJ/mol。

图 2.4（a）为 Fe－6.5wt%Si 高硅钢在 550 ℃和 5 s^{-1} 变形条件下进行热压缩后的真应力-真应变曲线，随着真应变的增加，真应力迅速增加，当压缩比为 30%时真应力达到最大值，大约 800 MPa，之后真应力开始持续下降，90%压缩比时真应力低至约 340 MPa。图 2.4（b）为高硅钢试样显微维氏硬度随不同压缩比的变化趋势图。第一阶段为低于 30%压缩比的阶段，由于加工硬化主导，在此期间形成大量位错并相互缠结，导致显微硬度增加，第二阶段为高于 30%压缩比的阶段，此时应力明显下降，相应的显微硬度呈现下降趋势，表明合金在高于 30%压缩比阶段存在软化行为。

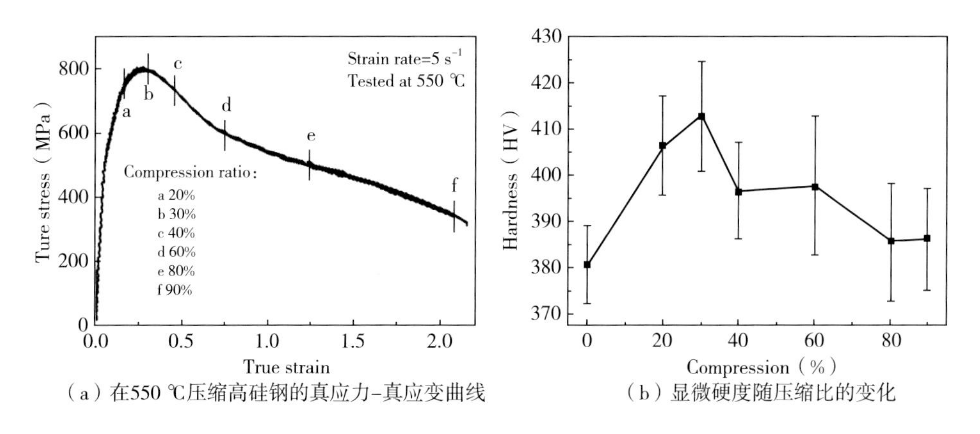

（a）在550 ℃压缩高硅钢的真应力-真应变曲线　　（b）显微硬度随压缩比的变化

图 2.4　高硅钢压缩真应力真应变曲线与显微硬度

2.1.4　稀土对热变形激活能的影响

有研究结果表明，稀土和铌提高了无取向电工钢（3%Si）的平均热变形激活能，导致动态再结晶受到阻碍而推迟。此外，在 Cu－0.4%Mg 合金中，稀土 Y 的加入能够显著提高其平均热变形激活能，提高比例为 35%，一般而言，材料在指定变形条件范围内的平均热变形激活能越大，材料在该条件内变形越困难，对动态再结晶行为的抑制作用越大。析出相在热变形过程中会提高发生热变形的门槛应力，同时减少有效应力，对合金的平均热变形激活能有提高的作用。析出相和未固溶的稀土能够严重阻碍位错发生移动，钉扎位错，位错运动受阻，同号位错持续堆积，异号位错不易相抵消除，导致该合金发生变形所需跨越的临界阻力增大，进而使得热变形激活能得到较大提升。

以上研究表明合金中添加适量稀土后能够达到提高热变形激活能和推迟动态再结晶的效果。但也有少部分研究显示，在含 Ce 的高镁铝合金（0.01wt%Ce）热压缩时，Ce 降低了该合金的平均热变形激活能，促进动态再结晶行为的发生，降低高镁铝合金变形时的变形抗力，该合金的热塑性得到了较大改善；而当该合金中含有 1.5wt%Ce 时，合金的平均热变形激活能被显著提升，同时发生动态回复和动态再结晶所需时间都会明显延长，即动态再结晶的发生得到推迟或抑制，塑性变形时材料的变形抗力增大。

2.1.5 热加工图的构建

在热变形过程中，通常用 Zener - Hollomon 参数来分析变形条件（变形速率 $\dot{\varepsilon}$ 和变形温度 T）对材料热变形的影响，如式（2-2）所示，借助前面的热变形激活能 Q 可以计算得到变形条件与 Zener - Hollomon 参数的关系式。

$$Z=\dot{\varepsilon}\cdot\exp\left(\frac{Q}{RT}\right) \tag{2-2}$$

热加工图是制定材料加工工艺参数的重要理论依据，Prasad 充分考虑各种影响因素，提出了动态材料模型(DMM)，材料在热变形时，总功率为 P，塑性变形所损耗的功率为 G，而组织变化会损耗一些功率 J。G、J 和 P 之间的数学关系如式(2-3)所示。

$$P=\sigma\dot{\varepsilon}=G+J=\int_0^{\dot{\varepsilon}}\sigma\ \mathrm{d}\dot{\varepsilon}+\int_0^{\sigma}\dot{\varepsilon}\ \mathrm{d}\sigma \tag{2-3}$$

材料的应变速率敏感因子 m 计算表达公式如式(2-4)，其中要求 $0<m\leqslant 1$。

$$m = \frac{\mathrm{d}J}{\mathrm{d}G} = \left[\frac{\partial\ (\ln\sigma)}{\partial\ (\ln\dot{\varepsilon})}\right]_{\varepsilon,\ T} \tag{2-4}$$

理想条件下，$m=1$ 时，J 有最大值，m 与功率耗散系数 η 之间的关系为

$$\eta = \frac{J}{J_{\max}} = \frac{2m}{m+1} \tag{2-5}$$

将设置应变量下计算获得的所有 η 值在变形速率 $\dot{\varepsilon}$ 和变形温度 T 的二维平面上按照特定矩阵排列利用绘图软件画出的等高线图就是功率耗散图。一般，功率耗散值越大的条件区域，材料在此条件下进行热加工可以拥有更优良的工艺性能。

根据 DMM 模型，失稳判据公式为：

$$\xi(\dot{\varepsilon}) = \frac{\partial \ln\left(\frac{m}{m+1}\right)}{\partial \ln\dot{\varepsilon}} + m < 0 \tag{2-6}$$

同样，将设定变形速率下根据式(2-6)计算的所有 ξ 值在变形速率 $\dot{\varepsilon}$ 和变形温度 T 的二维平面上按照特定矩阵排列利用绘图软件画出的等高线图即称之为失稳图。在失稳图中 ξ 为负值的变形条件区域即为失稳区，将失稳图和耗散图进行重合叠加，便得到热加工图，通常分为“安全区”和“失稳区”。在安全区内，η 值越大的变形条件，越有利于材料进行热变形。根据式(2-6)的失稳判据，在失稳区内 ξ 为负数，此时容易导致加工材料发生开裂现象，不利于进行热变形。根据热加工图制定最佳变形工艺参数时，应该尽最大可能地错开失稳区变形条件范围。有研究学者通过高硅钢热压缩实验，得到应力应变曲线，绘制出了高硅钢在 0.2 和 0.3 应变下基于动态材料模型理论的热加工图，以此分析得出高硅钢温轧的最佳工艺参数为温度 620～650 ℃，应变速率 5～10 s^{-1}。该研究基于热加工图进行了实际温轧，最终轧出的薄板质量良好，板形均匀，无明显裂痕出现，表明根据热加工图制定的热加工工艺是可行的。

目前，大量研究学者更多的研究了轻稀土对于高硅钢拉伸和压缩塑韧性的影响，而重稀土 Y 对高硅钢热变形的影响研究却鲜有报道。研究稀土 Y 对高硅钢热变形行为的影响对制定和优化最佳变形工艺条件、改善塑性、避免和减少加工缺陷的出现具有重要指导意义，同时也为高硅钢的热轧温轧工艺条件的确定和改善提供理论参考依据。

2.2 稀土钇对 Fe-6.5wt%Si 高硅钢组织结构的影响

由于高硅钢的本征硬脆性，高硅钢在低温下加工成形存在很大困难。因此，如何克服高硅钢的本征硬脆性以实现轧制成形，对其工业化生产具有重要意义。众所周知，适量稀土在许多钢中都可以起到提高塑韧性的效果。本章以无稀土 Y 和含 0.03wt%Y 的两种 Fe-6.5wt%Si 高硅钢锻坯为研究对象，探讨了 0.03wt%Y 对 Fe-6.5wt%Si 高硅钢锻坯的微观组织、有序结构的影响以及稀土 Y 在高硅钢中的存在形式，同时研究了稀土 Y 对高硅钢在 200～800 ℃温度范围内的拉伸力学性能的影响，配合不同温度下的拉伸断口形貌分析了稀土 Y 提高高硅钢拉伸塑韧性的作用机理。通过对高硅钢的高温拉伸力学性能研究为高硅钢的工业化生产提供思路和理论依据。

2.2.1 稀土钇对高硅钢晶粒尺寸的影响

图 2.5 显示了无稀土 Y 和含 0.03wt%Y 的 Fe-6.5wt%Si 高硅钢锻造微观组织的晶粒尺寸分布图（EBSD 统计），通过 EBSD 统计无稀土 Fe-6.5wt%Si 高硅钢锻坯的平均晶粒尺寸为 258 μm，而含 0.03wt%Y 的高硅钢

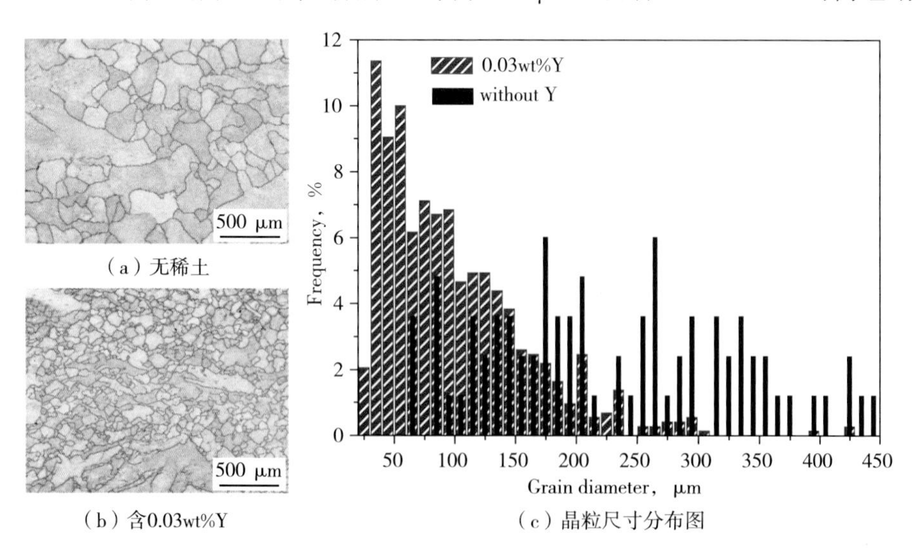

（a）无稀土　（b）含0.03wt%Y　（c）晶粒尺寸分布图

图 2.5　两种成分 Fe-6.5wt%Si 高硅钢锻坯菊池带衬度图和晶粒尺寸分布图

锻坯晶粒尺寸明显细化，平均晶粒尺寸约为 102 μm，且晶粒尺寸分布集中，大多数尺寸处于 25～150 μm 之间。因此，稀土 Y 对高硅钢锻坯晶粒尺寸细化效果极其明显。

2.2.2 稀土钇在高硅钢中的存在形式

为了探究添加稀土 Y 后锻坯晶粒尺寸细化的原因，对含 0.03wt%Y 锻坯取样并经过电解抛光后在 SEM 下进行观察，如图 2.6（a）和（b）所示，含 0.03wt%Y 的锻坯在 SEM 下观察到呈球状/椭球状的富 Y 夹杂物，通过能谱分析可知其中存在较多的 Fe、Si、O 和 Y 元素。根据稀土化合物标准生成自由能，推断这些夹杂物为 Y_2O_3，而 Y_2O_3 的熔点极高（约 2410 ℃），因此可以判断其在锻造前就已经存在。富 Y 夹杂物周围存在大量更为细小弥散的夹杂物，在这些大小不一的富 Y 夹杂物中，有的聚集在晶界处，起到钉扎晶界的作用。通过 SEM 在 0.03wt%Y 高硅钢锻坯中还发现了一些稀土 Y 复合夹杂物，如图 2.6（d）和（e）所示，根据能谱图（f）和（h）可知图 2.6（d）和（e）中片状的夹杂物为稀土铝氧化物、稀土硫氧化物和其他化合物形成的复合夹杂物，根据图 2.6（g）中的能谱可知，长条棒状的化合物可能为 Si_3N_4。

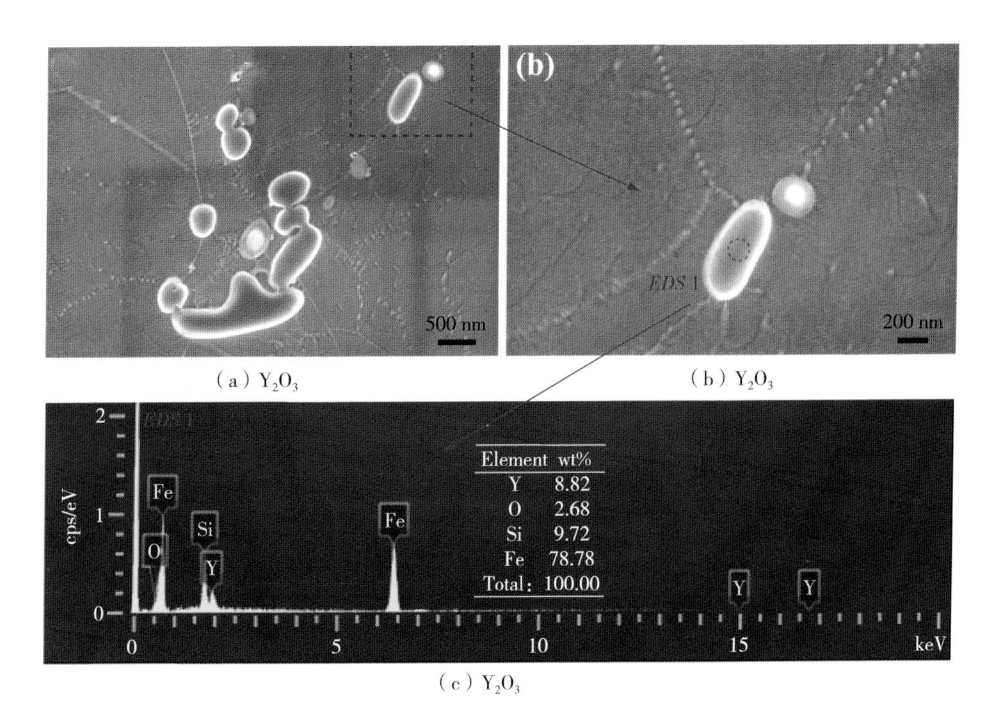

（a）Y_2O_3 （b）Y_2O_3

（c）Y_2O_3

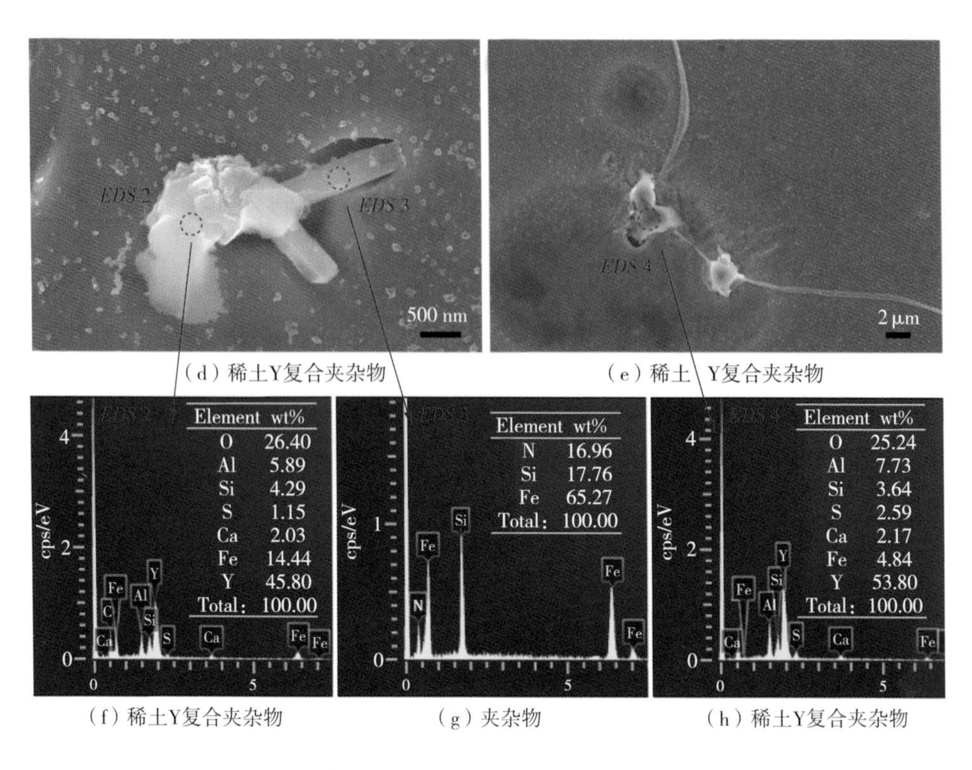

（d）稀土Y复合夹杂物　（e）稀土Y复合夹杂物

（f）稀土Y复合夹杂物　（g）夹杂物　（h）稀土Y复合夹杂物

图 2.6　含 0.03wt%Y 高硅钢锻坯在 SEM 下的富 Y 夹杂物形貌和能谱

如图 2.7 所示，本研究还利用电子显微探针（EPMA）在含 0.03wt%Y 的样品中检测到直径 1.5 μm 左右的两种富 Y 夹杂物。在析出物中检测到了高浓度的 Y，O 和 S 元素。根据稀土化合物的标准生成自由能，推测这些富 Y 夹杂物分别为 Y_2O_3和 Y_2O_2S。这些化合物在钢液中具有较高的熔点。这些富 Y 夹杂物作为形核剂增加了异质形核点，从而细化了高硅钢锻坯微观组织。由于 Fe 原子半径（1.27 Å）比 Y 原子半径（1.80 Å）小很多，差异较大。因

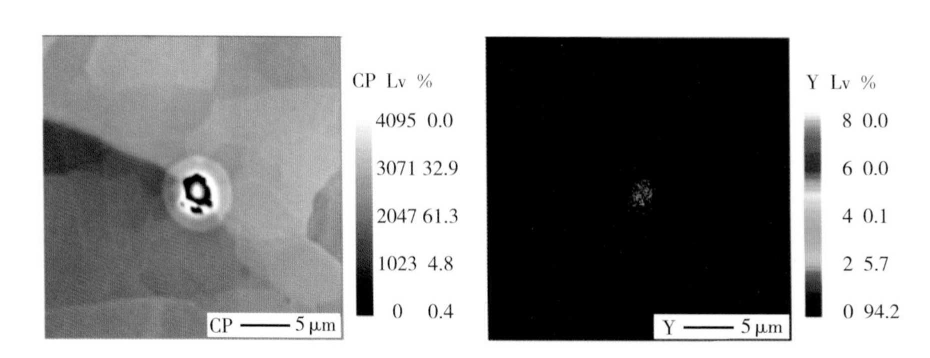

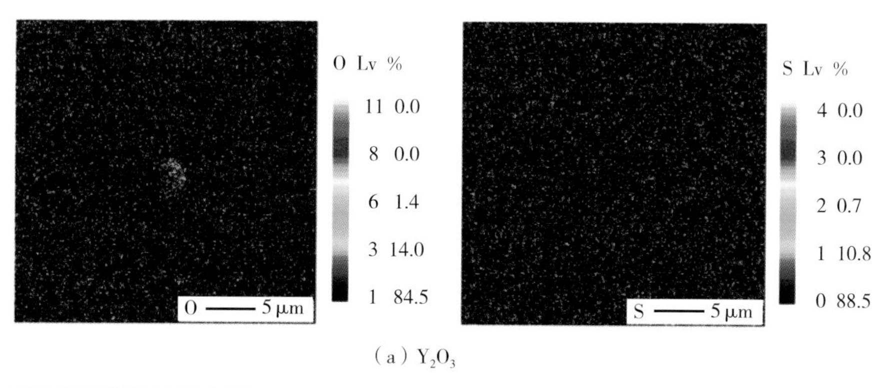

（a）Y_2O_3

5 μm

Element	wt%	at%
Y	64.57	33.25
O	15.74	45.02
S	9.19	13.13
Fe	10.32	8.46
Ni	0.10	0.08
Mn	0.08	0.06

（b）Y_2O_2S

图 2.7　含 0.03wt%Y 的 Fe-6.5wt%Si 高硅钢锻坯中富 Y 夹杂物 EPMA 元素分析

此，Y 在 bcc-Fe 基体中固溶度极低，前人在 1000 K 和 1100 K 下 Y 溶解度的实验值分别为 0.0259at% 和 0.0322at%，虽然其固溶量极低，但其对高硅钢晶粒细化以及力学性能和磁性能的影响也不容忽略。

2.2.3　稀土钇对高硅钢有序结构的影响

采用显微维氏硬度计（型号 200HVS-5，实验力 29.42 N）对两种高硅钢锻坯进行硬度测试，载荷时间 15 s，硬度测试结果见表 2.1 和图 2.8 所示，硬度平均值由每个样品五个不同区域测试点硬度求平均值获得。由表 2.1 可知，同一样品不同位置处硬度差值较小（±3 HV），所得硬度平均值较为可靠。无稀土高硅钢锻坯平均硬度为 390 HV，而含 0.03wt%Y 的 Fe-6.5wt%Si 高硅钢锻坯的平均硬度为 368 HV，含 0.03wt%Y 的高硅钢锻坯硬度较低，这与有序结构的变化有关。

表 2.1 含 0.03wt% Y 和无稀土高硅钢锻坯不同区域维氏硬度及平均值（HV3）

	区域 1	区域 2	区域 3	区域 4	区域 5	平均值
无稀土	390.2	392.8	391.0	388.4	389.8	390.4
含 0.03wt%Y	366.8	367.3	368.8	368.4	369.1	368.1

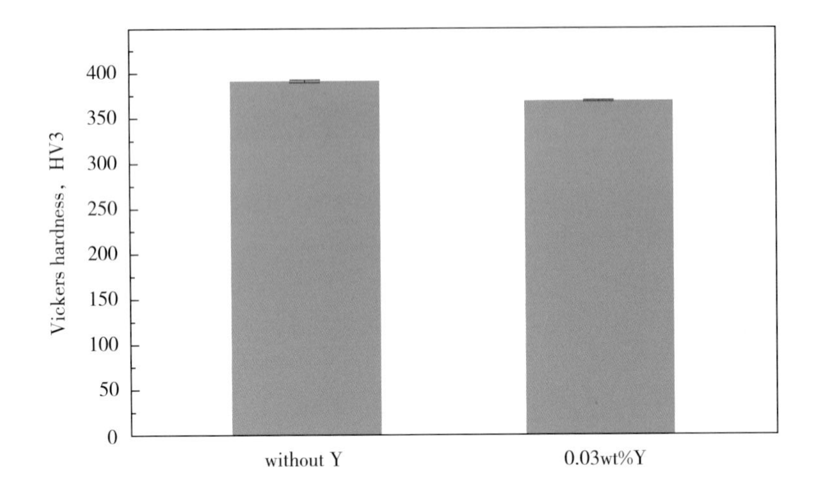

图 2.8 含 0.03wt%Y 和无稀土高硅钢锻坯平均硬度（HV3）

图 2.9 为无稀土 Y 和含 0.03wt%Y 的 Fe－6.5wt%Si 高硅钢锻坯的 XRD 图谱。根据 PDF＃65－1835 和 PDF＃65－0146 标准卡片，在 XRD 图谱中依次对应可以找到 B2（200）和 DO_3（111）衍射峰，含 0.03wt%Y 高硅钢 A2（200）和 A2（220）峰的强度明显提高。由于 Fe－6.5wt%Si 高硅钢中的 A2 无序相、B2 和 DO_3 有序相都是 bcc 结构且在特定温度范围内可以相互转变，三者具有共格关系，具有相同的取向，使得 Fe－6.5wt%Si 高硅钢中晶体的择优取向对 A2 相、B2 和 DO_3 相之间 X 射线相对衍射峰强度的影响不大，衍射峰强度的高低主要受各相的体积分数影响较大。因此可以计算 B2（200）特征衍射峰和 A2（200）衍射峰的强度比 $I_{B2(200)}/I_{A2(200)}$ 来评估有序度。通过计算得到无稀土试样和含 0.03wt%Y 试样的 $I_{B2(200)}/I_{A2(200)}$ 分别为 0.262 和 0.089，表明 Y 的加入能有效地降低有序度。有序度降低即有序相含量相对更低，而有序相在高硅钢中为硬脆相，无序相为软化相，有序相的大量存在是导致高硅钢既硬又脆的主要原因，这就解释了前文中含 Y 锻坯平均硬度的降低。因此，有序度的降低对高硅钢塑性的改善能起到较大的作用。

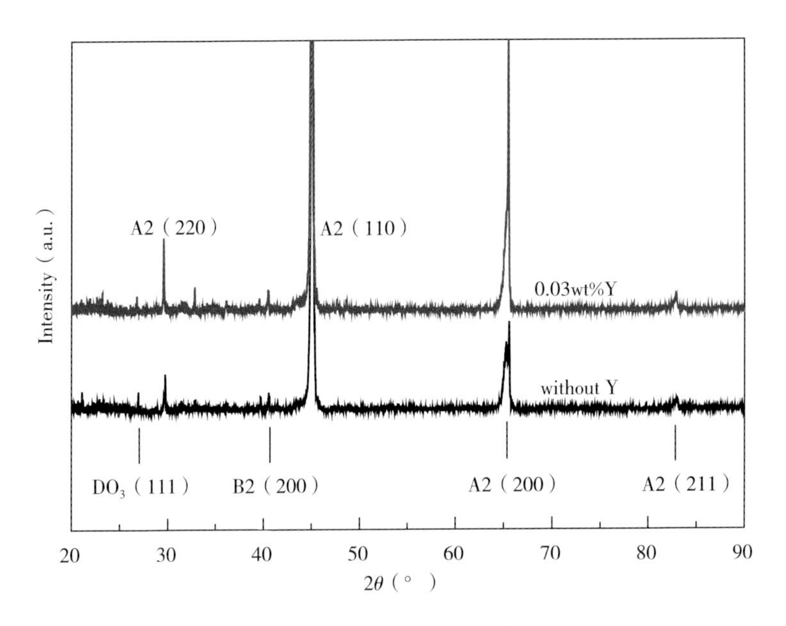

图 2.9　无稀土和含 0.03wt%Y 的 Fe-6.5wt%Si 高硅钢锻坯 XRD 图谱

如图 2.10 所示，采用 TEM 对无稀土和含 0.03wt%Y 的高硅钢锻坯进行了检测分析，观察对比了两种高硅钢的有序结构和反相畴界（APB）的形貌尺寸，由于｛200｝和｛111｝具有最强衍射强度，所以通常选择它们来观察 B2 相、DO_3相和反相畴界。用 SAED（选区电子衍射）获得了［011］轴衍射斑点，并通过（200）超晶格反射在暗场像中可以看到 B2 有序畴。图 2.10（a）和（b）显示了无稀土高硅钢沿［011］晶带轴的衍射斑点及标定结果，代表 DO_3有序相的｛111｝衍射斑点清晰明亮，表明试样中 DO_3有序相含量较高。图 2.10（c）可以看出无稀土高硅钢 B2 有序畴相当粗大，其尺寸约为 1.5 μm，并且 B2 有序畴被 APB（箭头所指）包围，可以清楚地观察到具有不规则形状的平滑弯曲和无方向的 APB。图 2.10（d）和（e）显示了含 0.03wt%Y 的高硅钢沿［011］晶带轴的衍射斑点及标定情况。表示 DO_3相的｛111｝特征衍射斑点很弱，表明样品中仅存在少量 DO_3有序相。图 2.10（f）显示，含 0.03wt%Y 的高硅钢 B2 有序畴比图 2.10（c）中所示的更模糊且尺寸更小，添加 Y 后，B2 有序畴尺寸从 1.5 μm 左右减小到了 0.5 μm 左右，以上结果表明，在相同的铸造和锻造工艺条件下，稀土 Y 的添加导致 DO_3有序相含量的减少，B2 有序畴尺寸的减小，同时降低了有序度，而有序度的降低是 Fe-6.5wt%Si 高硅钢硬度下降的一个主要原因。

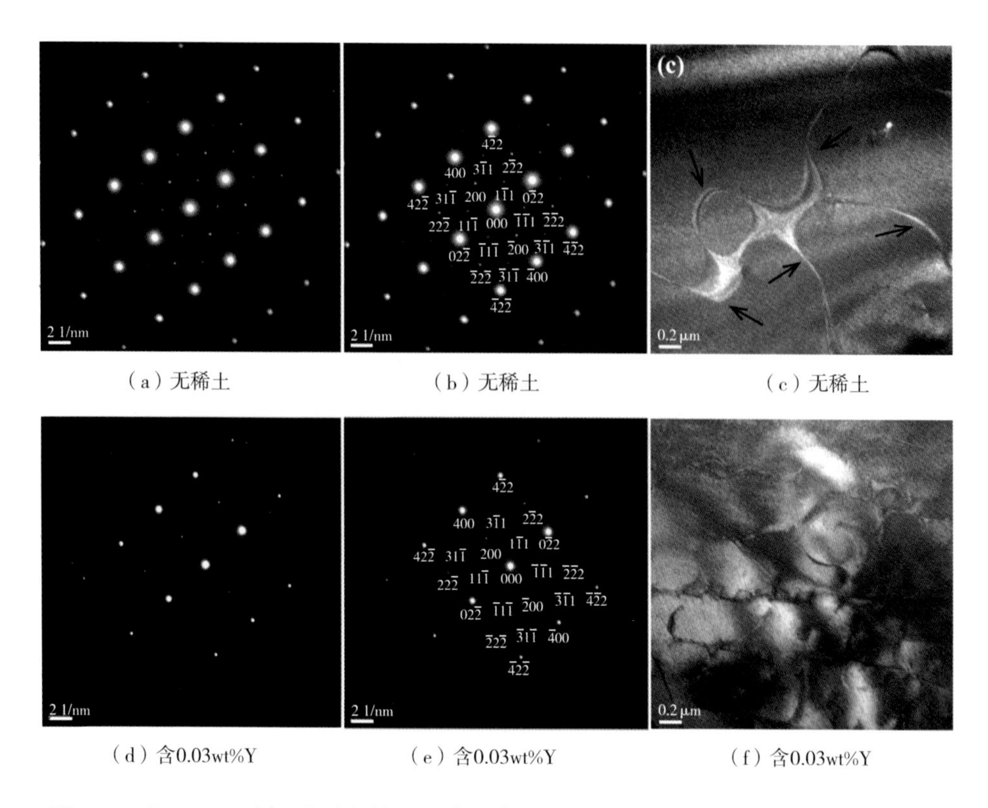

（a）无稀土　（b）无稀土　（c）无稀土

（d）含0.03wt%Y　（e）含0.03wt%Y　（f）含0.03wt%Y

图 2.10　Fe－6.5wt%Si 高硅钢锻坯沿［011］晶带轴的 SAED 衍射花样和有序结构形貌

2.3　稀土钇对 Fe－6.5wt%Si 高硅钢高温拉伸性能的影响

高硅钢拉伸试样采用标距直径 5 mm 圆柱棒状试样，即标距段直径 5 mm，试样标距 25 mm，取样方向和拉伸试样尺寸如图 2.11 所示，利用 DDL－50 高温拉伸试验机对不同稀土 Y 含量的高硅钢进行拉伸性能测试，含 0.03wt%Y 和无稀土 Y 的高硅钢圆柱拉伸试样各 4 根，变形温度分别为 200 ℃、400 ℃、600 ℃和 800 ℃，采用电阻炉对试样进行加热，通过热电偶测量试样标距段温度，拉伸应变速率为 0.001 s^{-1}，断裂后采用空冷工艺。ND、TD、LD 分别表示法向、横向（宽度方向）和纵向（长度方向）。

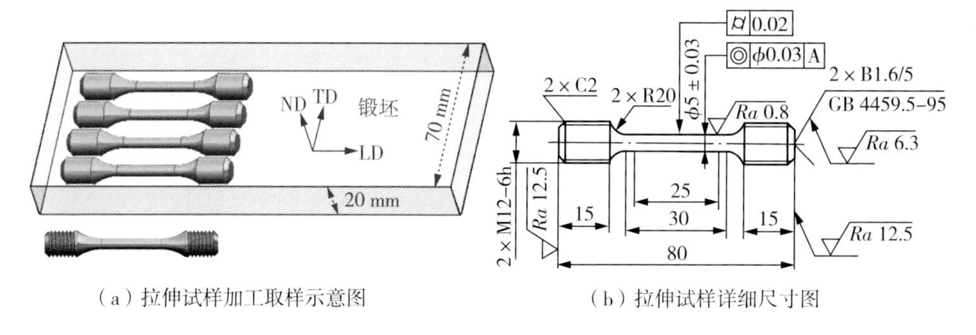

（a）拉伸试样加工取样示意图　　（b）拉伸试样详细尺寸图

图 2.11　高温拉伸取样示意图及试样尺寸图

2.3.1　应力-应变曲线

图 2.12 为含稀土和无稀土高硅钢在不同变形温度下拉伸后的工程应力-应变曲线。含 0.03wt%Y 高硅钢在 200～800 ℃时拉伸的总应变量都要比无稀土高硅钢要大，且在 200 ℃和 400 ℃时曲线都处于无稀土高硅钢曲线上方，

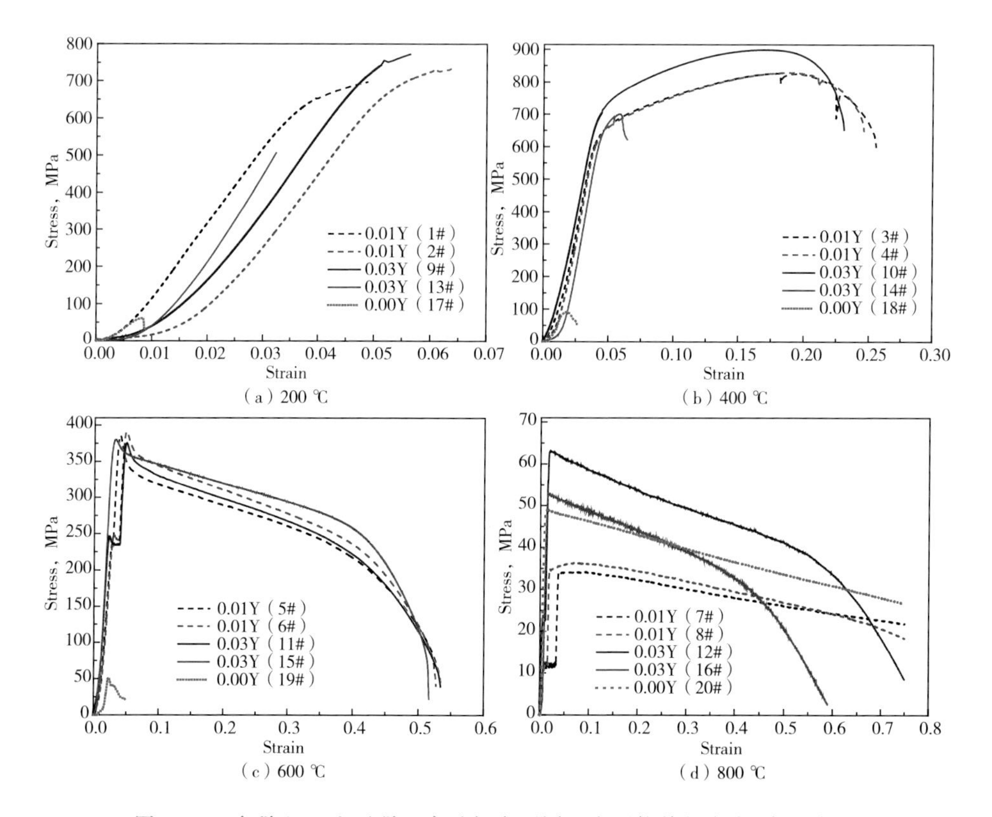

（a）200 ℃　　（b）400 ℃

（c）600 ℃　　（d）800 ℃

图 2.12　含稀土 Y 和无稀土高硅钢在不同温度下拉伸的应力-应变曲线

两种成分高硅钢在200 ℃时的拉伸曲线仅存在弹性阶段和很短的硬化阶段，表明塑性较差，而在400 ℃、600 ℃和800 ℃时的曲线均包含弹性阶段、硬化阶段和颈缩阶段。400 ℃时应力随着应变的增加持续增加，直至颈缩应力才开始明显大幅度下降，600 ℃和800 ℃时应力随着应变量增加先持续增加，在大约5%应变量左右达到一个应力峰值后略有明显下降，随后应力随着应变量增加保持稳定或呈缓慢下降趋势。

韧性是材料从变形到断裂全过程中吸收能量能力的大小，是强度和塑性的综合表现，因此拉伸应力-应变曲线下的面积可以表示材料的韧性。通过比较可知，200～600 ℃含0.03wt%Y高硅钢曲线下的面积更大，表明韧性更好，稀土Y对Fe-6.5wt%Si高硅钢韧性提高作用明显。而在800 ℃时曲线下面积较接近，此时稀土Y的作用不明显。

2.3.2 延伸率和断面收缩率

拉伸断裂后的断面收缩率可以表征高硅钢的塑性。断面收缩率的值越大，高硅钢的塑性越好。同样拉伸试样的延伸率也可以反映出高硅钢的塑性。延伸率的值越大，高硅钢的塑性越好。通过测量拉伸后的所有试样相关尺寸，可以计算得到各个试样的延伸率和断面收缩率。

图2.13为高硅钢拉伸试样的拉伸延伸率A和断面收缩率Z，两者均随温度提高而增加，在200 ℃、400 ℃、600 ℃和800 ℃变形温度下，无稀土试样拉伸延伸率$A_{0\%Y}$分别为0%、13.3%、30.8%和54.2%。相比之下，含0.03wt%Y的试样在200 ℃、400 ℃、600 ℃和800 ℃时延伸率$A_{0.03\%Y}$分别为0.6%、18%、42%和64%。含0.03wt%Y的试样在各温度下延伸率明显高于无稀土试样。在200 ℃、400 ℃、600 ℃和800 ℃变形温度下，无稀土高硅钢拉伸样断面收缩率$Z_{0\%Y}$分别为0%、16.8%、50.9%和79.6%。相比之下，含0.03wt%Y的试样在200 ℃、400 ℃、600 ℃和800 ℃时的断面收缩率$Z_{0.03\%Y}$分别为3.5%、40.5%、89.1%和91.6%。含0.03wt%Y高硅钢试样在各温度下断面收缩率同样明显高于无稀土试样。

表2.2 含Y和无稀土高硅钢在不同温度拉伸后的延伸率A（%）和断面收缩率Z（%）

拉伸变形温度		200 ℃	400 ℃	600 ℃	800 ℃
延伸率A（%）	无稀土	0	13.3	30.8	54.2
	含0.03wt%Y	0.6	18	42	64
	增长百分比	0.6%	35.3%	36.4%	18.1%

（续表）

拉伸变形温度		200 ℃	400 ℃	600 ℃	800 ℃
断面收缩率 Z（%）	无稀土	0	16.8	50.9	79.6
	含 0.03wt%Y	3.5	40.5	89.1	91.6
	增长百分比	3.5%	23.7%	75.0%	15.1%

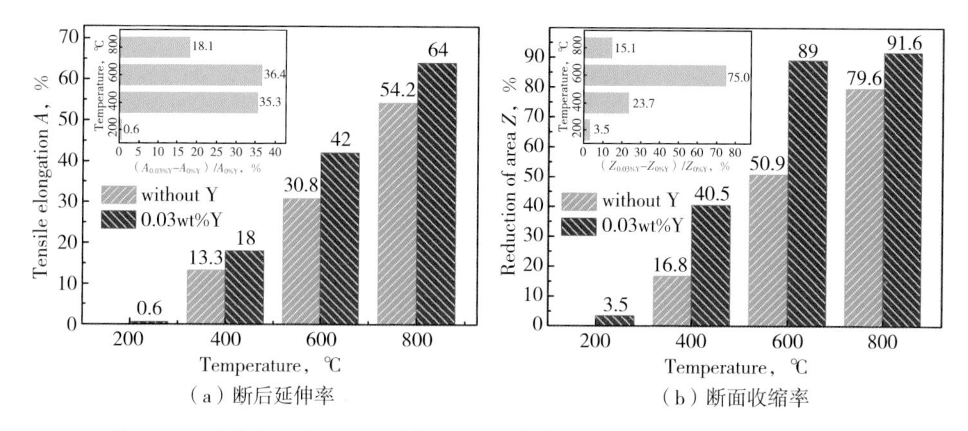

图 2.13 无稀土和含 0.03wt%Y 高硅钢拉伸断裂后的延伸率和断面收缩率

2.3.3 抗拉强度

表 2.3 和图 2.14 为两种成分高硅钢锻坯（无稀土和含 0.03wt%Y）在不同拉伸变形温度（200～800 ℃）下的抗拉强度，从图 2.14 中的柱状图对比可以看到含 0.03wt%Y 的 Fe-6.5wt%Si 高硅钢较无稀土高硅钢抗拉强度 R_m 有所提高，特别是在较低温度时提高较为明显，两种成分高硅钢试样都随着变形温度的升高，抗拉强度 R_m 先增后减，且抗拉强度均在 400 ℃时达到强度峰值，随后变形温度提高，抗拉强度均逐渐减小，两个试样的抗拉强度差值也随之变小，因此，Y 对 Fe-6.5wt%Si 高硅钢具有明显的增韧和强化作用。当温度持续升高到 800 ℃时，由于超过了 B2→A2 相变温度（约 750 ℃），稀土 Y 的作用不明显。

表 2.3 不同温度下两种高硅钢拉伸抗拉强度 R_m（MPa）

变形温度	200 ℃	400 ℃	600 ℃	800 ℃
无稀土	162.3	740.6	367.9	56
含 0.03wt%Y	772.3	898.8	380.2	63.1
增长百分比	375.8%	21.4%	3.3%	12.7%

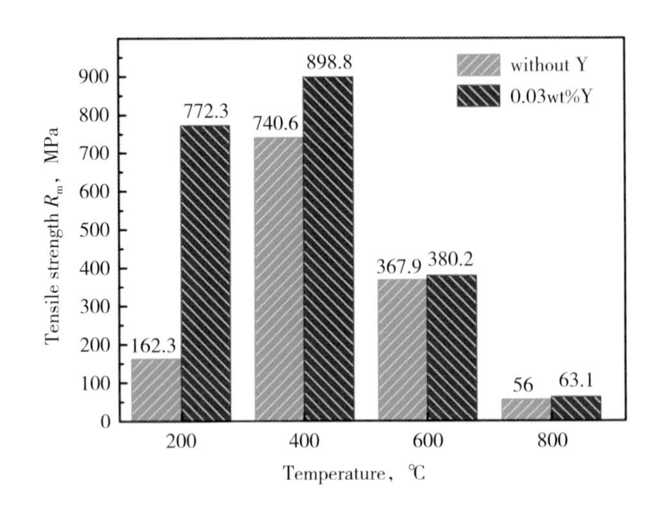

图 2.14 含 Y 和无稀土高硅钢在不同温度下拉伸的抗拉强度

添加稀土 Y 后高硅钢强度的提高主要归因于晶粒细化，即细晶强化导致高硅钢拉伸强度的提高。此外，由于晶粒细化，则相同大小区域内晶粒更多，变形分散在更多的晶粒内进行，变形较均匀，分配和塞积到每个晶粒中的位错数量就更少，进而应力集中导致的开裂出现概率就更小，即含 Y 高硅钢在断裂前能承受更大的拉伸形变，提高了材料的塑韧性。因此，在高硅钢中 0.03wt%Y 使得其抗拉强度提高乃至塑韧性提高的很大一部分原因则是稀土 Y 使得高硅钢晶粒细化。

2.3.4 拉伸断口形貌分析

利用扫描电镜观察了无稀土和含 0.03wt%Y 的两种高硅钢试样在不同温度下的拉伸断口形貌。图 2.15 显示了无稀土和含 0.03wt%Y 的 Fe-6.5wt% Si 高硅钢在 200 ℃、400 ℃、600 ℃和 800 ℃下的拉伸断口形貌。

在图 2.15（a）和（e）中，当拉伸温度为 200 ℃时，含 Y 和无稀土高硅钢断口形貌均由解理台阶和大块光滑平面组成，局部放大后可以观察到数量较多的分布广泛的河流花样，该断口属于典型的解理断裂，这说明在 200 ℃时，含 Y 和无稀土的试样均表现为解理断裂。

在图 2.15（b）和（c）中，含 Y 和无稀土 Fe-6.5wt%Si 高硅钢拉伸试样在 400 ℃均出现大量深浅不一的韧窝，且含 Y 的韧窝相对更深且数量更多。之前有研究表明 6.5wt%Si 高硅钢韧脆转变温度约为 350 ℃，相比之下，如

图2.15(f)，含0.03wt%Y试样在400 ℃拉伸断裂时韧窝相对更深且数量更多，为典型韧性断裂特征。如图2.15(g)所示，在600 ℃时，韧窝加深且数量增加，塑韧性进一步提高。

如图2.15(d)和(h)所示，当温度升高到800 ℃时，未加Y的断口中间出现了很多撕裂的孔洞，大小各不相同，放大之后在孔洞周围可以看到很多的河流花样，即典型的解理特征，故该断口属于解理断裂。含0.03wt%稀土Y高硅钢试样的拉伸断口形貌表面也可以看到大量的河流花样和解理台阶，表面还有细小的撕裂孔洞，属于解理断裂。两个试样断口均为解理断裂的脆性断口，这可能是由于在此温度条件下试样断面收缩率极大，断口处最小横截面特别小，800 ℃高温下两个成分试样在断裂前颈缩程度最大部位都被氧化，导致拉断的瞬间形成脆性断裂，这些断口表明，往高硅钢中添加适量稀土Y后，在400 ℃和600 ℃时断裂模式从脆性断裂转变为韧性断裂，升高至800 ℃时由于氧化导致脆性断裂。

断口形貌表明，稀土Y可以增加400 ℃和600 ℃拉伸时的韧窝数量，这对于提高Fe-6.5wt%Si高硅钢在400 ℃和600 ℃时的塑韧性有促进作用，并且断口观察结果与图2.12所示的应力-应变曲线结果一致。

(a) 无稀土　(b) 无稀土

(c) 无稀土　(d) 无稀土

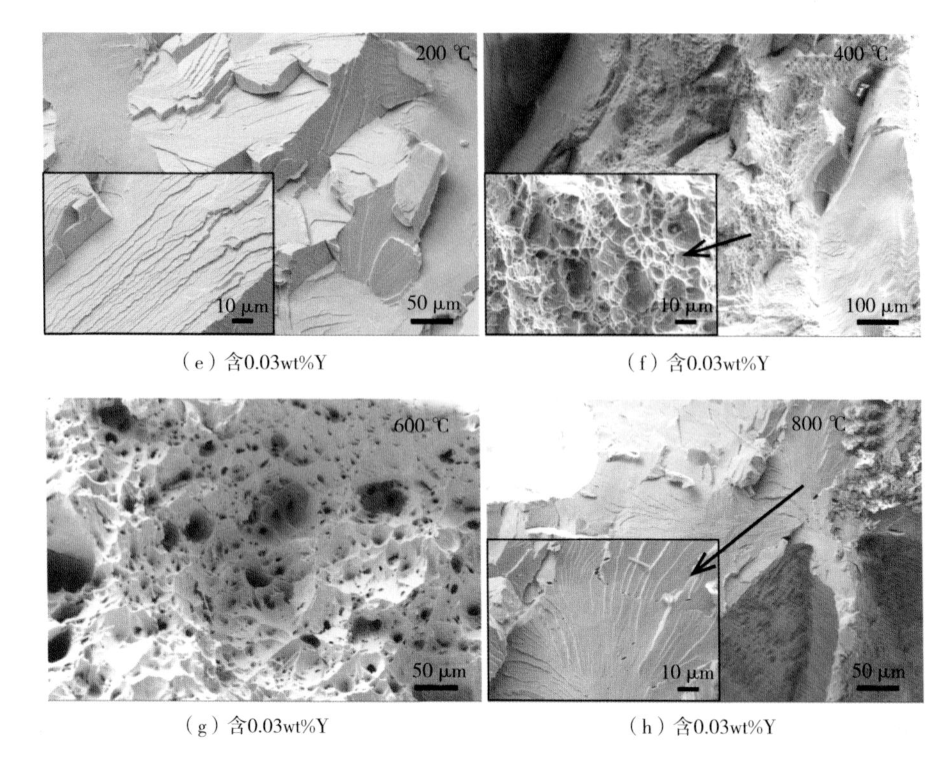

（e）含0.03wt%Y　（f）含0.03wt%Y

（g）含0.03wt%Y　（h）含0.03wt%Y

图 2.15　不同温度下拉伸断口形貌

结合前面稀土 Y 对拉伸前锻坯组织和有序结构的影响分析，可以初步解释稀土 Y 提高 Fe-6.5wt%Si 高硅钢塑韧性机理。一方面，Y 通过与 O、S 的结合起到脱氧脱硫的效果，从而净化 Fe-6.5wt%Si 高硅钢，锻造前形成的 Y_2O_3 和 Y_2O_2S 等化合物作为有效的形核剂促进了异质形核，从而细化了高硅钢锻坯晶粒。另一方面，Y 降低了具备硬脆性质的有序相含量，降低了有序度，减小了 B2 有序相畴尺寸，因此，添加稀土 Y 后，Fe-6.5wt%Si 高硅钢的拉伸塑韧性的提高可归因于 Y 对晶粒的细化和有序度的降低。

2.4　稀土钇对 Fe-6.5wt%Si 高硅钢热变形行为的影响

与硅含量在 3wt%左右的常规电工钢相比，Fe-6.5wt%Si 电工钢具有高磁导率和约为零的磁致伸缩等优点，然而，脆性有序结构的出现阻碍了其生产和应用。由于它的基体是由 B2 和 DO_3 有序相在室温下组成的，而这两种相都是脆性相，因此传统的热轧和冷轧工艺很难直接大批量生产，因此，寻找合适的热加工工艺参数对 Fe－6.5wt%Si 高硅钢的大批量生产和实际推广应用尤为重要。基于热模拟技术的动态材料模型数值分析是确定热加工变形过程中组织演变和最佳变形条件的重要手段之一，它可以用来确定材料的最佳热加工变形条件范围，从而改进加工工艺。

最新的研究成果显示，0.015wt%Ce 能够明显提高 Fe－6.9wt%Si 高硅钢热压缩变形时的塑性变形能力，本章节利用热力模拟实验机对无稀土和含 0.03wt%Y 的两种高硅钢在 600～900 ℃和 0.01～10 s^{-1}的变形条件范围内进行单道次压缩实验，通过真应力-真应变曲线计算相应变形条件范围内的热变形激活能，建立本构方程，绘制低应变和高应变下的热加工图，并对热压缩组织结构进行观察、对比和分析。

本章以锻坯作为压缩初始材料在热力模拟实验机上进行不同变形条件下的单道次压缩实验。为使压缩前试样组织性能一致，取样位置应避开锻坯边部，将两块锻坯按照图 2.16（a）所示位置和方向切成 ϕ10 mm×15 mm 的圆柱压缩试样，以 10 ℃/s 的速率匀速升温至变形温度（600、700、800、900 ℃），保温 4 分钟，随后立即按预定应变速率（0.01、0.1、1、10 s^{-1}）开始等温压缩变形，变形量统一为 60%，即压缩后试样高度均为 6 mm，压缩结束时迅速用冷水进行淬火，以将高温形变组织保留至室温。

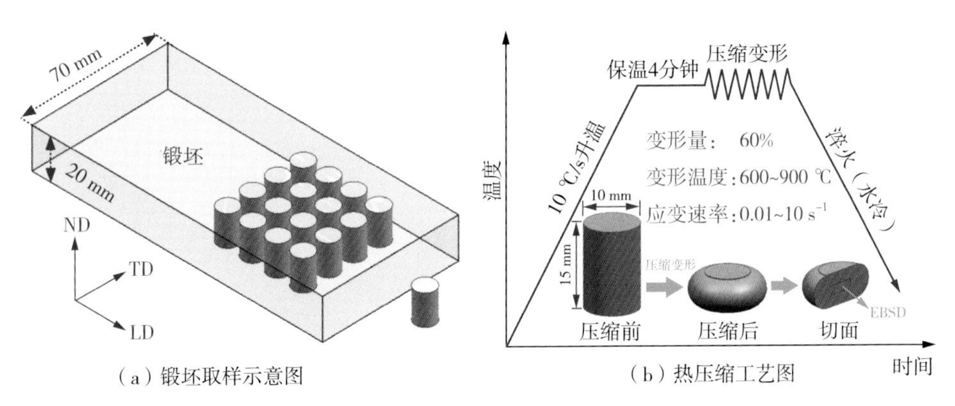

图 2.16　热压缩方案示意图

2.4.1　真应力-真应变曲线

图 2.17 为无稀土和含 0.03wt%Y 的 Fe－6.5wt%Si 高硅钢在 600～900 ℃压缩温度和 0.01～10 s^{-1}应变速率下进行单道次压缩的真应力-真应变曲线。由真应力-真应变曲线可知，所有变形条件下基本都存在一个较明显的应力峰

值，随着真应力-真应变曲线上横轴真应变的增大，纵轴应力迅速上升并达到一个峰值，然后略有下降，随真应变的增大而逐渐趋于稳定，这是典型的动态再结晶（DRX）现象。显然，几乎所有的曲线都表现出与变形温度和应变速率相关的典型 DRX 特征，从图 2.17 中不同条件下曲线间的对比可以看出，随压缩变形温度的降低或应变速率的提高，峰值应力也随之提高。

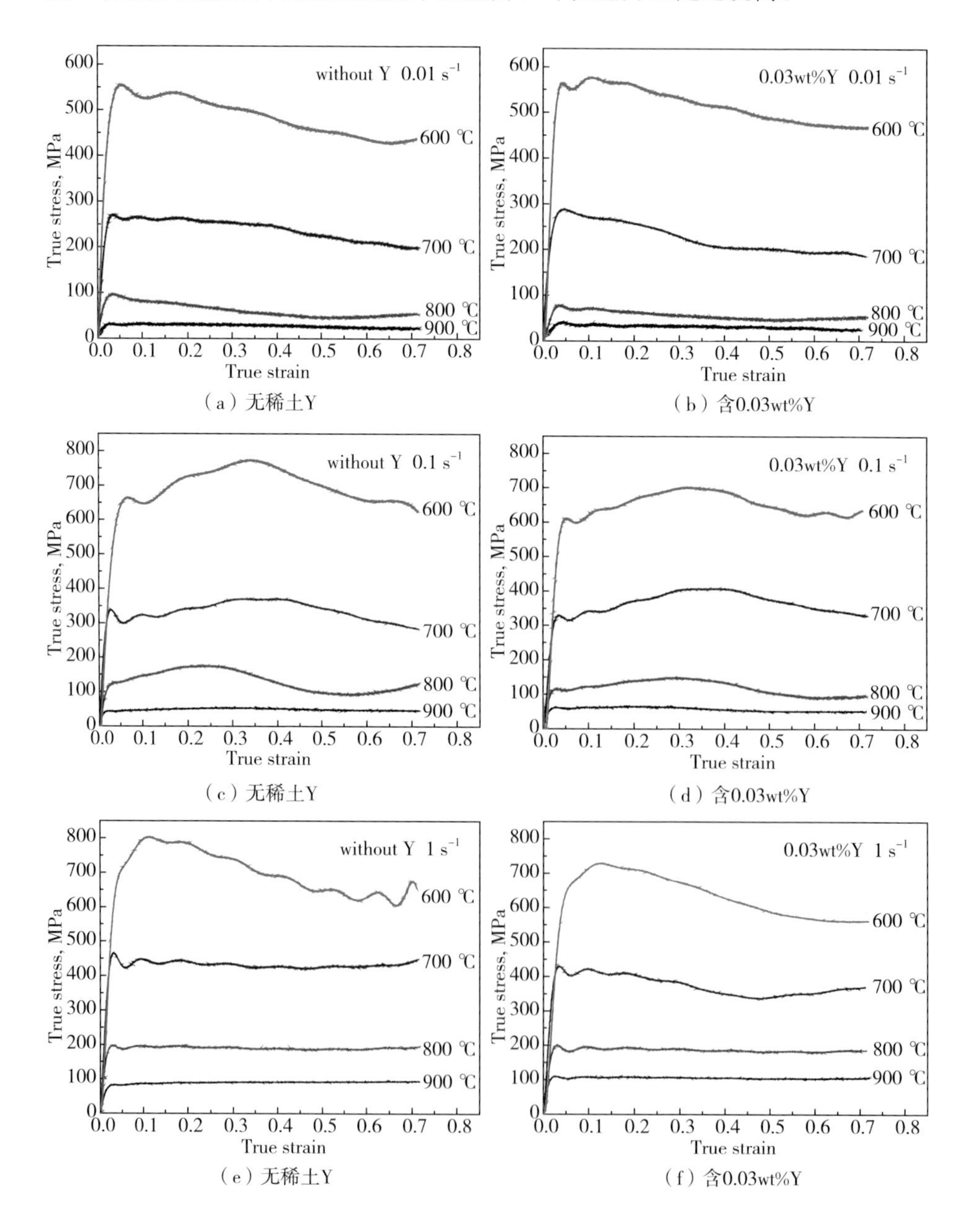

（a）无稀土Y （b）含0.03wt%Y

（c）无稀土Y （d）含0.03wt%Y

（e）无稀土Y （f）含0.03wt%Y

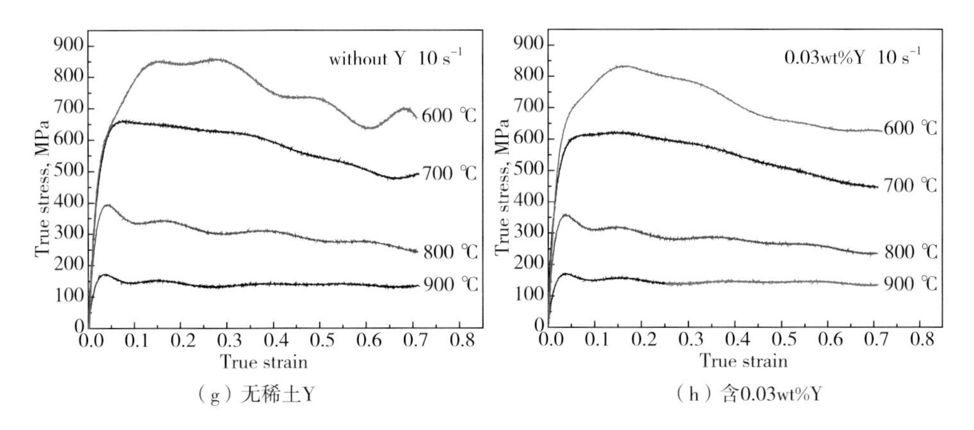

（g）无稀土Y　　（h）含0.03wt%Y

图 2.17　Fe－6.5wt%Si 高硅钢在不同变形条件下压缩的真应力-真应变曲线

从曲线中可以看到，在真应变达到约 0.05 之前，随真应变提高，真应力迅速增大，这是位错缠结和位错增殖造成的现象，也就是加工硬化所导致的真应力在短时间低应变下提高。随着应变量的提高位错密度也不断提高，动态回复（DRV）的作用也会逐渐增强。当应变增加到临界值时，发生 DRX，随着应变的进一步增大，应力达到峰值，随后逐渐减小，直至达到加工硬化效应和动态软化效应（包括 DRV 和 DRX）平衡所导致的稳定阶段。

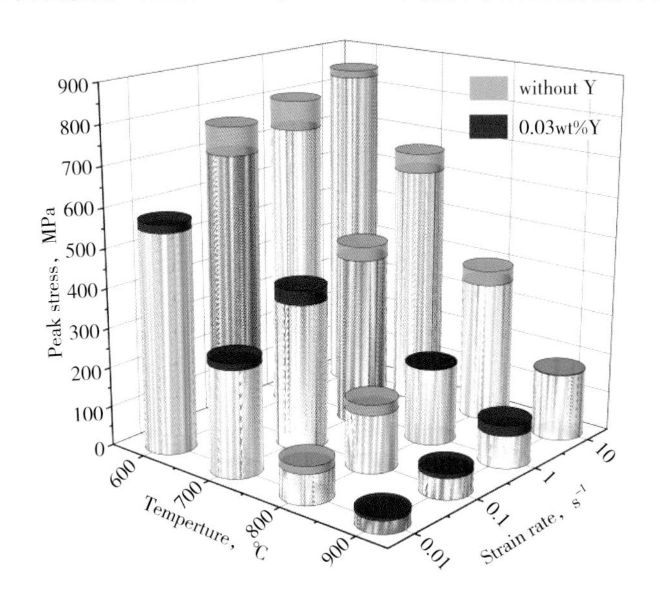

图 2.18　无稀土与含 0.03wt%Y 高硅钢不同变形条件下的峰值应力比较

从峰值应力的角度来看，如图 2.18 所示，为两种成分高硅钢热压缩真应力-真应变曲线峰值应力对比。图中圆柱顶端的红色部分圆柱表示含 0.03wt%

Y高硅钢峰值应力高于无稀土高硅钢峰值应力的差值，淡蓝色部分圆柱表示无稀土高硅钢峰值应力高于含0.03wt%Y高硅钢峰值应力的差值，而淡蓝色/红色圆柱以下则为重叠部分。由图2.18可以看出，在低温和高应变速率下，含0.03wt%Y高硅钢峰值应力显著低于无稀土高硅钢，只有在部分低应变速率和高变形温度的条件下含0.03wt%Y高硅钢峰值应力才略高于无稀土高硅钢。这表明在高应变速率（0.1～10 s^{-1}）和低温（600～800 ℃）条件下Y导致的塑性软化效果相对较为显著，而在较低应变速率（0.01 s^{-1}）或高变形温度（900 ℃）下Y的作用并不明显，这是因为在低温和高应变速率下Y对硬脆有序相的影响更加显著，而在大于800 ℃的高温下影响不明显是由于变形温度高于B2→A2相转变温度（约750 ℃），A2无序相的软化作用远远大于稀土Y的影响。

2.4.2 高硅钢本构方程的建立

基于真应力-真应变曲线相关数据建立了两种高硅钢的本构方程，对高硅钢的热变形行为进行建模，并描述了变形参数对流动应力状态的影响。通常，以下本构方程适用于描述热变形行为：

$$\dot{\varepsilon}=A_1\sigma^{n_1}\exp\left(\frac{-Q}{RT}\right) \tag{2-7}$$

$$\dot{\varepsilon}=A_2\exp(\beta\sigma)\exp\left(\frac{-Q}{RT}\right) \tag{2-8}$$

$$\dot{\varepsilon}=A[\sinh(\alpha\sigma)]^n\exp\left(\frac{-Q}{RT}\right) \tag{2-9}$$

A、A_1、A_2、n、n_1和β均为相关常数，σ为峰值应力（MPa），α是应力参数，表示为：

$$\alpha=\frac{\beta}{n_1} \tag{2-10}$$

公式（2-7）和公式（2-8）分别为在低应力和高应力状态下应用的方程，通常，由Sellars和Mcgart提出的双曲正弦方程式（2-9）在更广的应力范围内更适合描述流动应力。

在热变形行为研究过程中，一般采用Zener-Hollomon参数Z来表述应力与变形条件之间的关系，这个关系可以表示如下：

$$Z=\dot{\varepsilon}\exp\left(\frac{Q}{RT}\right)=A[\sinh(\alpha\sigma)]^n \tag{2-11}$$

式中，$\dot{\varepsilon}$——应变速率，s^{-1}；

T——变形温度，K；

Q——热变形激活能，J/mol；

R——常数，8.314 J/mol/K；

A——温度补偿应变速率因子；

参数 Z 与应变速率和变形温度相关。

根据公式（2-11），热变形激活能 Q 可以表示为如下：

$$Q=R\left\{\frac{\partial \ln\dot{\varepsilon}}{\partial \ln\left[\sinh(\alpha\sigma)\right]}\right\}_T \cdot \left\{\frac{\partial \ln\left[\sinh(\alpha\sigma)\right]}{\partial(1/T)}\right\}_{\dot{\varepsilon}}=1000\cdot R\cdot n\cdot s \tag{2-12}$$

上式中 s 为常数，可表示如下：

$$s=\left\{\frac{\partial \ln\left[\sinh(\alpha\sigma)\right]}{\partial(1000/T)}\right\}_{\dot{\varepsilon}} \tag{2-13}$$

热变形中应力通常与变形温度和应变速率存在一定的数学关系，温度和应变速率对应力的综合影响可以用 Z 表示，即公式（2-11）所示。在真应力-真应变曲线中，大多数曲线的应力达到最大值后都略微下降然后保持在一定波动范围内。因此，将不考虑应变对流变应力的影响，并且使用应力峰值来建立模型描述高硅钢的热变形行为。

n_1、β、n 和 s 可以分别由公式（2-7）、（2-8）、（2-9）、（2-10）配合公式（2-11）变换后通过线性拟合回归依次获得，拟合后曲线如图 2.19（a）～（h）所示，然后通过公式（2-10）可以计算得到 α 值。各参数计算结果见表 2.4。

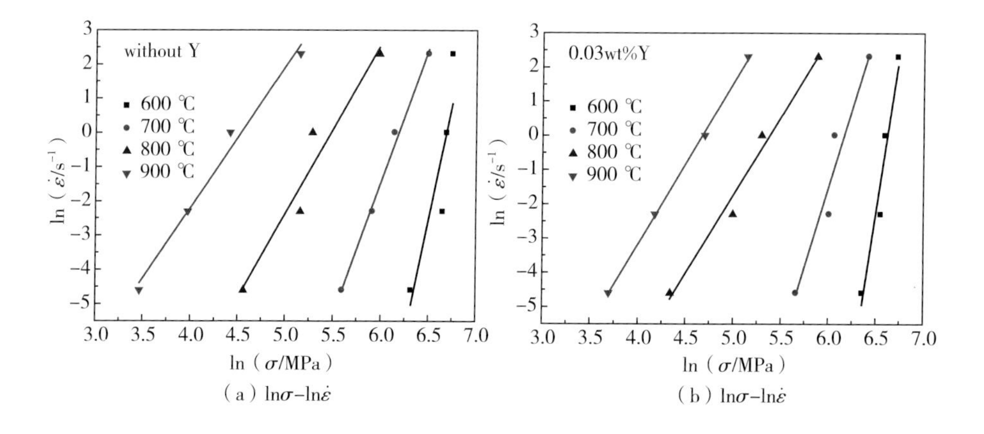

（a）$\ln\sigma-\ln\dot{\varepsilon}$　　（b）$\ln\sigma-\ln\dot{\varepsilon}$

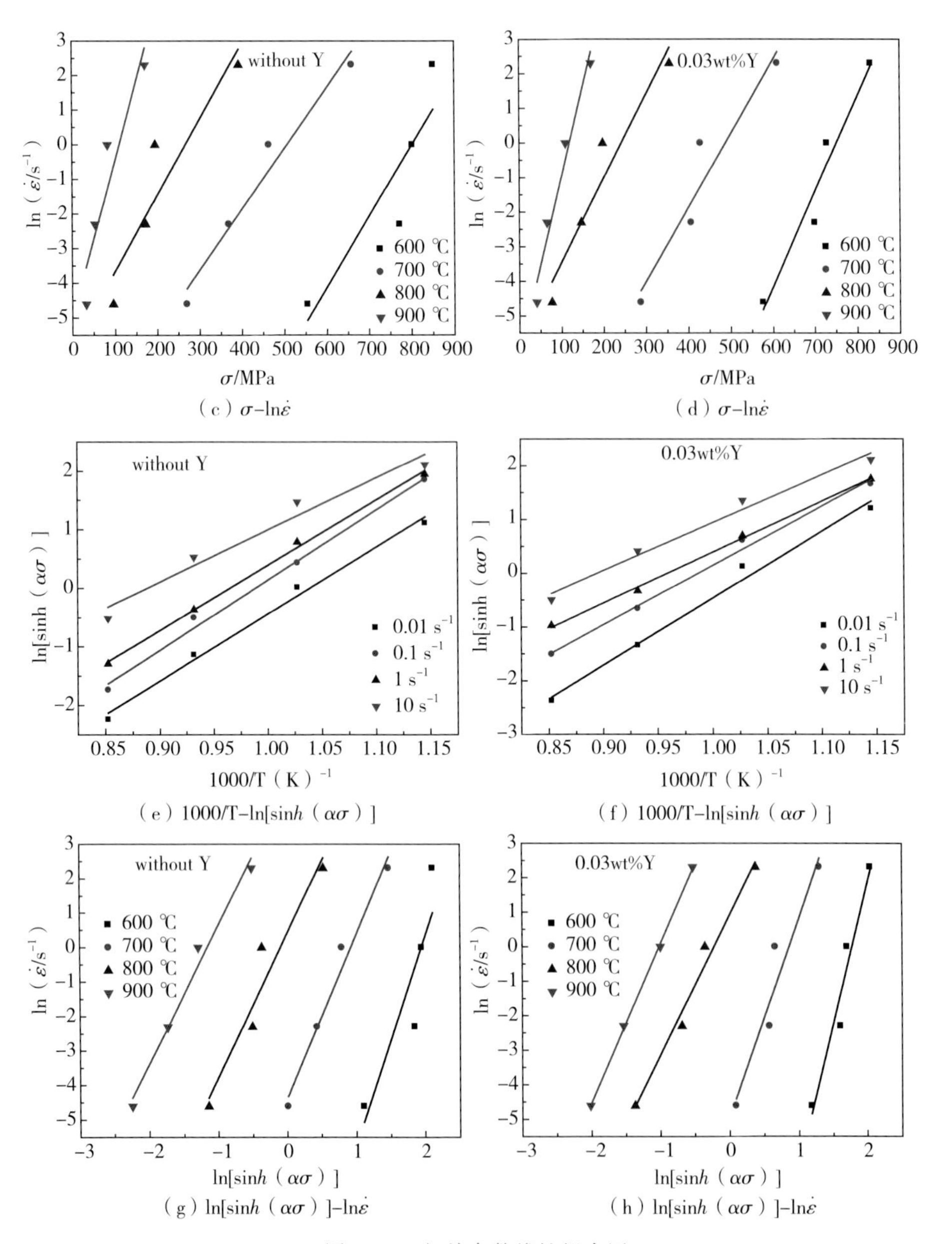

图 2.19　相关参数线性拟合图

表 2.4　相关参数计算结果

参数	n_1	β	α	s	n
无稀土	7.6697	0.02633	0.003433	10.8488	4.7528
含 0.03wt%Y	9.4129	0.03107	0.003301	10.0907	5.6413

经过上述拟合和相关计算，得到无稀土高硅钢热变形激活能 Q 值为 428.68 kJ/mol，而含 0.03wt%Y 高硅钢 Q 值为 473.27 kJ/mol，很明显稀土 Y 提高了高硅钢在 600～900 ℃和 0.01～10 s^{-1} 变形条件范围内平均热变形激活能，提高了约 11%。

根据公式（2-11），$\ln Z$ 可以表示为：

$$\ln Z = \ln A + n \ln\left[\sinh(\alpha\sigma)\right] \tag{2-14}$$

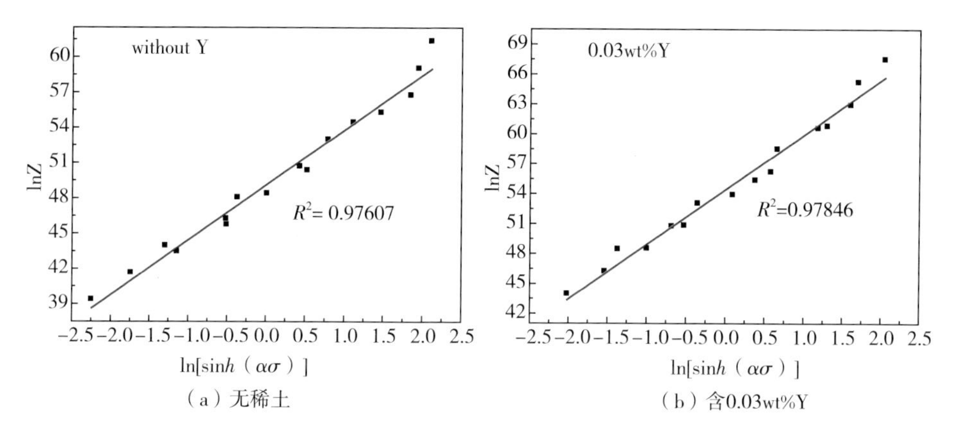

(a) 无稀土　　(b) 含0.03wt%Y

图 2.20　两种高硅钢 $\ln Z$ 和 $\ln[\sinh(\alpha\sigma)]$ 的线性拟合图

如图 2.20 所示，通过式（2-14）进行线性拟合可以获得截距即为 $\ln A$ 值，拟合直线的相对误差分别为 0.97607（无稀土）和 0.97846（含 0.03wt%Y），因此，将计算出的相关参数代入公式（2-9），可以将两种高硅钢的本构方程表示如下：

无稀土的 Fe-6.5wt%Si 高硅钢本构方程：

$$\dot{\varepsilon} = 2.2129\times10^{21}\left[\sinh(0.003433\sigma)\right]^{4.7528}\exp\left(-\frac{428683.98}{RT}\right) \tag{2-15}$$

含 0.03wt%Y 的 Fe-6.5wt%Si 高硅钢本构方程：

$$\dot{\varepsilon} = 4.4566\times10^{23}\left[\sinh(0.003346\sigma)\right]^{5.64129}\exp\left(-\frac{473271.07}{RT}\right) \tag{2-16}$$

实测峰值应力与上面本构方程计算的峰值应力对比如图 2.21 所示，可以看出它们在对角线附近匹配较好。图中的对角直线为实测峰值应力 σ_P（横坐标）等于计算峰值应力 σ_P（纵坐标）时候的标准线，平均相对误差分别为 11%（无稀土）和 10%（含 0.03wt%Y）。

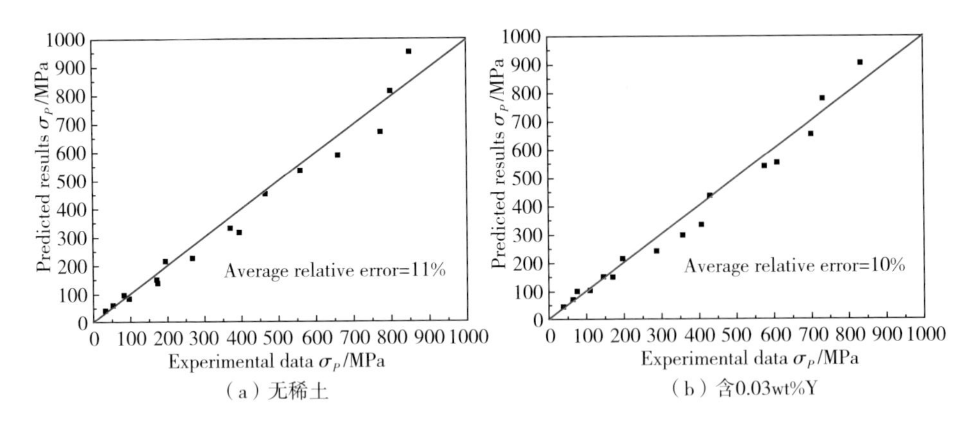

（a）无稀土　　（b）含0.03wt%Y

图 2.21　实测峰值应力与本构方程计算峰值应力的比较

2.4.3　高硅钢热加工图的构建

为了预测合金在热变形过程中的最佳变形工艺条件，采用 DMM 动态材料模型分别构建无稀土和含 0.03wt%Y 两种高硅钢的热加工图。根据 DMM 模型，总能量 P 由功率耗散协量(J) 和功率耗散量(G) 组成，J 是变形时组织变化耗损的能量，而 G 是发生变形所耗损的能量，大部分转化成热量散发，小部分形成晶体缺陷能，P、G 和 J 的数学关系如下式所示：

$$P=\sigma\dot{\varepsilon}=G+J=\int_0^{\dot{\varepsilon}}\sigma\ \mathrm{d}\dot{\varepsilon}+\int_0^{\sigma}\dot{\varepsilon}\ \mathrm{d}\sigma \tag{2-17}$$

应变速率敏感系数 m 可以表示为：

$$m=\frac{\mathrm{d}J}{\mathrm{d}G}=\left[\frac{\partial\ (\ln\sigma)}{\partial\ (\ln\dot{\varepsilon})}\right]_{\varepsilon,\ T} \tag{2-18}$$

在上面的方程中，$0<m\leqslant 1$，在理想条件下，当 $m=1$，J 有最大值，$\dot{\varepsilon}$ 为应变速率，ε 为真应变，T 为变形温度，σ 为固定真应变下的应力值，应变率敏感系数 m 和功耗 J 之间的关系系数 η 可以表示为：

$$\eta=\frac{J}{J_{\max}}=\frac{2m}{m+1} \tag{2-19}$$

将材料各变形条件下的m 值经过三次多项式拟合，拟合图如图 2.22(a) 和 (b) 所示，得到各点(各变形条件) 处的斜率，然后利用各个 m 值计算得到相

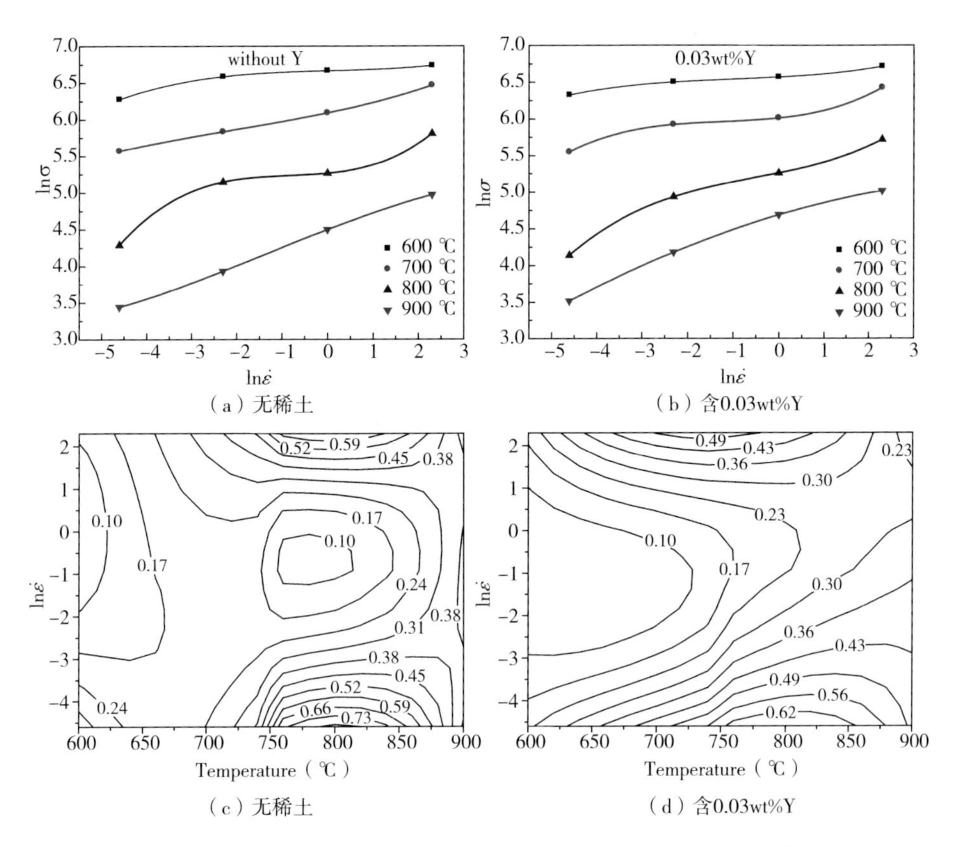

图 2.22　在 0.2 真应变下 $\ln\dot{\varepsilon}$ 与 $\ln\sigma$ 的关系曲线拟合图和功率耗散图

对应的 η 值，将所有 η 值按特定矩阵排列后在 $\dot{\varepsilon}$ 和 T 的二维平面上绘制成等高线图就是功率耗散图，计算并绘制得到两种高硅钢在 0.2 真应变下的功率耗散图如图 2.22(c) 和(d) 所示，一般可以将功耗图中具有较高 η 的区域初步确定为最佳加工条件范围，但是这应由对应应变量下的变形样品微观结构进一步验证。

确定最佳加工条件时，应考虑以绝热剪切带，滑移局部化和微裂纹等缺陷造成的变形不稳定性。因此，根据相关数据建立了基于失稳判据的失稳图。根据 DMM 模型，失稳判据 $\xi(\dot{\varepsilon})$ 的数学形式为：

$$\xi(\dot{\varepsilon})=\frac{\partial\ln\left(\frac{m}{m+1}\right)}{\partial\ln\dot{\varepsilon}}+m<0 \tag{2-20}$$

将所有 $\xi(\dot{\varepsilon})$ 值按照特定矩阵排列并在 $\dot{\varepsilon}$ 和 T 的二维平面上绘制成等高线图即为失稳图，$\xi(\dot{\varepsilon})<0$ 时的 $\dot{\varepsilon}$ 和 T 不适宜进行热变形，此区域称为失稳区，如

图 2.23 所示，为无稀土和含 0.03wt%Y 高硅钢失稳图，负的 $\xi(\dot{\varepsilon})$ 值表示材料在 $\xi(\dot{\varepsilon})$ 值对应变形条件下处于失稳状态，这将导致容易在变形过程中出现绝热剪切带、滑移局部化和微裂纹等缺陷。

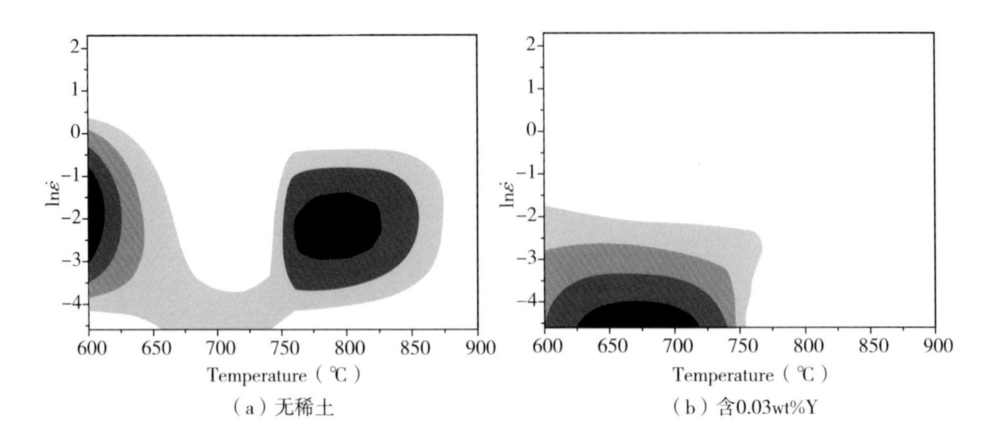

图 2.23　在 0.2 真应变下两种高硅钢的失稳图

将前面计算绘制得到的功率耗散图与失稳图在应变速率 $\dot{\varepsilon}$ 和变形温度 T 的二维平面上叠加则得到热加工图，两种高硅钢在 0.2 真应变下叠加得到的热加工图如图 2.24 所示，根据本节热加工图的计算和绘制方法，同样可以得到 0.7 真应变下的热加工图。

图 2.24 和图 2.25 分别给出了无稀土和含 0.03wt%Y 的 Fe－6.5wt%Si 高硅钢 0.2 低应变和 0.7 高应变下的加工图。加工图是带有等高线的三维图，它取决于给定应变下的变形温度和应变率。图 2.24 和图 2.25 中的热加工图主要分为三个区域：白色区域 A 表示稳定区域，即安全区，在安全区中具有较高功率耗散系数 η 和 $\xi \geqslant 0$ 的变形条件，该条件范围是进行热加工的最佳加工条件区域，灰色/黑色区域 B 为不稳定区域，即失稳区，在失稳区中 $\xi < 0$，该条件范围不适合进行热加工，容易出现微裂纹等缺陷，白色区域 C 为低功率耗散区（低功耗区），即 η 值较小，不利于热加工。一般认为 $\eta \geqslant 0.3$ 时属于较高功率耗散系数，此时对热加工有利。通过比较两种高硅钢热加工图，无论是从 0.2 低应变下还是 0.7 高应变热加工图中都可以明显看出，添加稀土 Y 后 Fe－6.5wt%Si 高硅钢相比无稀土高硅钢的失稳区明显更小，安全区更大，可加工区域范围更大。

根据以上热加工图 A 区域得到两种高硅钢最佳加工条件范围见表 2.5 所列。

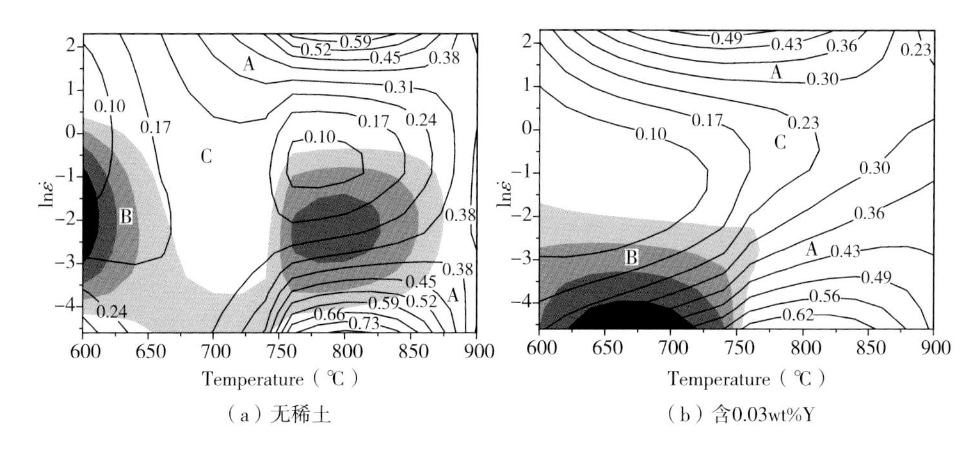

图 2.24　在 0.2 真应变下两种高硅钢的热加工图

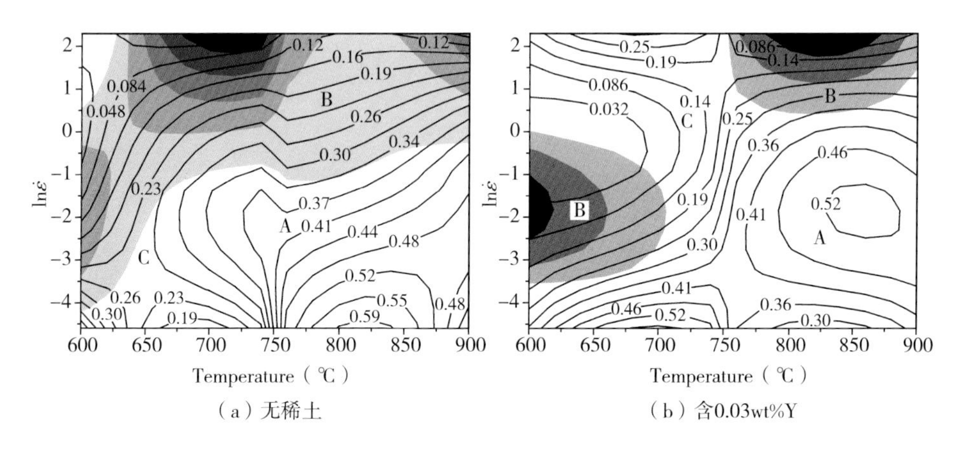

图 2.25　在 0.7 真应变下两种高硅钢的热加工图

表 2.5　两种高硅钢最佳热加工条件范围

真应变 ε	普通 Fe－6.5wt%Si 高硅钢	含 0.03wt%Y 的 Fe－6.5wt%Si 高硅钢
0.2	750～900 ℃，0.01 s^{-1}； 900 ℃，0.01～10 s^{-1}； 700～900 ℃，10 s^{-1}	750～900 ℃，0.01 s^{-1}； 800～900 ℃，0.1 s^{-1}； 900 ℃，0.01～1 s^{-1}； 650～850 ℃，10 s^{-1}
0.7	750～900 ℃，0.01 s^{-1}； 700～900 ℃，0.1 s^{-1}； 600 ℃，0.01 s^{-1}	600～900 ℃，0.01 s^{-1}； 750～900 ℃，0.1 s^{-1}； 800～900 ℃，1 s^{-1}

2.4.4 稀土钇对热压缩组织结构的影响

1. 热压缩金相组织

众所周知，具有高功率耗散系数 η 和 $\xi>0$ 的区域对应于最佳热加工条件区域，因为这些因素在无缺陷的微结构下导致良好的可加工性。但是，失稳区（$\xi<0$）通常具有微裂纹、绝热剪切带或流动局部化等特征缺陷。由于 0.7 真应变（约 50%变形量）更接近于热压缩实际变形量（60%），因此采用 0.7 高应变下的热加工图与实际热压缩金相组织进行对比验证，对压缩后的所有试样沿着压缩方向对半切开，对切面进行打磨抛光然后经过 8%硝酸水溶液侵蚀 25～35 s 后得到所有试样变形中心部位的金相组织，如图 2.26 和图 2.27 所示。

图 2.26 和图 2.27 分别给出了两种高硅钢的热压缩金相组织，从两种高硅钢的热压缩组织上对比可以发现无稀土高硅钢热压缩组织存在大量明显的

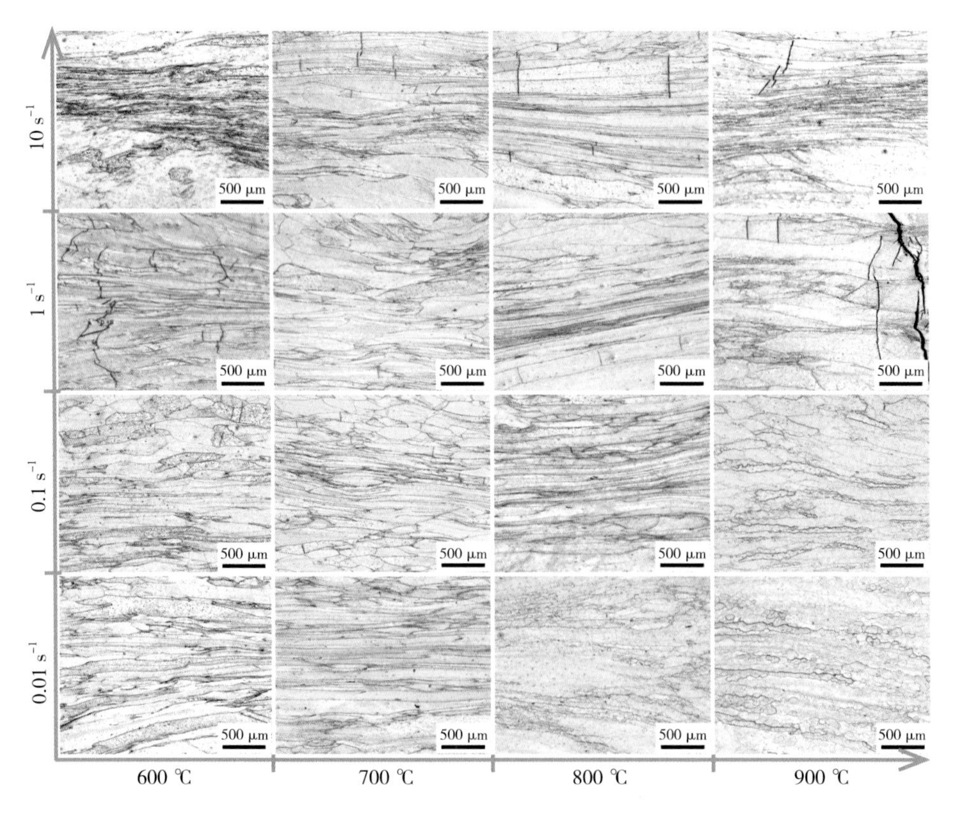

图 2.26 无稀土普通 Fe-6.5wt%Si 高硅钢不同变形条件下的热压缩金相组织

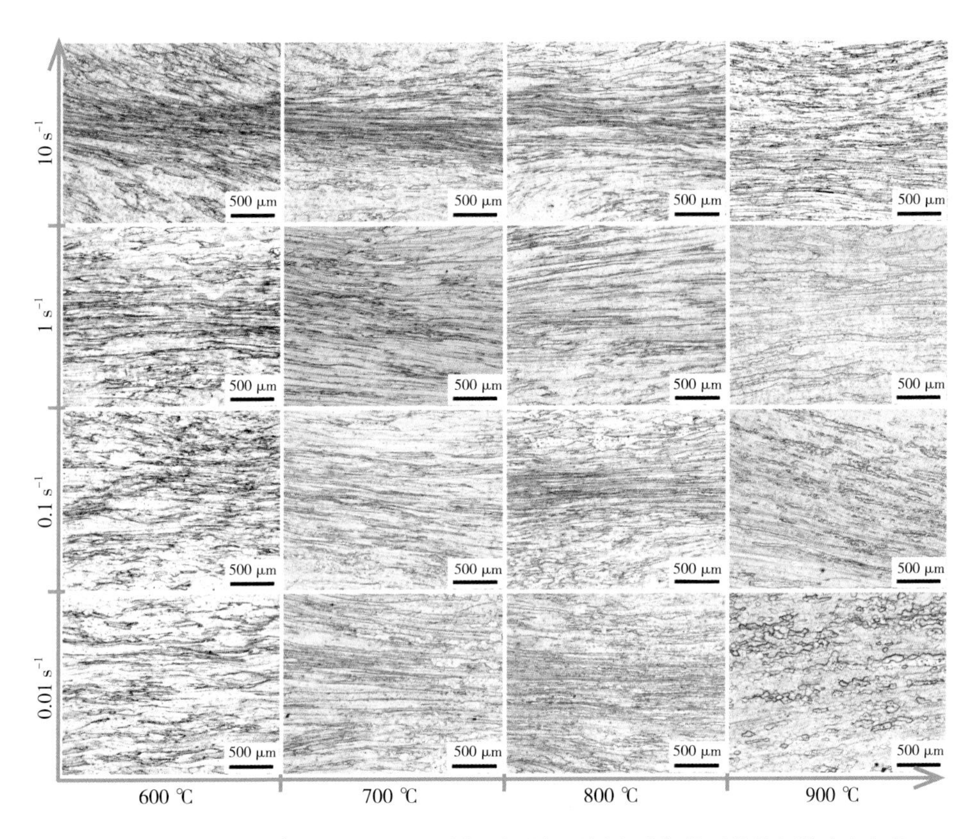

图 2.27　含 0.03wt%Y 的 Fe－6.5wt%Si 高硅钢不同变形条件下的热压缩金相组织

微裂纹，尤其是在高应变速率和低温条件下存在大量明显的微裂纹缺陷，而含 0.03wt%Y 的 Fe－6.5wt%Si 高硅钢则基本上未发现明显微裂纹，纤维状组织也更加密集，高温下的再结晶晶粒更为细小。此外，通过两种高硅钢热压缩组织与前面热加工图中相同条件区域对应后，可以发现，无稀土高硅钢热压缩后出现微裂纹的变形条件基本都处于热加工图中的失稳区范围，由此验证了热加工图的可靠性。而含 0.03wt%Y 高硅钢热压缩后即使处于失稳区条件范围，从金相组织上来看也没有发现明显微裂纹缺陷的存在，因此添加稀土 Y 有利于缩小失稳区范围，抑制微裂纹缺陷的产生，扩大最佳加工条件范围。

2. 有序结构和位错密度

为了研究稀土 Y 对 Fe－6.5wt%Si 高硅钢压缩变形过程中有序结构和位错结构的影响，根据两种高硅钢的热加工图和压缩金相组织分别选取两个样品进行 TEM 观察，选择一个安全区和一个失稳区，变形条件分别为 800 ℃－

0.1 s^{-1}和 800 ℃-10 s^{-1}，图 2.28 所示为选取压缩后试样沿［001］晶带轴的选区电子衍射（SAED）图样和暗场图像的 B2 有序结构。由于 4 个样品的变形温度为 800 ℃，远高于 DO_3有序相向 B2 有序相转变的初始温度（约 650 ℃），因此样品中不可能存在 DO_3有序相，或 DO_3含量极少。4 个样品的（200）衍射点（图 2.28 中圈出的）代表 B2 有序相，其清晰度和亮度相同，说明 B2 有序相含量相近。无稀土样品中的 B2 有序相畴明亮且尺寸相对较大，并且反相畴界清晰可辨。而含 0.03wt%Y 的高硅钢样品有序相畴更模糊且呈弥散分布，B2 有序相畴尺寸相比无稀土高硅钢样品更小。

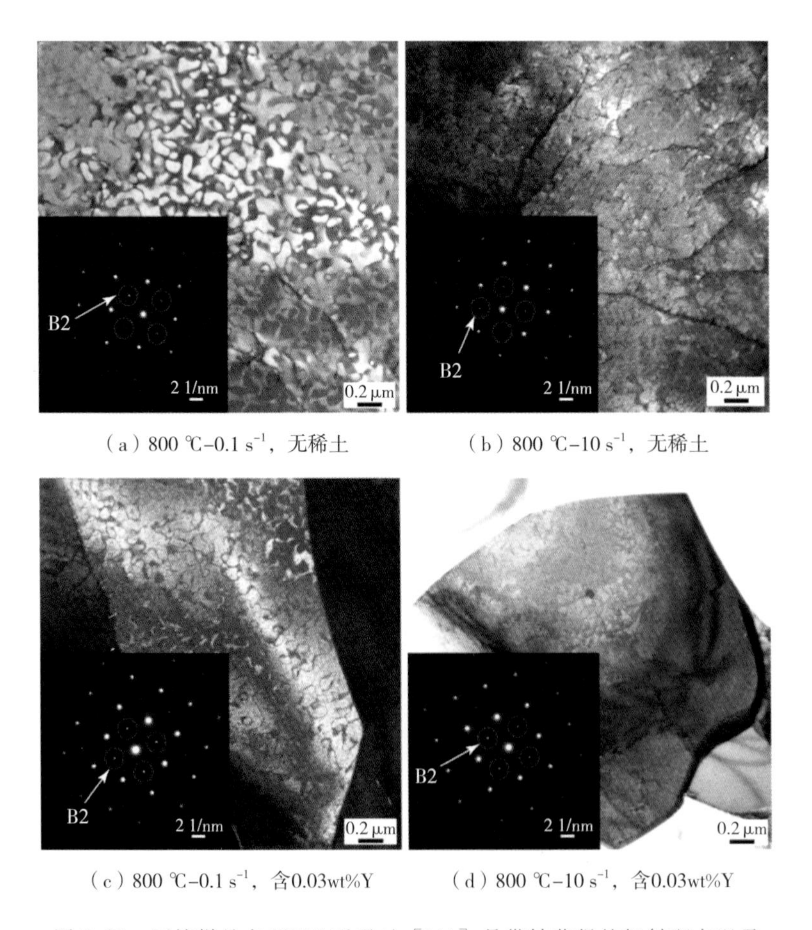

（a）800 ℃-0.1 s^{-1}，无稀土　（b）800 ℃-10 s^{-1}，无稀土

（c）800 ℃-0.1 s^{-1}，含0.03wt%Y　（d）800 ℃-10 s^{-1}，含0.03wt%Y

图 2.28　压缩样品在 TEM 下通过［001］晶带轴获得的衍射斑点以及暗场像中的反相畴界和 B2 有序畴

众所周知，内应力与位错运动引起的位错结构特征密切相关，具体而言，在材料发生变形的时候，位错结构的形态分布和数量会根据空位、间隙原子、

溶质原子和位错之间的相互作用而出现相应的变化。从图 2.29（a）～（d）可以看出，在相同的变形条件下，加入稀土 Y 后增加了位错结构的数量，相比无稀土 Y 试样的位错结构显得更加紧凑密集。从压缩变形前初始材料的角度来讲，含 0.03wt%Y 锻坯的晶粒要比无稀土 Y 锻坯平均晶粒尺寸小很多，则相同面积区域内的晶界数量更多，对位错运动的阻碍作用就更大，这也是导致位错密度提高的一小方面的原因。

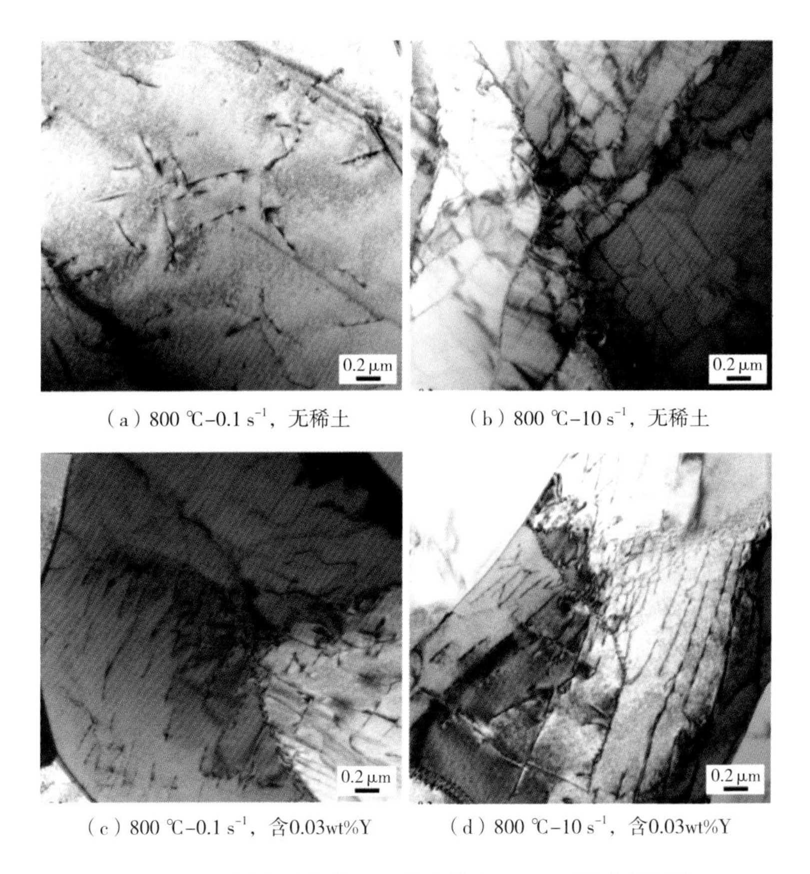

（a）800 ℃-0.1 s^{-1}，无稀土　（b）800 ℃-10 s^{-1}，无稀土

（c）800 ℃-0.1 s^{-1}，含0.03wt%Y　（d）800 ℃-10 s^{-1}，含0.03wt%Y

图 2.29　不同变形条件下压缩试样在 TEM 下的位错结构

为了进一步定量地说明稀土 Y 对 Fe－6.5wt%Si 高硅钢变形过程中位错密度的影响，通过 EBSD 对压缩后的样品进行测试，平行于压缩方向的平面作为 EBSD 扫描检测面，样品变形中心区域为扫描区域。EBSD 得到的局部取向差（LocMis）分布图如图 2.30 所示，LocMis 也可以称为 *KAM*（Kernel Average Misorientation）。它表示给定点与同一晶粒的最近相邻点的平均取向差，是位错密度和应变分布的重要指标，*KAM* 值分布可以定性地反映塑性变

形均匀化的程度，其中 *KAM* 值高，塑性变形程度大或缺陷密度高。几何必需位错（GND）密度与 *KAM* 关系式如下：

$$\rho^{GND}=\frac{2KAM_{\text{ave}}}{\mu b} \tag{2-21}$$

其中 b 是铁素体伯氏矢量（0.248 nm），μ 是 EBSD 扫描步长（3 μm），KAM_{ave}表示平均 *KAM* 值，所有用于位错密度计算的 *KAM* 值均排除了大于3°的 *KAM* 值，因为大于 3°的 *KAM* 值（局部取向差）是晶界引起的，而不是位错堆积引起的。

如图 2.30（a）～（d）所示，深蓝色区域代表 *KAM* 值较低的区域，同时也定性地反映了这个区域具有更低的位错密度，反之越靠近绿色乃至红色区域则代表此处 *KAM* 值较高，位错密度也较高。从图 2.30（e）～（h）可以看出，含 0.03wt%Y 试样的 *KAM* 值（LocMis 值）分布更均匀且密集，平均值也更大，而无稀土压缩试样的 *KAM* 值分布更不均匀，*KAM* 值大部分集中在 0°～1°之间，平均值更小，因此，0.03wt%Y 的加入提高了平均 *KAM* 值，即提高了位错密度。

本章中热压缩样品的位错密度采用上述方法计算，计算结果如图 2.30（i）中的柱状图所示。根据位错密度结果，含稀土 Y 后的样品在不同变形条

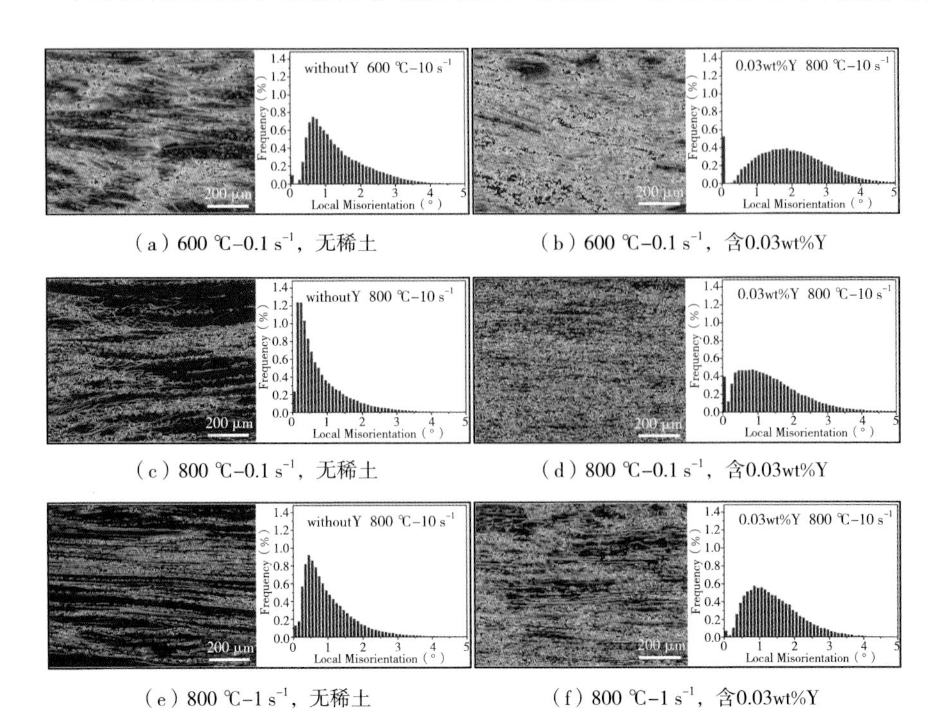

（a）600 ℃-0.1 s^{-1}，无稀土　（b）600 ℃-0.1 s^{-1}，含0.03wt%Y

（c）800 ℃-0.1 s^{-1}，无稀土　（d）800 ℃-0.1 s^{-1}，含0.03wt%Y

（e）800 ℃-1 s^{-1}，无稀土　（f）800 ℃-1 s^{-1}，含0.03wt%Y

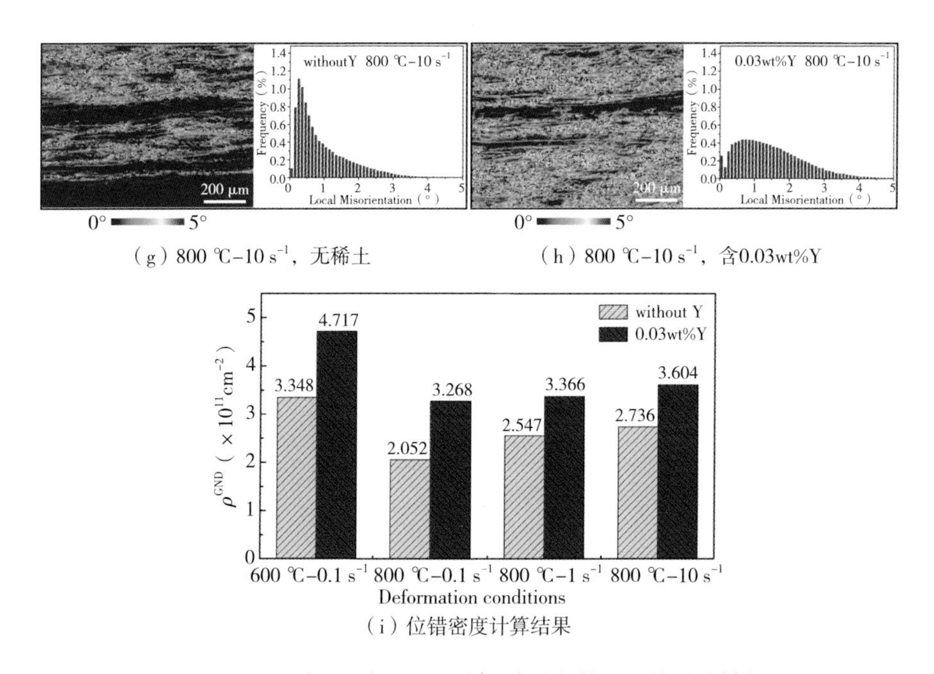

(g) 800 ℃-10 s^{-1}，无稀土 (h) 800 ℃-10 s^{-1}，含0.03wt%Y

(i) 位错密度计算结果

图 2.30 无稀土和含 0.03wt%Y 高硅钢锻坯压缩后试样的 KAM 值分布和位错密度计算结果

件下的位错密度总是比未加 Y 样品显著增加的，这从原子方面来讲是由于稀土 Y 的原子半径为 1.81 Å 大于 Fe 的原子半径（1.24 Å）约 46%，Y 原子和 Fe 原子半径差异很大，导致晶格畸变较大，位错运动阻力增大，位错堆积严重，位错密度增大。结合图 2.28 和图 2.29 可知，相同变形条件下，添加 Y 后位错密度提高，对应图 2.29 中的 B2 有序相畴尺寸减小。从图 2.28 可以看出，B2 有序区域被 APB 分割成多个区域，形成了鲜明的对比，这是因为 APB 附近的原子构型是无序的，这种无序区域的形成是从滑移面局部开始的，与形变诱导 APB 的产生有关。TEM 照片和位错密度计算结果表明，添加稀土 Y 后 Fe-6.5wt%Si 高硅钢的位错密度明显增大，导致有序结构被破坏，APB 附近的无序区域逐渐合并，原始的粗大的有序畴被细化成更小的有序畴。从图 2.28 的两种高硅钢有序相畴和反相畴界对比也可以看出，含 0.03wt%Y 样品的 B2 有序相畴得到了细化，这对变形中的塑性提高有很大的贡献。

3. 稀土钇夹杂物分析

为了进一步解释说明 Y 使高硅钢变形过程位错密度提高的现象，对 0.03wt%Y 压缩试样采用 SEM 和 TEM 进行观察。SEM 结果如图 2.31，含

0.03wt%Y 高硅钢热压缩样品（800 ℃-0.1 s^{-1}）沿着压缩方向对半切开，其切面经过电解抛光后在 SEM 下观察到大量稀土夹杂物，且大部分都聚集在晶界处，通过 EDS 能谱推断该化合物为 Y_2O_3，如图 2.31（b）和（c）所示，Y_2O_3所处位置的晶界都发生了明显的扭曲变形，因此位于晶界处的纳米级 Y_2O_3对晶界存在拖拽作用，阻碍其迁移。此外，从图 2.31（a）中还可以清晰看到大量细小的 B2 有序相畴（尺寸 100 nm 左右）和 B2 反相畴界。

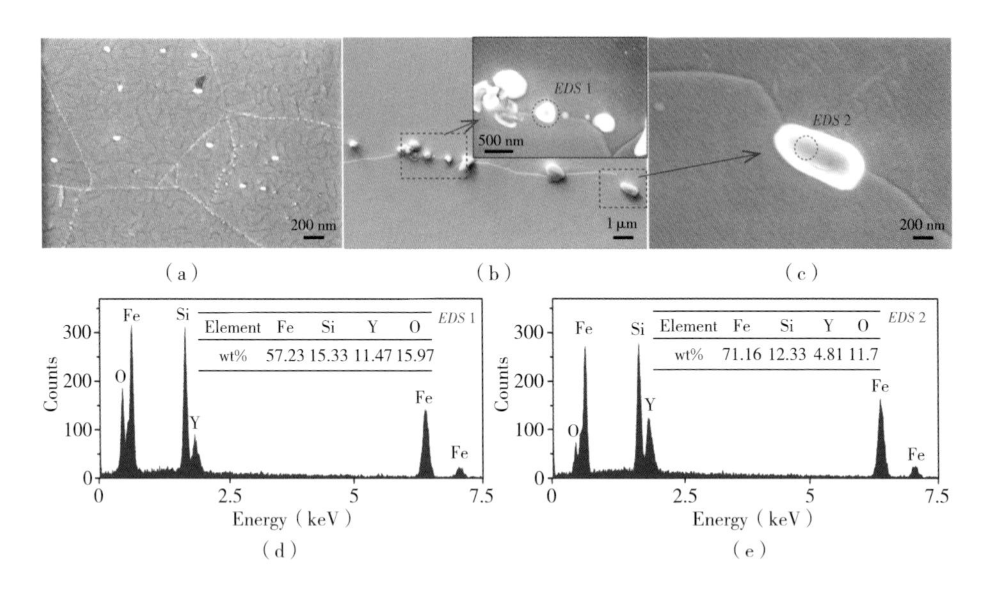

图 2.31 含 0.03wt%Y 高硅钢热压缩样品（800 ℃-0.1 s^{-1}）在 SEM 下观察到的稀土夹杂物形貌和 EDS 能谱分析

利用 TEM 在变形条件为 800 ℃-0.1 s^{-1}的 0.03wt%Y 高硅钢试样中发现了两个临近的富 Y 化合物，尺寸大约为 500 nm 和 800 nm，在 TEM 下对其进行了 EDS 点测、EDS 线扫和不同晶带轴下衍射花样拍摄，结果如图 2.32 所示，通过图 2.32（a）和（b）的 EDS 元素线扫显示该化合物中 Y 和 S 元素含量相比高硅钢基体较高，而 Fe、O 元素含量相对于高硅钢基体有所下降，故此推测其可能为 Y 和 S 结合的化合物，为了确定该富 Y 化合物的化学组成及其晶体结构，通过 TEM 得到了如图 2.32（d）和（e）所示的富 Y 化合物在不同晶带轴下的衍射斑点，根据 PDF＃89-4292 卡片标定后，最终确认该稀土相为 YS，其晶体结构及空间群为 Cubic 和 Fm-3m（225）。查相关资料可知其熔点约 1925 ℃，故其同 Y_2O_3一样在锻造前就已经存在。此外，通过图 2.32（a）中线扫时的形貌图可以很清楚地看到 YS 处于晶界处，可以阻碍晶界的迁移。

另外，由图2.32（c）可见，在YS夹杂物上存在位错结构，但这可能是由于YS随同高硅钢基体一同压缩发生变形导致YS本身产生的位错，而非材料基体产生的位错。最新研究表明，稀土Y化合物可以与材料基体位错发生交互作用，阻碍位错运动，结合以上SEM和TEM结果，细小的纳米级Y_2O_3和YS可以阻碍晶界迁移，钉扎位错，导致含Y高硅钢压缩变形时位错密度的提高，破坏有序结构，进而使得有序畴被分割细化，有利于高硅钢的塑性软化。值得注意的是，虽然稀土Y的添加提高了位错密度，但含Y样品相比无Y样品在真应力-真应变曲线上确实显示出软化现象，即峰值应力降低，尤其在低温、高应变速率下，软化作用更明显。这是因为在低温、高应变速率下，位错增殖速度更快，短时间内积累了更多位错，加剧了有序结构的破坏。尽管位错密度的提高会进一步造成加工硬化，但有序结构的破坏会逐渐降低位错反相畴界区与非反相畴基体区域能量状态的差异，这种差异的减小会降

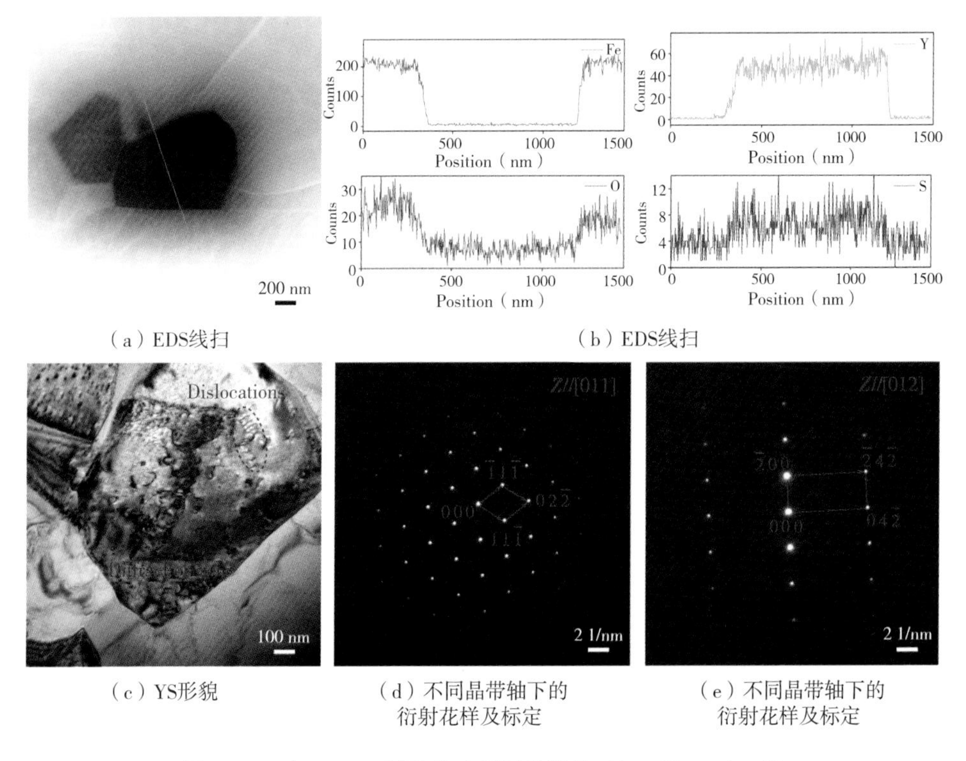

（a）EDS线扫　（b）EDS线扫

（c）YS形貌　（d）不同晶带轴下的衍射花样及标定　（e）不同晶带轴下的衍射花样及标定

图2.32　含0.03wt%Y高硅钢压缩样品（800 ℃-0.1 s^{-1}）在TEM下观察到的稀土硫化物（YS）形貌、EDS和电子衍射花样

低部分位错独立滑移的阻力，使得有序度降低引起的软化作用增强，从而降低峰值应力。通过提高位错密度来软化高硅钢，之前有大量文献可以证实。

4. CSL 晶界比例分析

如图 2.33 所示，通过 EBSD 得到 600 ℃ - 0.1 s^{-1}，800 ℃ - 0.1 s^{-1}，800 ℃ - 1 s^{-1}和 800 ℃ - 10 s^{-1}条件下高硅钢压缩样品的重合位置点阵（CSL）晶界比例及分布图。

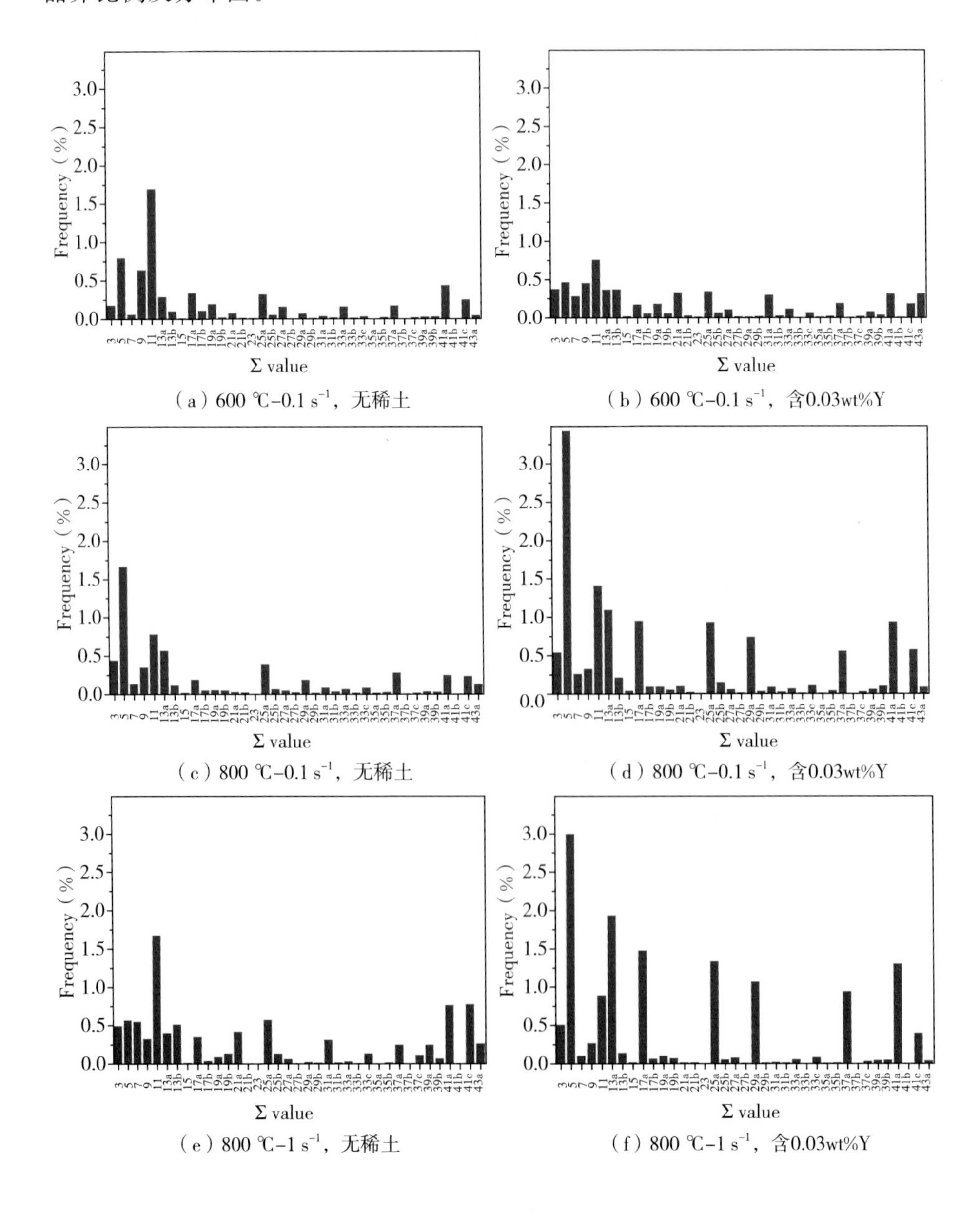

（a）600 ℃-0.1 s^{-1}，无稀土

（b）600 ℃-0.1 s^{-1}，含0.03wt%Y

（c）800 ℃-0.1 s^{-1}，无稀土

（d）800 ℃-0.1 s^{-1}，含0.03wt%Y

（e）800 ℃-1 s^{-1}，无稀土

（f）800 ℃-1 s^{-1}，含0.03wt%Y

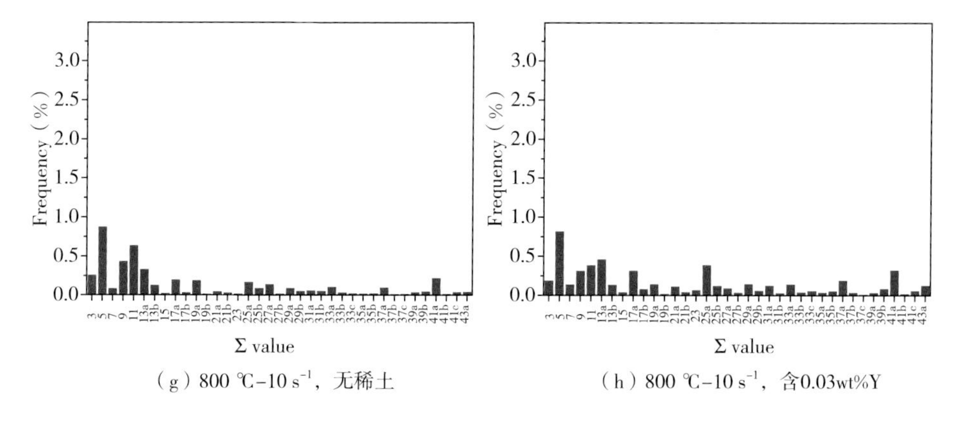

（g）800 ℃-10 s^{-1}，无稀土　　（h）800 ℃-10 s^{-1}，含0.03wt%Y

图 2.33　两种高硅钢热压缩样品在不同变形条件下的 CSL 晶界分布及比例

CSL 晶界大部分都集中在低∑CSL 晶界范围（∑≤29），含 Y 高硅钢 CSL 晶界比例均高于无稀土试样，尤其在 800 ℃和低应变速率下（0.1 s^{-1}和 1 s^{-1}）的比例提高更为明显。CSL 晶界结构单元更小、更简单，晶界能低、结合力强等特点使其具有阻碍微裂纹扩展的作用，特别是低 CSL 晶界对促进裂纹尖端的应力释放有很大影响，有利于阻碍裂纹扩展。CSL 晶界比例提高降低了晶间脆性，提高了塑性，这在热压缩金相中裂纹缺陷的减少得到了实质性的体现。

一方面，Y 使高硅钢锻坯晶粒细化，达到了细晶强化的效果，因此提高了高硅钢的塑性，另一方面，Y 形成纳米级 Y_2O_3 和 YS 等夹杂物协同晶界一同阻碍位错运动，导致位错密度提高，破坏有序结构，引起 B2 有序畴细化，改善了塑性，此外，Y 能够提高 CSL 晶界比例，尤其低 CSL 晶界，而位错容易在晶界处塞积，遇到更多低 CSL 晶界时更有利于应力释放，阻碍裂纹扩展。因此，热压缩过程中微裂纹的减少和塑性改善的原因主要为晶粒细化，变形过程中 B2 有序畴细化和 CSL 晶界比例的提高。

综上所述，Y 可以提高 Fe-6.5wt%Si 高硅钢塑性，抑制裂纹缺陷的产生和扩展，克服其固有脆性。因此，在 Fe-6.5wt%Si 高硅钢中加入适量 Y 来提高塑性是可行的。稀土 Y 与轧制法（热轧—温轧—冷轧）相结合，对促进 Fe-6.5wt%Si 高硅钢工业化生产有重要意义。

2.5　结　论

本章以无稀土和含 0.03wt%Y 的两种 Fe-6.5wt%Si 高硅钢为研究对象，通过高温拉伸实验和热压缩实验研究了稀土 Y 对 Fe-6.5wt%Si 高硅钢塑韧性的影响，并通过热压缩实验建立了高硅钢的本构方程和热加工图，为实际热轧和温轧提供理论依据，主要得到以下结论：

（1）稀土 Y 起到了细化锻坯晶粒的作用，减小了有序相畴尺寸，降低了有序度，从而降低了其硬度。含 0.03wt%Y 高硅钢在 200～800 ℃时的断裂延伸率、断面收缩率和抗拉强度均明显高于无稀土高硅钢，且在 200～600 ℃温度范围内提高更为明显，稀土 Y 对 Fe－6.5wt%Si 高硅钢增韧增塑作用可归因于晶粒细化和有序度降低。

（2）稀土 Y 提高了高硅钢在 600～900 ℃和 0.01～10 s^{-1}变形条件范围内的平均热变形激活能，明显缩小了失稳区，扩大了安全区，很大程度上抑制了微裂纹的扩展，提高了高硅钢的塑性。一方面是因为热压缩前含 Y 锻坯的晶粒更为细小，起到了细晶强化的作用，另一方面，Y_2O_3 和 YS 等细小夹杂物能够钉扎晶界和位错，强化晶界和阻碍位错运动，提高位错密度，破坏有序结构，进而细化有序相畴，有利于塑性软化。此外，稀土 Y 提高了 CSL 晶界比例，有利于裂纹尖端应力释放，进而阻碍裂纹扩展，对塑性提高也起到了一定的作用。

稀土钇对 6.5%Si 高硅钢组织性能的影响

3.1　概　述

3.1.1　稀土对电工钢磁性能的影响

6.5wt%Si 合金是一种优良的软磁材料，具有高磁导率、低矫顽力和近零磁滞伸缩，和普通无取向硅钢磁感相比，饱和磁感更低，磁感应强度有待提高，因此，人们致力于高磁感、低铁损高硅钢的研究和开发。许多因素都会影响无取向电工钢的磁性能，如化学成分、杂质、夹杂物、晶粒尺寸和织构等。杂质和夹杂物对磁性有害，一方面能直接阻碍磁畴运动，另一方面在成品退火过程中细化晶粒尺寸而间接影响磁性。硫和氧是电工钢中有害的杂质元素，降低硫和氧是改善磁性能的重要手段，而稀土元素与硫和氧有很强的化学亲和力，容易形成高熔点氧化物、氧硫化物和硫化物。前期研究通过高硅钢中添加微量稀土 Y，降低了 Fe－6.5%Si 合金有序度，提高了塑韧性。基于增韧增塑轧制法成功制备出了 0.2 mm 厚稀土 Y 高硅钢薄板带，带钢边裂明显减少，成材率提升。在此基础上探索了高硅钢中最合适的稀土 Y 含量，进一步提升磁感并降低铁损，提出稀土 Y 高硅钢组织织构优化策略，阐明稀土高硅钢磁性能优化调控机理，为开发韧塑性与磁性能兼顾的稀土 6.5wt%Si 高硅钢薄板带制备技术提供理论支撑。

3.1.2　稀土对电工钢组织的影响

稀土具有净化作用、变质作用、微合金化和细晶强化的作用。在电工钢中形成的夹杂物对晶粒长大不仅会有阻碍作用，同时会产生晶格畸变，阻碍磁化过程，对磁性能产生不利影响。夹杂物密度越低，最终成品晶粒尺寸增加，获得的铁损就越低，由于高硅钢对于晶粒尺寸有一定的要求，所以对于稀土添加量有一个合适范围。一定量的Ce能够减少夹杂物的数量，降低夹杂物的密度，特别是尺寸较小的夹杂物，同时使得夹杂物粗化，抑制MnS的析出。采用混合稀土镧和铈来控制夹杂物，在稀土含量达到0.6～0.9 kg/t时，净化作用最优，夹杂物粗化，呈现出圆形及椭圆形状的形貌，因此，加入一定量的稀土起到减少夹杂物的作用。有研究表明，在钢中通过添加0.0078%的La改善了钢中夹杂物的分布，抑制硫化锰的弥散析出，减弱了其对晶界的钉扎作用，从而提高了冷轧板退火过程的再结晶驱动力，促进了再结晶晶粒的形核和长大。

3.1.3 稀土对电工钢织构的影响

稀土可以净化钢液、减小夹杂物数量，进而减弱{111}面不利织构强度，同时还能对剪切带的数量产生影响，进而影响各个织构组分的占比，对最终磁性能产生影响。关于稀土含量（0～0.45%质量分数）对0.5 mm退火的冷轧无取向硅钢织构分布的影响研究中，稀土含量在0.006%～0.010%对磁性有利的{110}<001>、{001}<010>织构组分增强，对磁性不利的{111}面织构组分减少，此时磁性能最优。Ce的加入使不利织构{111}面织构密度水平下降，同时Ce对{100}面织构的影响要比{110}面织构大，对磁性能起到了改善作用。添加La同样可以改变有利织构的占比来改善磁性能，在无取向硅钢中随La含量增加，{001}<110>、{111}<110>和{111}<112>织构的强度增加，La含量为0.0066%时，{110}<110>织构强度最强，而{112}<110>织构强度最弱。同时添加La和B，含La量为0.0055%的钢晶粒尺寸最大为31.84 μm，与不含La和B的钢相比，含0.0050%La和0.0041%B的钢的{100}和{111}织构强度较强，而{112}<110>织构强度较弱。含0.0055%La的样品具有最强的{100}和{111}织构，最弱的{112}<110>织构，因此具有最低的铁损和最高的磁感。

3.2 稀土钇对6.5%Si高硅钢薄板组织与织构的影响

采用轧制法制备高硅钢薄板，经历了从克服其本征脆性、不断改进加工及热处理工艺对其增韧增塑、到通过织构优化控制来提高磁性能的发展过程。

通过微合金化、淬火保留无序结构、引入温轧以及形变软化的方法提高其韧塑性。基于轧制法，可以充分利用组织与织构的遗传特性，对形变及再结晶织构进行优化控制。具体工艺流程如下：锻坯→热轧→常化→温轧→中间退火→冷轧→成品退火。在轧制过程之中为了保证其加工性能，试样在常化及中间退火过程采用油淬的方式。成品退火阶段采用空冷的冷却方式，本章以不同稀土 Y 含量的高硅钢热轧板为研究对象，分析其在常化一温轧一中间退火一冷轧一成品退火工艺过程中组织织构特征，揭示稀土 Y 对高硅钢薄板组织织构遗传演变的影响规律。

实验材料为五种不同 Y 含量（0Y、0.0056%Y、0.012%Y、0.023%Y、0.03%Y）的 Fe-6.5wt%Si 高硅钢，采用真空感应熔炼并浇铸出五个不同稀土含量的铸锭，随后将五个铸锭在 1050～900 ℃的温度范围内分别锻造成 70 mm（宽）×20 mm（厚）的锻坯，利用实验室配备的线切割机分别切成 100 mm（长）×70 mm（宽）×20 mm（厚）的长方体试样，采用电感耦合等离子体-原子发射光谱法（ICP-AES）所测得的五个试样的具体成分见表 3.1 所列。

表 3.1 Fe-6.5wt%Si 高硅钢铸锭化学成分（wt%）

编号	Si	Y	C	S	N	O	Fe
0#	6.5	—	0.0043	0.0034	0.0021	0.0030	余量
1#	6.5	0.0056	0.0042	0.0032	0.0021	0.0030	余量
2#	6.5	0.012	0.0041	0.0029	0.0020	0.0029	余量
3#	6.5	0.023	0.0039	0.0027	0.0020	0.0029	余量
4#	6.5	0.030	0.0040	0.0026	0.0019	0.0029	余量

3.2.1 常化组织与织构

图 3.1 为四种不同稀土 Y 含量高硅钢 900 ℃常化板。从图 3.1 中可以看出，除 Y 含量为 0.0056wt%试样外均呈现出明显拉长扁平长条状晶粒，同时组织呈现一定的梯度，次表层和中心层为拉长的变形组织，相比之下 0.0056wt%Y 试样的组织相对其他三种成分较均匀呈现出等轴晶粒，可能是由于在此稀土含量下净化钢液的作用，晶粒长大速率更快而形成等轴晶粒。

图 3.2 为经过 EBSD 扫描得到的常化板，轧向侧面（RD-ND 面）的 IPF 图、部分取向晶粒（γ、λ、η）图和 $\varphi_2=0°$、$\varphi_2=45°$截面 ODF 图，根据图

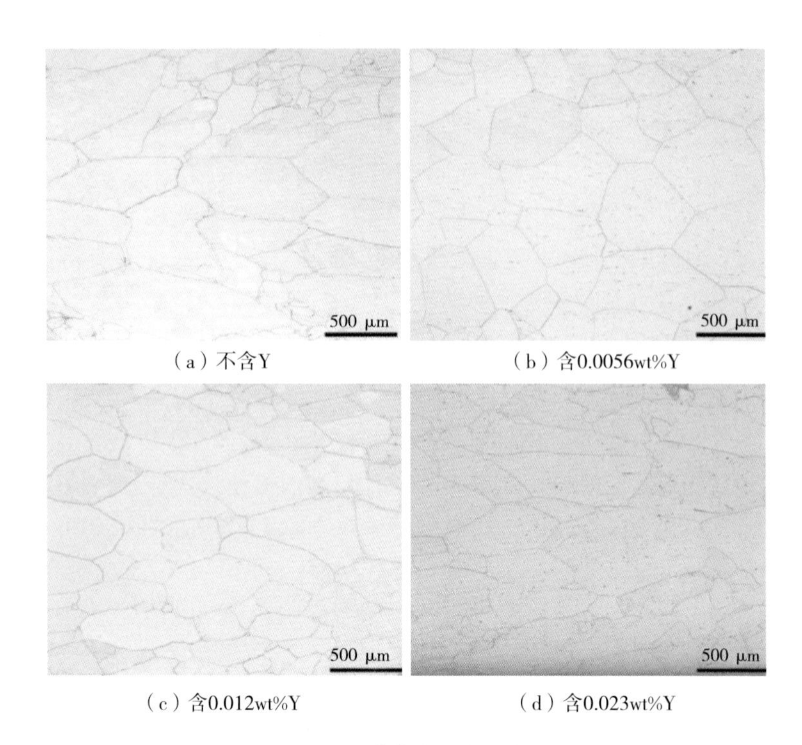

（a）不含Y （b）含0.0056wt%Y

（c）含0.012wt%Y （d）含0.023wt%Y

图 3.1 常化板金相组织

3.2 可以看出，四种成分下的组织相对均匀，在表层和次表层部分出现一些细小的等轴晶粒，由于在轧制变形过程中，表层和次表层主要受到剪切变形作用，储能较大区域在退火中优先形核形成细小的晶粒，中心部位主要通过压缩变形作用形成的组织相对均匀。织构组分图表明，随着稀土 Y 含量的升高，γ 织构（蓝色部分）先逐渐增加，当 Y 含量为 0.023wt%时降至最低，同时 λ 织构（粉色）在无稀土时占比最高，η 织构（红色）含量在 0.023wt%Y 时占比最高。

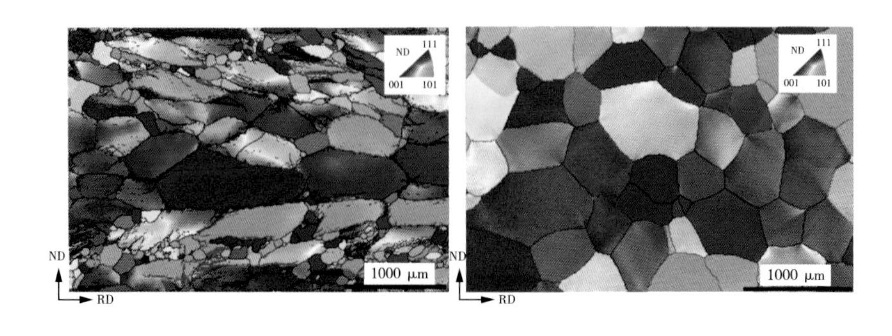

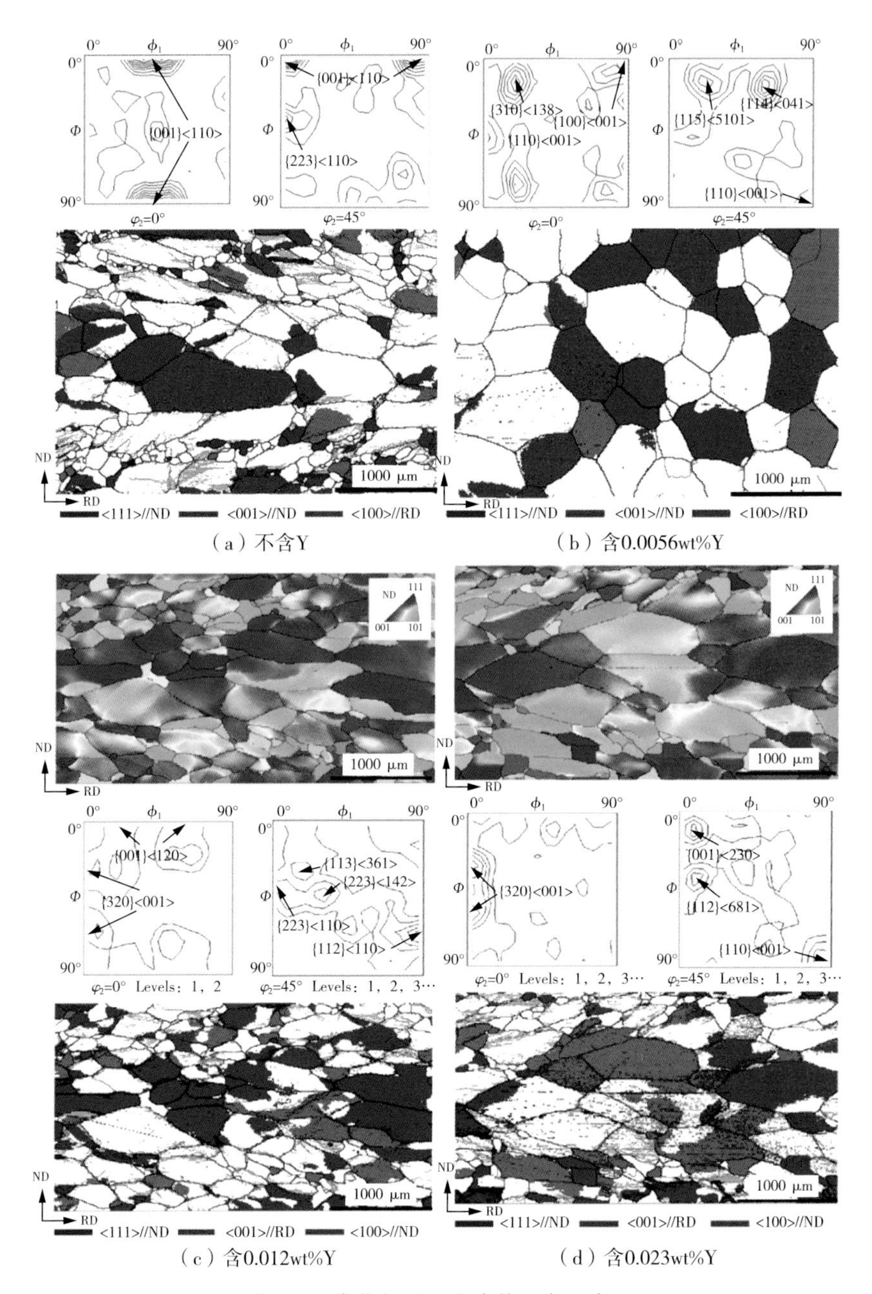

（a）不含Y　（b）含0.0056wt%Y

（c）含0.012wt%Y　（d）含0.023wt%Y

图 3.2　常化板图（允许偏差角 15°），
部分取向晶粒（γ、λ、η）图、φ_2=0°和 φ_2=45°截面 ODF 图

为了更直观反映稀土对织构的影响，图 3.3 给出了 α、γ、λ 和 η 织构的取向线密度图。从 α 取向线看，不加稀土 Y 试样含有较高含量的 α 织构，其中 {001} <110>织构组分强度最高为 7.0，{112} <110>织构组分强度为

5.9，{223}<110>织构组分强度为4.4，其他3个稀土成分试样α织构的含量很低，最大强度不超过2.0，显而易见添加稀土后织构总体强度明显被削弱；从γ取向线看，常化板γ织构含量相对较低，根据变化趋势表明，稀土Y添加增强了γ织构的强度；含稀土试样中{111}<341>织构组分强度最大，最高为2.8；从λ取向线看，同样是不含稀土试样的{001}含量最高，不含稀土试样中{001}<230>织构组分强度达到8.0；由η取向线可见，当Y含量逐渐增加时，η织构的含量逐渐升高，Y含量为0.023wt%时，{210}<001>织构强度出现峰值为5.9。

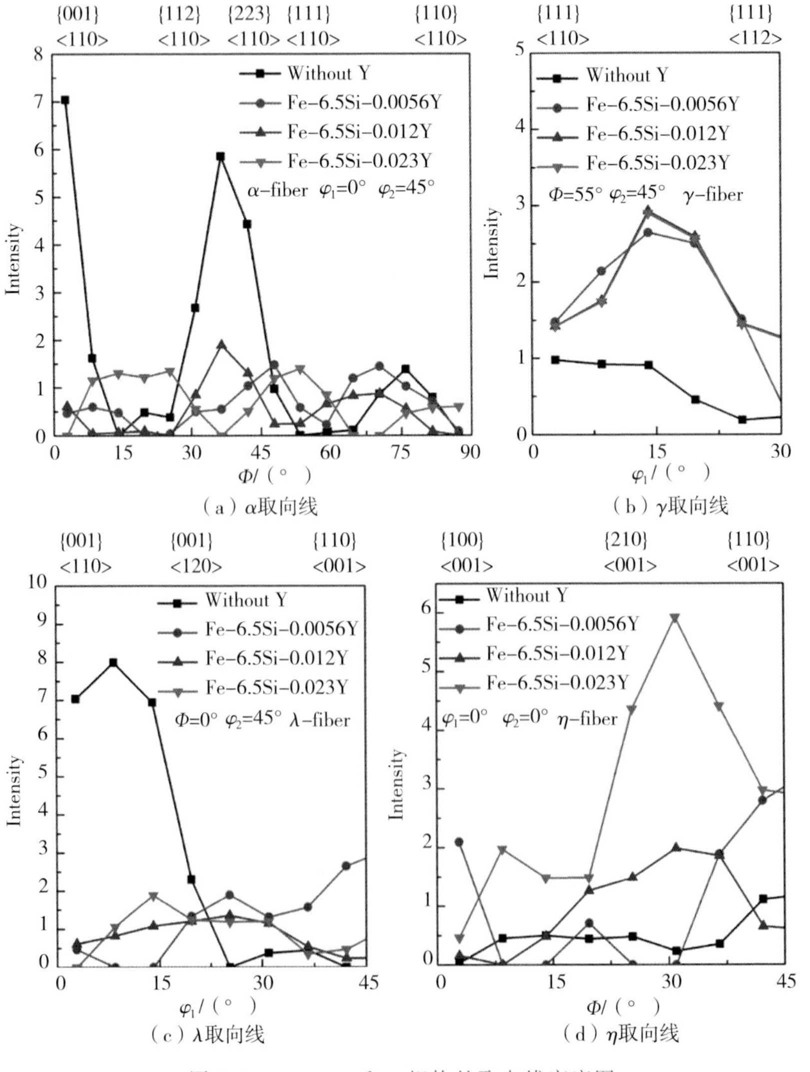

图3.3 α、γ、λ和η织构的取向线密度图

3.2.2　温轧组织与织构

图3.4为四种不同含量稀土成分的高硅钢温轧板金相组织。根据图3.4（a）～（d）四种成分下的金相组织中均显示出明显的剪切带，随着稀土含量的升高剪切带的形状和数量发生了不同程度的变化，不含Y和含0.0056wt%Y两组试样剪切带与轧制方向所形成的角度较小，大约在5°～10°的范围内，当Y含量进一步升高，剪切带与轧制方向所形成的角度增大，大约为20°～35°的范围。同时还可以看出Y含量越高，剪切带的数量和尺寸明显更多更长。

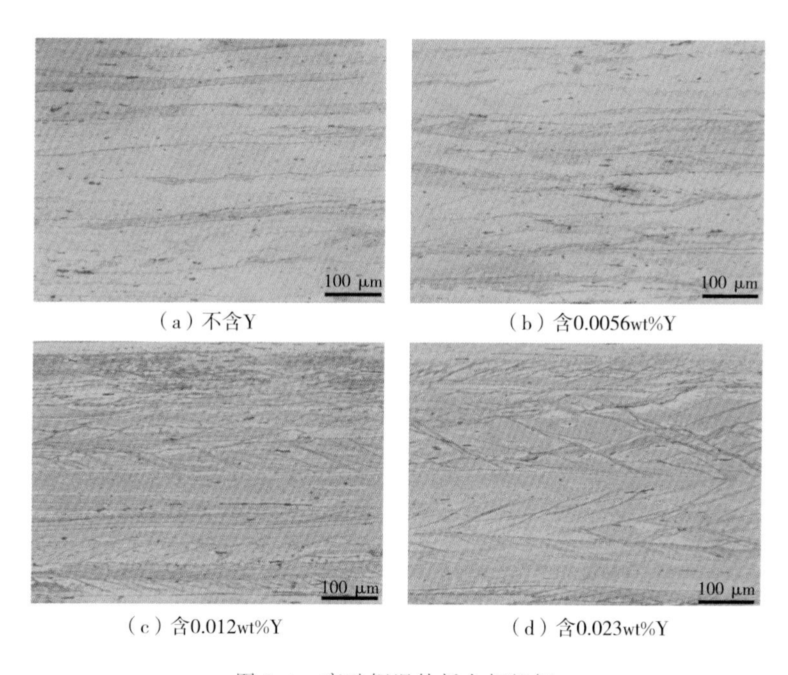

（a）不含Y　（b）含0.0056wt%Y
（c）含0.012wt%Y　（d）含0.023wt%Y

图3.4　高硅钢温轧板金相组织

图3.5与图3.6为温轧板菊池带衬度图、IPF图、$\varphi_2=45°$截面ODF图、{200}极射赤面投影图，IPF图和菊池带衬度图可以更加直观反映出剪切带的形貌。可以看出，温轧板织构的主要类型为α织构和γ织构，唯一不同的是在稀土含量为0.012wt%时形成了旋转立方织构。IPF图中可见较少的λ织构，Y含量为0.012wt%的试样中λ织构强度相对于其他三个成分试样较高，在不含稀土Y和含0.023wt%Y试样中λ织构含量微乎其微。γ取向线分布表明，在稀土含量较低的条件下形成的γ织构取向度均出现了一定偏差，不含Y的试样中含有较多的{111}<143>，同时还形成了偏离一定角度的{332}<023>织构组分，Y含量为0.0056wt%时同样也产生了一定角度的偏

差，形成了{332}<133>织构组分。进一步升高稀土Y的含量，偏离γ织构取向度减小，0.012wt%Y试样中γ织构仍有微量偏差，但以{111}<110>和{111}<112>织构组分为主。当Y含量达到0.023wt%时，此时偏离γ织构的其他组分消失，仅含有单一的γ织构组分，为{111}<110>织构。综上所述，在温轧过程中，剪切带组织主要由γ织构和α织构以及微量的λ织构组成，Y含量的增加能够减少γ织构取向偏离度，形成取向较正的γ织构。

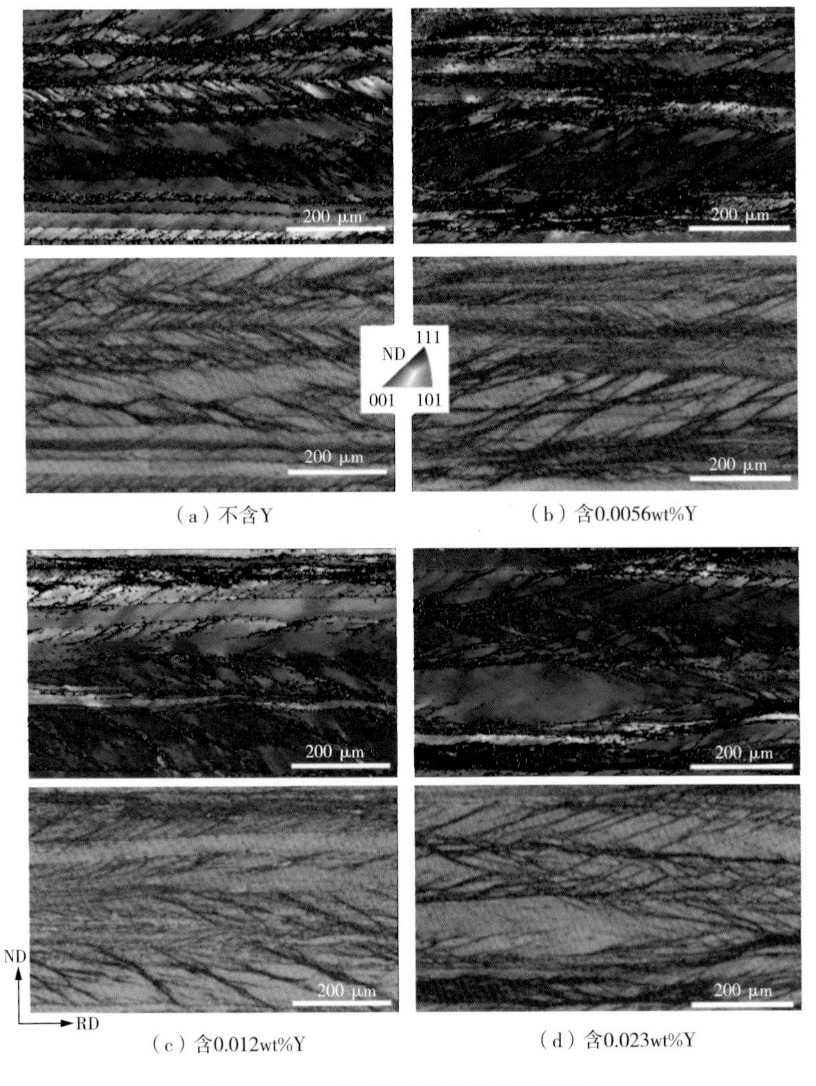

图3.5 温轧板菊池带衬度图与IPF图

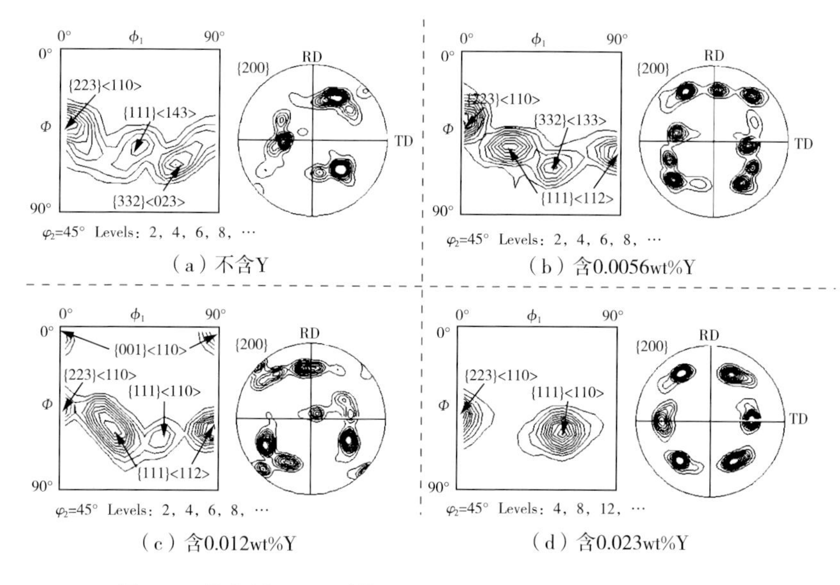

图 3.6　温轧板 $\varphi_2=45°$截面 ODF 图、{200} 极射赤面投影图

为了直观反映稀土 Y 对高硅钢温轧板织构的影响，图 3.7 定量给出了 α 和 γ 织构取向线密度分布图。从图（a）中可以看出，α 织构的峰值均出现在 {223} <110>～{111} <110>织构组分附近，稀土 Y 含量为 0.023wt%时的最大织构强度为 46.3，相比于无稀土、0.0056wt%Y、0.012wt%Y 试样的最大强度 18.2、25.0 和 12.8 要大得多；从 γ 取向线看，γ 织构呈现类似的结

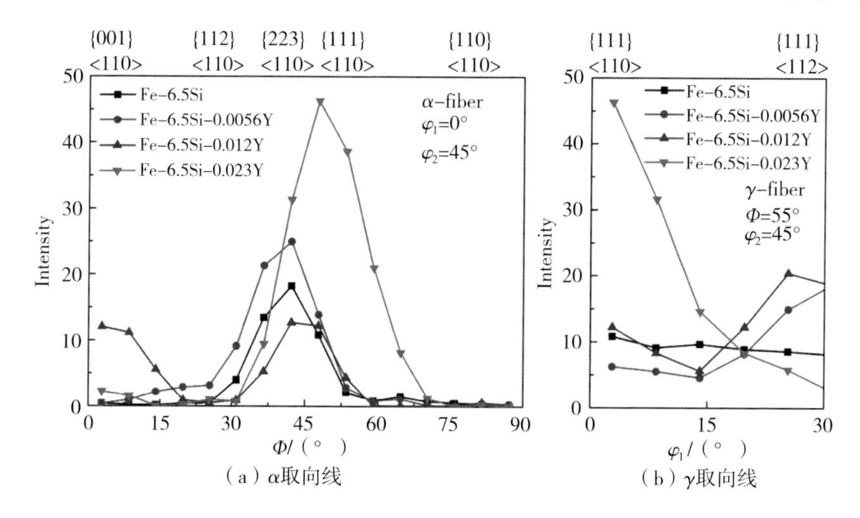

图 3.7　α 和 γ 织构取向线密度图

果，同样在 0.023wt%Y 试样中强度最大，且 {111} <110>织构强度达到 46.2，不加稀土 γ 取向变化趋势平稳，0.0056wt%Y 和 0.012wt%Y 两组试样的峰值均出现在 {111} <112>附近，强度分别为 18.2 和 20.4，反映了稀土 Y 的添加提高了 γ 织构含量。

为了研究稀土 Y 对剪切带的影响机理，对两块温轧板的纵截面电解抛光以后在 SEM 下观察组织形貌，如图 3.8 所示。由图 3.8（a）和（b）对比可以发现含稀土 Y 的温轧板剪切带确实更大更长，通过形貌观察发现不含 Y 温轧板剪切带内部相对洁净，而含 Y 温轧板剪切带内存在大量大小不一的球状/椭球状富 Y 夹杂物。由能谱图可知除了存在 Fe 和 Si 以外，还存在较多的 Y 和 O 元素，可初步判断剪切带内的富 Y 夹杂物为 Y_2O_3，相比未加 Y 试样，Y_2O_3会使得位错运动进一步受阻，尤其尺寸更小的稀土夹杂物钉扎力更强，位错不能及时实现外载荷所强制推动的瞬时大应变量，铁素体多晶体会选择以瞬时塌陷方式进行塑性变形，稀土 Y 的钉扎作用阻碍位错运动而加剧了这一过程，这就导致了更大更多的剪切带。其中 0.03wt%Y 的加入阻碍高硅钢塑性变形过程中位错运动这一现象在前文热压缩实验中得到了验证。

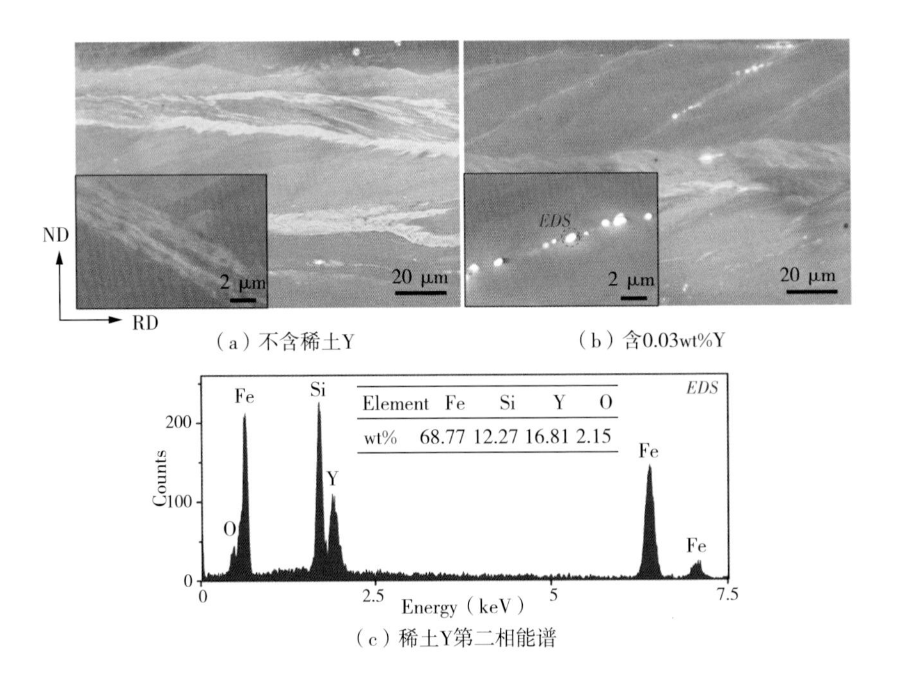

（a）不含稀土Y （b）含0.03wt%Y

（c）稀土Y第二相能谱

图 3.8 温轧板在 SEM 下剪切带形貌和稀土相能谱

3.2.3　中间退火组织与织构

图3.9为温轧退火板金相组织，图3.10为经过EBSD统计950 ℃中间退火板晶粒尺寸分布及平均再结晶晶粒尺寸，扫描步长为10 μm。由图3.9和3.10可以看出，经过退火后四种成分下的试样的平均晶粒尺寸分别78.5、128.1、114.7、110.8 μm；表明随着稀土含量的升高，晶粒尺寸先增加后降低。根据晶粒尺寸分布图可以看出，不添加稀土试样的晶粒尺寸大多数集中在40～70 μm，添加稀土后大晶粒逐渐增加，表明添加合适的微量稀土Y能促进晶粒长大。

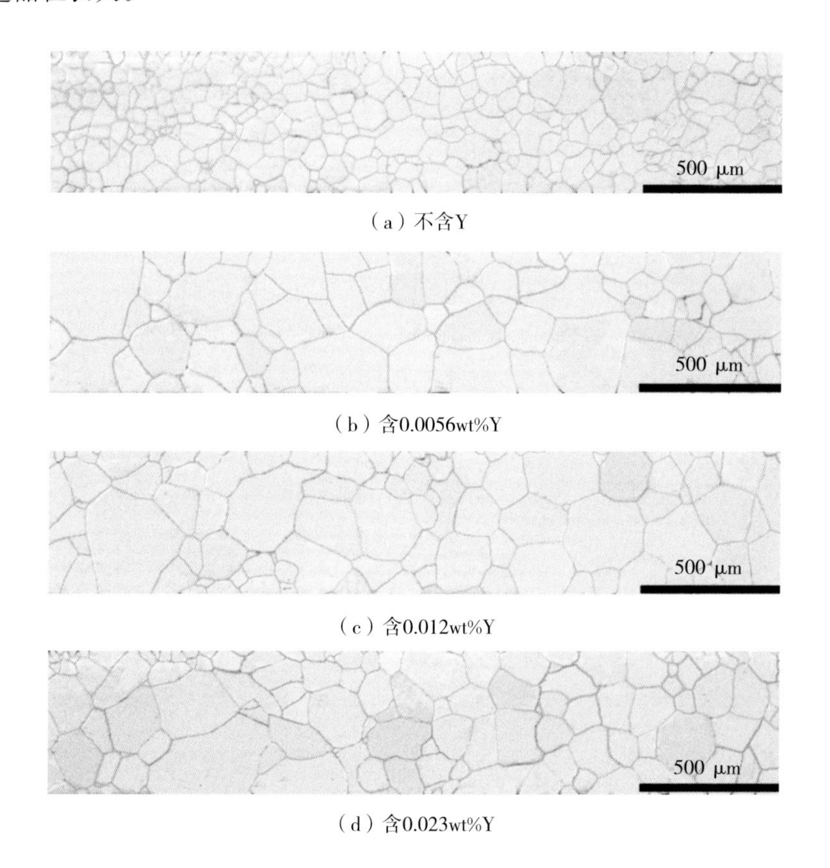

(a) 不含Y

(b) 含0.0056wt%Y

(c) 含0.012wt%Y

(d) 含0.023wt%Y

图3.9　中间退火板金相组织

图3.11为由EBSD得到的中间退火板IPF图和γ、λ和η织构组分图（允许偏差角15°）和ODF图（$\varphi_2=45°$和$\varphi_2=0°$）。根据ODF图可以看出，在退火板中主要的织构类型包括：α^*、γ、λ和η织构，对于无稀土试样而

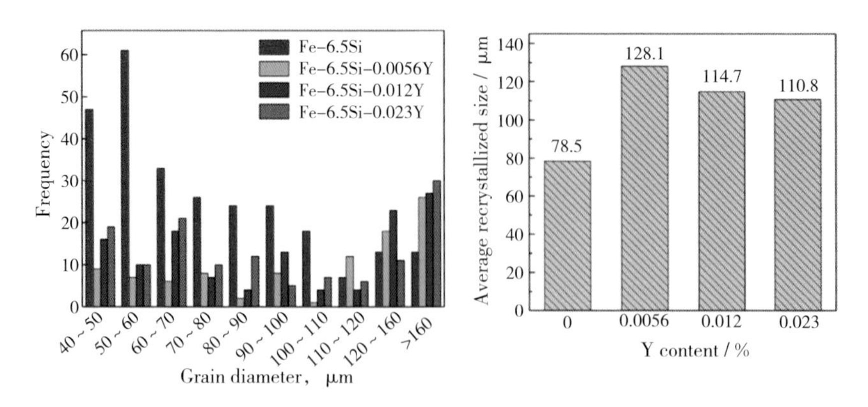

图 3.10　中间退火板晶粒尺寸及平均晶粒尺寸分布图

言，织构总体强度相对弱于其他三组试样，α* 织构强度占主导。对于 0.0056wt%Y 试样，含有很强的 {100} <041>织构；而含有 0.012wt%Y 试样中除具有很强的 λ 织构和中等强度的 α* 织构外，同时形成了一定强度的 γ 织构（仅含有 {111} <112>）。对于 η 织构而言，不含稀土试样中的强度较弱且仅为 {210} <001>织构，而 0.0056wt%Y 试样中 {210} <001>织构强度得到增强。不同的是 0.012wt%Y 试样中形成了强立方织构，在 0.023wt%Y 试样中产生类似的结果，此外还形成了 {320} <001>织构和 {110} <001>（Goss）织构。

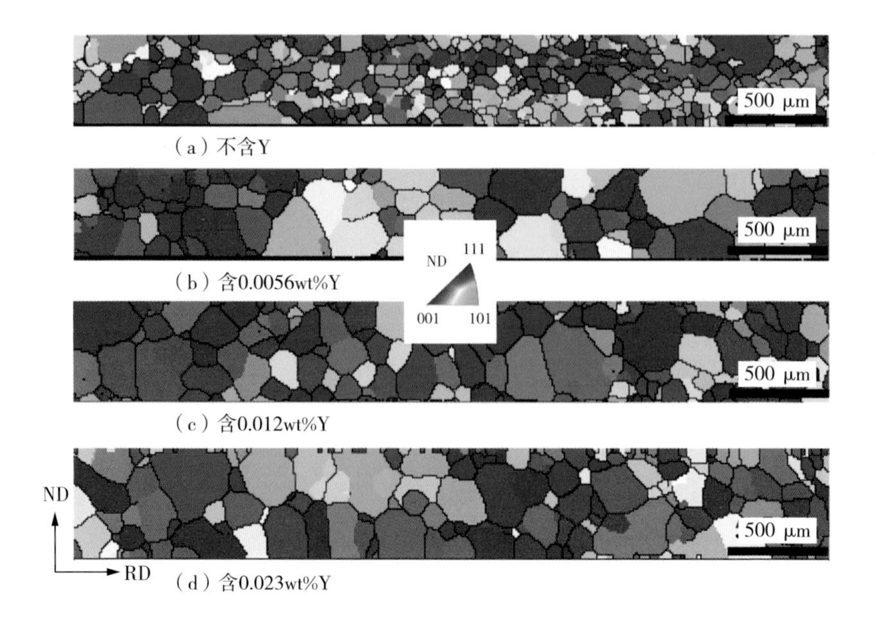

（a）不含Y

（b）含0.0056wt%Y

（c）含0.012wt%Y

（d）含0.023wt%Y

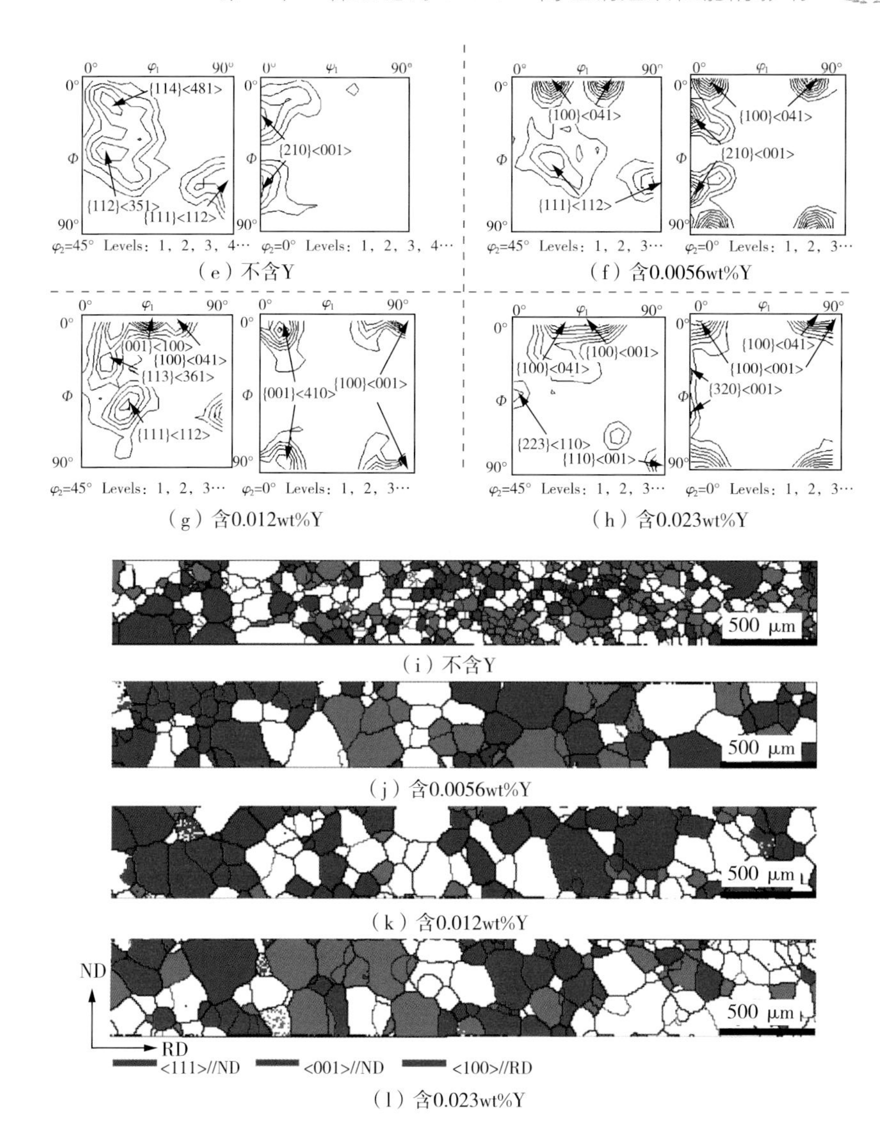

（e）不含Y　（f）含0.0056wt%Y

（g）含0.012wt%Y　（h）含0.023wt%Y

（i）不含Y

（j）含0.0056wt%Y

（k）含0.012wt%Y

（l）含0.023wt%Y

图 3.11　中间退火板的 IPF 图、织构组分图和 ODF 图（φ_2＝45°和 φ_2＝0°）

总之，四组试样经过退火后含有的 4 种类型织构含量各不相同。相关研究表明，在温轧板退火过程中，α^* 织构（{h11}＜1/h，1，2＞）会在以 α 织构（{001}＜120＞～{111}＜110＞）为代表的形变织构附近形核，而形变 γ 织构可以为其他织构提供形核位点，部分形变 γ 织构转化为再结晶 γ 织构，而剪切带处则为 η 织构形成提供优先形核地点，因此含 0.023wt%Y 试样由于剪切带尺寸和数量的优势更容易获得强的 η 织构。同时在添加稀土的三组试样中均发现具有很强的{100}＜041＞织构，说明形变的 γ 织构和 α 织构能够促进形成｛100｝＜041＞织构。图 3.11（i）、（j）、（k）、（l）可以反映出，η 织构强度随着稀土 Y 含量增加而增加，在稀土 Y 含量为 0.023wt%时，η 织构强度最高，γ 织构强度最低。

图 3.12 为中间退火板 λ、γ、η、α 和 α* 取向线密度分布图，从 λ 取向线看，添加稀土后增强了 λ 织构的总体强度，在稀土 Y 含量为 0.0056wt%时具有很强的｛100｝＜041＞织构，强度为 10.2，而在 0.012wt%Y 和 0.023wt%Y 试样中具有较强的立方织构。对于 γ 织构而言，｛111｝＜110＞和｛111｝＜112＞由于两者存在较大的取向差关系，当｛111｝＜110＞和｛111｝＜112＞这两个取向之间的取向差接近 30°，更容易形成易于迁移的大角度晶界，此时优先具有形核优势并长大的晶粒容易吞并另外一个晶粒，γ 织构由此而形成。

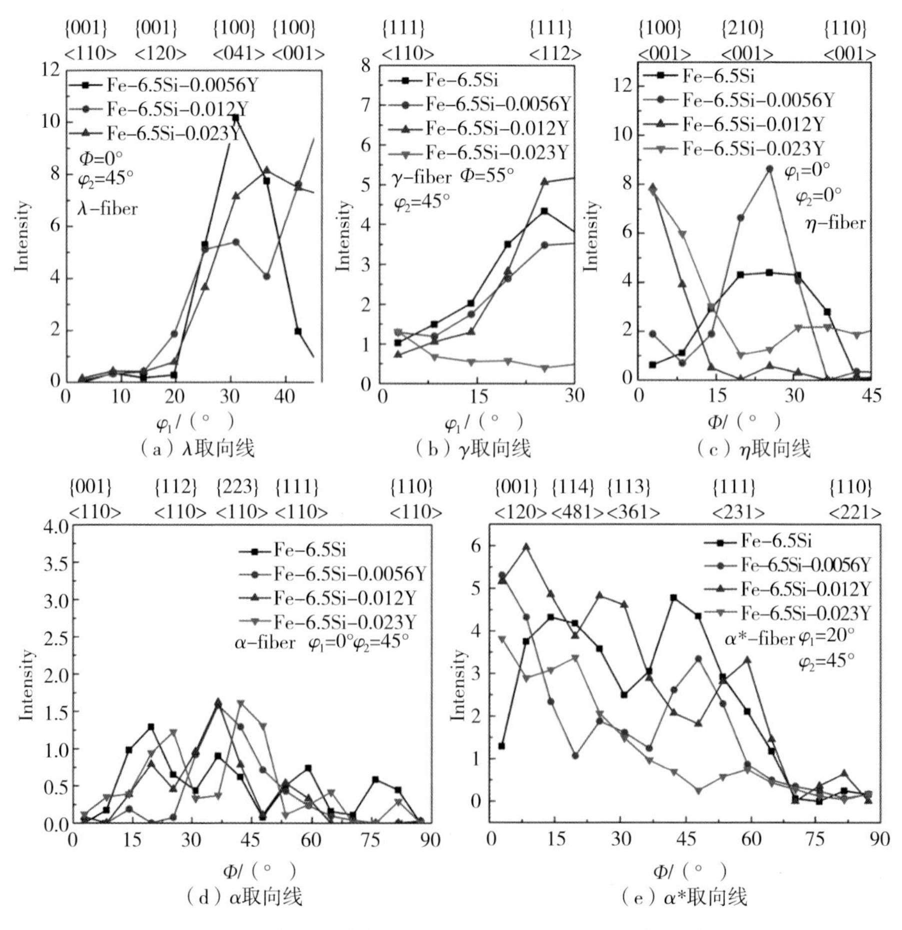

图 3.12 中间退火板 λ，γ，η，α 和 α* 取向线密度分布

随着稀土Y含量的增加，η结构强度呈现出总体增强的趋势，在0.0056wt%Y时强度达到最大，以{210}＜001＞织构为主，强度为8.6，而在0.012wt%Y和0.023wt%Y试样中以立方织构强度最大分别为7.8和7.7。在四组不同稀土Y样品中，尽管0.0056wt%Y试样具有最强的η织构，但γ织构强度较大，而0.023wt%Y试样因具有更低的γ织构，同时产生了Goss织构，得益于剪切带在数量和尺寸上的优势。对于α织构而言，经过退火后的四组试样均有较低的强度，但相对于不含稀土试样，添加稀土后α织构强度均得到了提升。在中间退火板中，α*织构是典型的织构，在稀土Y含量为0.023wt%时具有最低的强度。Y含量为0.012wt%时以{001}＜120＞～{113}＜361＞为主α*织构的含量最高，除不含稀土试样外，其他三组试样变化趋势类似，均以{001}＜120＞织构强度最大，分别为5.3、6.0、3.8。

综上所述，温轧板经过退火后，稀土含量为0.0056wt%时，{210}＜001＞织构组分得到增强，0.012wt%Y和0.023wt%Y试样中则产生强的立方织构，同时γ织构在0.023wt%Y试样中得到了很大的削弱，而α织构虽然总体强度较弱，但在添加稀土后均得到了一定的加强。对于α*织构则在添加稀土后，变化趋势一致，在0.012wt%Y样品中则是以{001}＜120＞～{113}＜361＞为主α*织构占比最高。

图3.13为EBSD统计得到的四种成分的中间退火板的再结晶比例及大小角度晶界比例。从图3.13（a）中可以看出四种稀土含量的退火板的再结晶程度分别为：89.2%、95.4%、96.2%、96.6%，呈现逐渐升高的趋势。结合温轧过程，随着稀土含量的升高，剪切带的数量随之增多，更多的剪切带为退火过程中再结晶晶粒提供更多的形核位点，因此晶粒尺寸随着稀土的升高

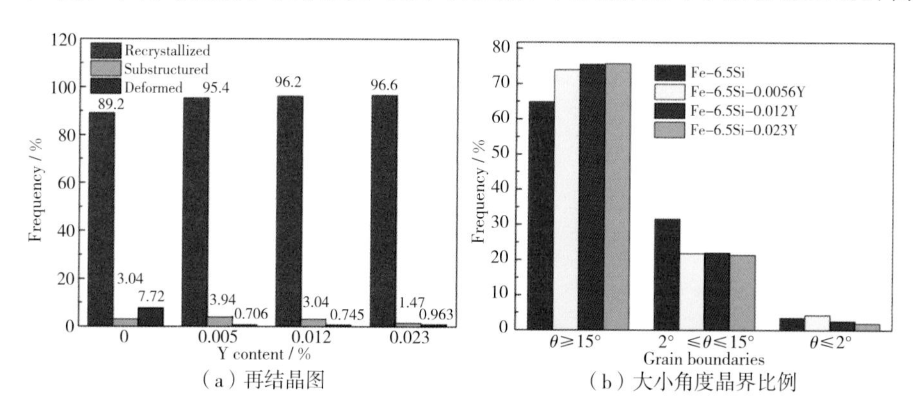

（a）再结晶图　　（b）大小角度晶界比例

图3.13 中间退火板再结晶比例及大小角度晶界比例

呈现下降的趋势。另外统计了大、小角度晶界比例，图 3.13（b）中表明，$\theta \geqslant 15°$不含稀土试样的晶界占比仅为 64.9%，添加稀土后差距并不是特别明显，其他三组织试样分别为 74%、75.5%、75.7%，反映添加稀土后相邻晶粒的取向差增大。晶界的界面能和取向差有关，对于取向差较大的大角度界面能高，因此可动性也高，而小角度晶界的界面能低，界面移动的驱动力小，因此界面移动的速度也低。

3.2.4 冷轧组织与织构

图 3.14 为 0.2 mm 厚冷轧板菊池带衬度图、IPF 图、$\varphi_2=45°$截面 ODF 图，由图 3.14 可以看出，不加稀土试样所含的剪切带的数量和尺寸均最小。稀土 Y 含量为 0.0056wt%时，可以明显看出剪切带的尺寸偏大，且与轧制方向呈现一定的角度（大约 35°），含量为 0.023wt%Y 的试样中可以看到少数部分为较大的剪切带，呈现大约 35°的角度范围，大部分为密度分布较大的细小条带组织（宽约为 1 μm）。而在 0.012wt%Y 的试样中不同于其他三组试样，剪切带的尺寸小于 0.0056wt%Y 的试样，数量和密度最大，数量较多且较为粗大的剪切带为随后退火过程中 η 取向晶粒的形核提供了有利的条件。实验结果表明，剪切带的数量和尺寸受到稀土添加量的影响，而稀土的添加通过改变组织结构来影响剪切带的形成。通过前人的研究可以归纳剪切带的影响因素包括：晶粒尺寸的大小、层错能的大小等。当材料在轧制过程中，变形初期由于受到轧辊的压应力开始产生塑性变形，随着压下量不断增大，晶体开始发生转动，逐渐向 γ 取向线附近靠近，因此冷轧织构含有较高的<111>//ND 织构。晶粒逐渐由软取向转化为硬取向，在所有的样品中，低储能的平滑变形带（轻度蚀刻区域）和高储能的粗糙晶粒（深色蚀刻区域）都能被识别。随着轧制温度的升高，晶粒破碎程度、剪切带密度和晶界密度逐渐增加。

从图 3.14（a）～（d）和（e）～（h）中可以发现，随着稀土含量变化。织构类型均发生了变化，在无稀土试样中主要以 α 织构和 γ 织构为主。根据图 3.15 显示，{223}<110>的织构强度为 6.8，{111}<110>的强度为 4.9，随着稀土含量的增加，可以明显看出 α^* 织构得到了很大程度的提升。在 0.0056wt%Y 试样中，以{112}<351>为主的 α^* 织构表现出了最大强度，而{111}<110>织构的强度仅为 18.9。根据图 3.14（b）中的 IPF 图颜色分布也可以看出含有较浅的蓝色部分（γ 织构），和较大面积的粉色部分

（α^* 织构），相对于其他三个成分试样而言，0.0012wt%Y 试样含有较强的 λ 织构，图中可以直观反映红色部分占绝大部分（λ 织构和 η 织构），主要的织构包括：α 织构、α^* 织构、γ 织构和 λ 织构，总体强度相差不大。其中 γ 织构所包含的｛111｝＜112＞织构强度为 5.1，而以｛114｝＜481＞为主 α^* 织构强度为 6.9，α 织构中的｛112｝＜110＞强度最大为 8.1，而在 λ 织构中所含的｛001｝＜140＞织构强度为 4.9，同时立方织构的强度也达到了 3.4，最后在 0.023wt%Y 试样中则含有极高的 γ 织构，主要以｛111｝＜112＞为主，强度为 12.7。存在一定的（允许误差±5°）偏离 γ 织构的｛111｝＜341＞取向，织构强度为 8.1，同时也含有较弱的 α^* 织构，总体织构强度不大。除此之外，还有较弱强度的以立方织构为主的 λ 织构，强度为 3.1。

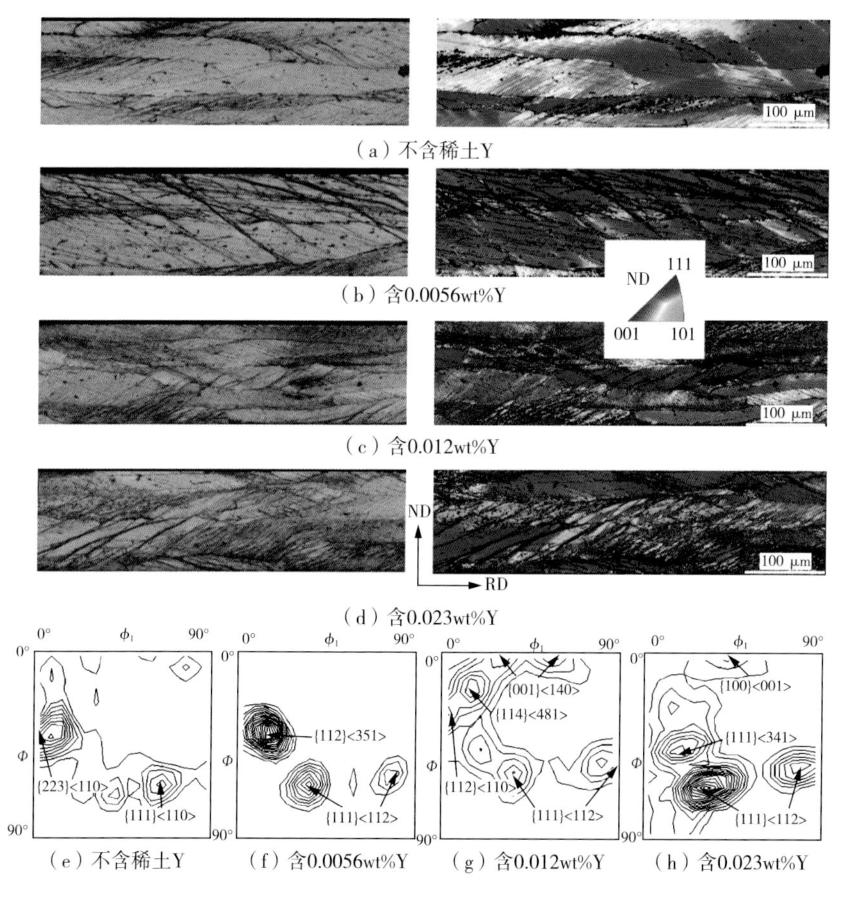

图 3.14　冷轧板菊池带衬度图、IPF 图、$\varphi_2=45°$截面 ODF 图

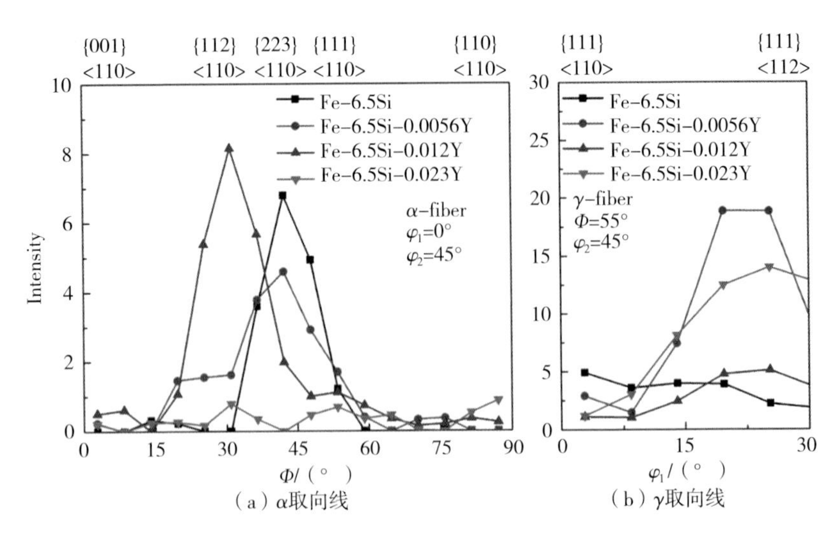

图 3.15 冷轧板 α 和 γ 取向线密度分布

综上所述，冷轧过程除 0.023wt%Y 试样外，α 织构以 {112} <110>～{111} <110>织构组分为主，在 0.012wt%Y 试样中强度最大。稀土的加入增强了 0.0056wt%Y 和 0.023wt%Y 试样的 γ 织构强度。0.012wt%Y 成分试样保留了较高强度的 λ 织构，不仅如此，立方织构组分也有中等强度。另外在 0.023wt%Y 试样中也保留了立方织构，与 0.012wt%Y 样品所含织构组分强度相差不大。

3.2.5 成品退火组织与织构

为了研究稀土对成品织构和磁性能的影响，在成品板中添加了第一批试样中 0.03wt%Y 成分试样。图 3.16 为五种不同稀土含量的 1100 ℃退火成品板金相组织，图 3.17 为五种稀土成分对应的晶粒尺寸。根据金相组织和晶粒尺寸可知，晶粒尺寸分别为 201 μm、232 μm、117 μm、97 μm 和 90 μm，随着稀土 Y 的增加呈现出先增加后降低的趋势，表明稀土具有净化钢液的作用、促进再结晶的作用。当稀土含量增多时，能够起到细化晶粒的作用。同时随着稀土含量的增加晶粒尺寸越不均匀，这是因为稀土夹杂物在组织中的分布不均匀引起。之前的研究表明，稀土 Y 更容易在晶界处富集，从而阻碍晶界的迁移，起到细化晶粒的作用。

图 3.18 为 5 种不同稀土含量成品试样的 IPF 图和 ODF 图（$\varphi_2=45°$ 和 $\varphi_2=0°$）。由 ODF 图可见，五种不同 Y 含量所对应的织构种类出现较大的差异，

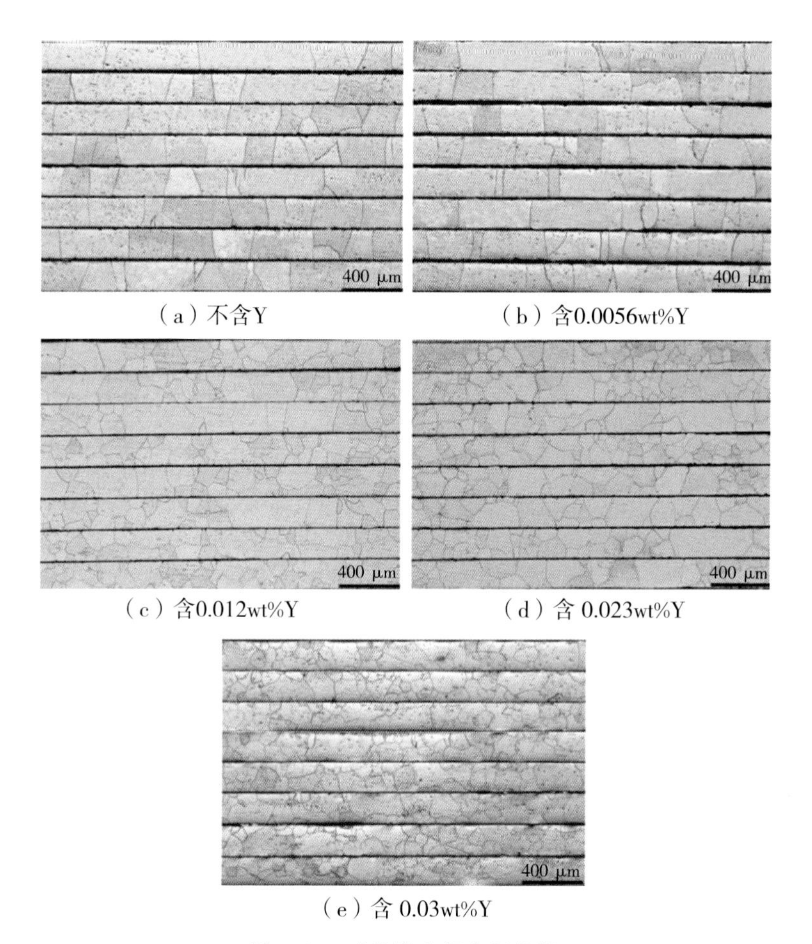

（a）不含Y　（b）含0.0056wt%Y

（c）含0.012wt%Y　（d）含 0.023wt%Y

（e）含 0.03wt%Y

图 3.16　成品退火板金相组织

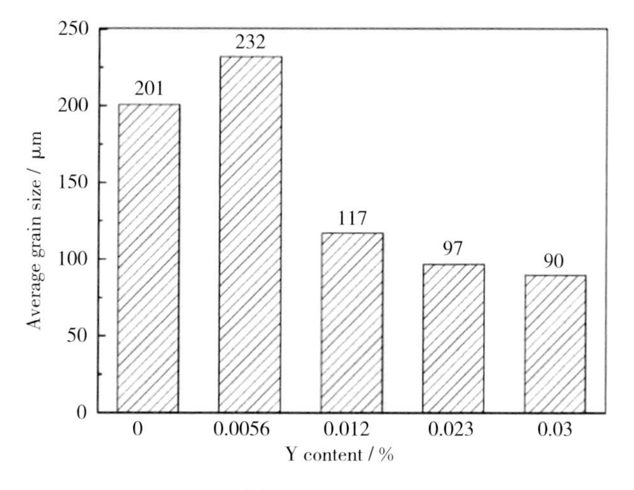

图 3.17　五种不同稀土 Y 含量成品的晶粒尺寸

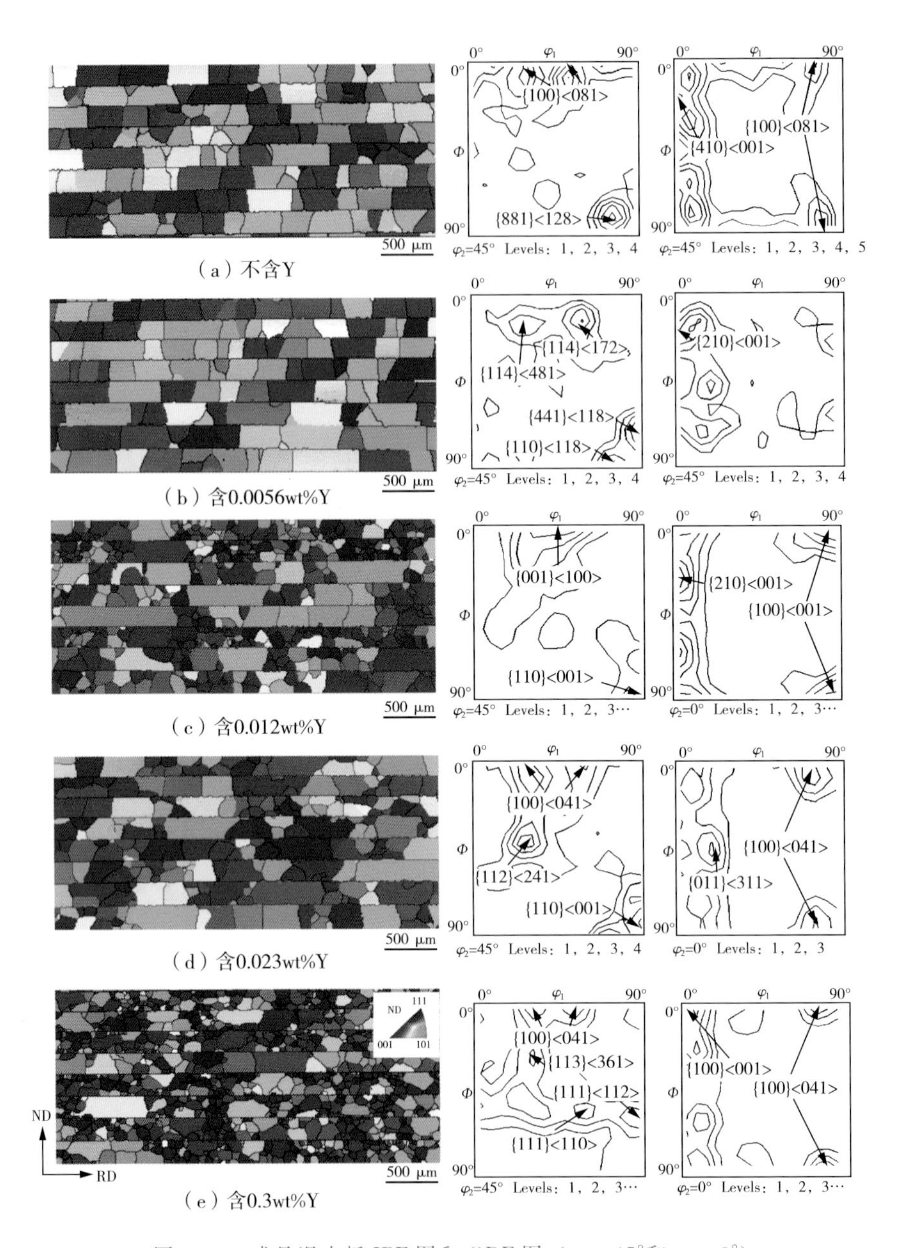

图 3.18 成品退火板 IPF 图和 ODF 图（$\varphi_2=45°$和$\varphi_2=0°$）

在无稀土试样中，主要以λ织构（{100}＜081＞）和偏离 Goss 织构的{881}＜128＞织构为主；η织构分布较分散，同时取向偏离程度较大。含0.0056wt%Y 试样中织构偏离程度较大，同时存在偏离λ织构和 Goss 织构，含有较强的{110}＜118＞和{441}＜118＞织构和中等强度的{114}

<481>及{114}<172>织构；不仅如此在 η 织构中也产生较大的取向偏离，表现出较弱的 η 织构。含 0.012wt%Y 试样中织构比较集中，主要含以{001}<120>～{001}<100>为主的 λ 织构，同时含有中等强度的 Goss 织构及很强的立方织构，几乎不含有 γ 织构。含 0.023wt%Y 试样中则有 α^* 织构、λ 织构及 Goss 织构，强度均相差不大；而 η 织构强度不大，却含有较强的{011}<311>织构。当 Y 含量为 0.03wt%时，则有 α^* 织构和 λ 织构，不同于其他成分的试样是，产生了较高强度的 γ 织构，同时 Goss 织构强度较弱。稀土含量 0.012wt%Y 试样具有最理想的织构占比。

为了定量分析稀土 Y 对织构的影响规律，图 3.19 给出了成品板 γ、λ 和 η 三种织构的取向线密度分布图。由图可知，稀土的添加在很大程度上改变了织构的分布。对于 γ 织构而言，稀土 Y 的添加增强了 γ 织构的含量，0.03wt%Y 含量最高，总体上呈现升高的趋势。从 λ 取向线变化趋势可以看出，λ 织构也得到了一定的加强，占比依次为：0.012wt%Y>0.03wt%Y>0.023wt%Y>0.0056wt%Y>不含 Y。表明在 0.012wt%Y 时{100}面所占的织构比例最高；也反映了添加稀土后削弱了{001}<110>～{001}<120>组分，同时增强了以{001}<410>～{001}<100>为主的 λ 织构，对于 0.012wt%Y 试样，立方织构的强度达到了 4.2。从 η 取向线的变化规律来看，添加稀土 Y 后，除 0.012wt%Y 试样外，η 织构的含量均低于不含稀土试样。关于立方织构和 Goss 织构，0.0056wt%Y 试样均具有最低的含

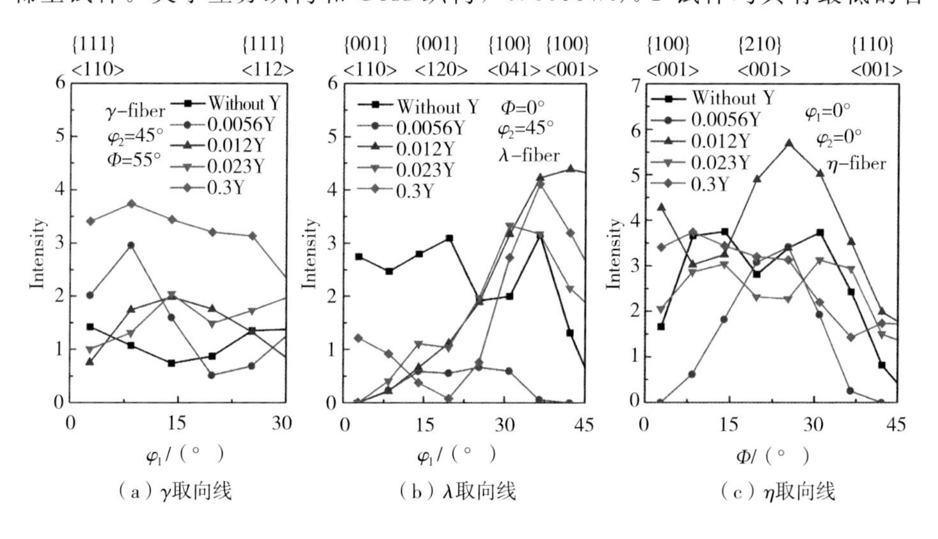

(a) γ取向线　(b) λ取向线　(c) η取向线

图 3.19　成品退火板 λ、γ 及 η 取向线密度分布

量。在添加稀土后变化较大的是 {210} ＜001＞织构，在 0.012wt%Y 成分中得到了极大的提升，强度达到了 5.8。

综上所述，稀土 Y 的添加增强了 γ 织构，削弱了 {001} ＜110＞～{001} ＜120＞织构组分，增强了 {001} ＜410＞～ {001} ＜100＞织构组分。当稀土含量为 0.012wt%Y 时，以 {100} ＜001＞和 {210} ＜001＞为代表的 η 织构得到大幅增强。

3.3 稀土钇对 6.5%Si 高硅钢冷轧剪切带及再结晶的影响

在金属轧制变形的过程中，轧板各几何层面承受不同剪切应力，随着变形量增加，正常的位错滑移不能及时实现外载荷所强制推动的瞬间大变形量而发生塑性失稳，从而形成剪切带释放高应变储能。剪切带与轧面夹角一般为 20°～35°，通常会连续贯穿若干晶粒，区别于仅限一个晶粒内部开动的位错滑移和孪生等塑性变形微观机制。容易促进剪切带出现的条件包括：材料相对强度高，间隙原子含量高（C 或 N）、滑移临界分切应力大，有机械孪生的可能，存在不利滑移的织构（硬取向）、有几何应力集中处、晶粒粗大等。高硅钢由于硅含量高，因此相对强度高，低温有序结构使得滑移临界分切应力大，很容易因加工硬化造成的高应力积累而诱发剪切带，本节研究添加稀土 Y 对高硅钢剪切带的影响，从晶粒尺寸、晶粒取向、层错能等因素分析其形成原因。

3.3.1 冷轧剪切带

由前文可知试样经过中间退火后晶粒尺寸分别为 78.5 μm、128.1 μm、114.7 μm 和 110.8 μm。由之前研究可得粗大晶粒对剪切带的形成具有重要作用，如图 3.20 所示。从图中的组织形貌可以看出，在试样具有较大晶粒尺寸和较高应变的情况下，会促使剪切带的形成，可以观察到样品在轧制后晶粒尺寸的影响极其明显。图 3.20（a）中不加稀土试样经过冷变形后仍可观测到大晶粒的边界，添加稀土后晶界消失，同时在图 3.20（b）中观察到大量尺寸较大的剪切带，一种典型的“光滑”晶粒（由 C 表示）可能具有＜001＞//ND 取向。相反，另一种典型的“粗糙”晶粒（由 D 表示）可能具有＜111＞//

ND取向，其特征在于大量晶粒内剪切带与RD倾斜25°~35°。随着稀土的进一步增加晶粒尺寸变小，此时稀土对剪切带的形成起主导作用，在晶粒尺寸相差不大的（c）和（d）中，由于中间退火过程（d）中含有部分大晶粒，因此出现B区域较大的剪切带，C区域中由于晶粒细小而产生细小的剪切带。

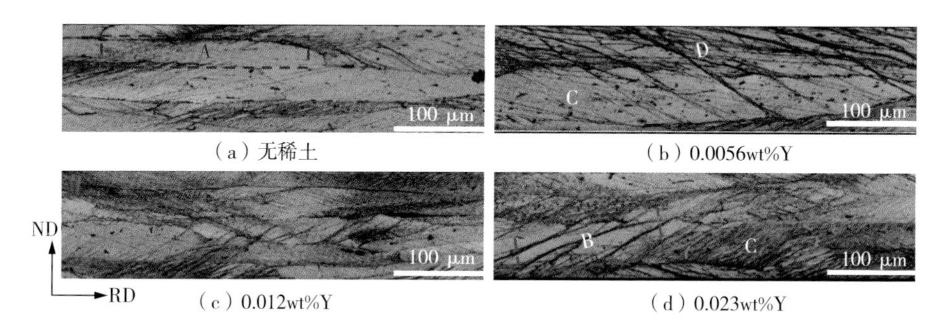

（a）无稀土 （b）0.0056wt%Y
（c）0.012wt%Y （d）0.023wt%Y

图3.20 冷轧板微观组织形貌

特定的取向晶粒对剪切带的形成具有重要作用。众所周知，泰勒因子很高的γ（硬取向）晶粒对平面应变压缩（如轧制变形）有很大的抵抗力，通常表现出不均匀变形的趋势，γ晶粒对旋转剪切变形的阻力小于对平面应变压缩的阻力，导致局部带内的变形和旋转，与原始{111}取向相比，旋转带内取向的泰勒因子降低。因此，γ晶粒中剪切带的出现满足几何软化条件，在能量上更有利。根据中间退火过程取向密度分布图3.12可知，四种稀土含量的γ织构占比依次为：0.012Y＞0Y＞0.0056Y＞0.023Y，表明更高的γ织构占比对于冷变形过程中剪切带的形成更为有利。

3.3.2 层错能影响

对于合金本身而言，添加稀土后会对层错能产生影响。在轧制过程中对于层错能高的金属，基本通过位错滑移来完成金属塑性变形，而对于层错能较低的金属而言，剪切带变形机制就会频繁出现，此时就会形成较多的剪切带。为了进一步分析添加稀土Y对层错能的影响，对材料利用XRD测量层错几率。前人采用了X射线衍射的方法测定FeMnSi合金的层错几率，包括近似函数法和傅里叶分析法，在本研究中采用近似函数法测定。在测定过程中，衍射峰、峰宽及其峰形会受到层错结构的影响引起不对称现象，测定过程中仪器和物理宽化是峰宽的主要影响因素，前者由于设备和材料本身的原因无法消除其带来的误差，后者影响因素可由点阵畸变，亚晶及层错组成，为了降低其误差需要两次卷积过程，采用 XRD 测层错几率，计算公式为：

$$P_{sf}=1.5\alpha+\beta \tag{3-1}$$

式中，α——形变层错几率；

β——生长层错几率。

在近似函数法求解过程中采用取近似函数：

$$g(x)=e\hat{}\ (-a^2x^2) \tag{3-2}$$

$$f(x)=e\hat{}\ (-a^2x^2) \tag{3-3}$$

积分宽度关系式采用：

$$B^2=\beta^2+b_0^2 \tag{3-4}$$

式中，B——为峰形积分宽度；

b_0——仪器宽化量；

β——物理宽量。

根据：

$$P_{sf}=\frac{a}{1-\frac{\sqrt{3}}{4}}\left[\frac{1}{Deff_{(200)}}-\frac{1}{Deff_{(111)}}\right] \tag{3-5}$$

其中，a——点阵常数；

$Deff$——法向有效亚晶尺寸。

法向有效亚晶尺寸可通过以下公式求得：

$$\beta=\frac{\lambda}{Deff\cos\theta} \tag{3-6}$$

其中，λ——XRD 射线波长；

θ——相对应的衍射角。

根据以上公式求得的层错几率如表 3.2 所列。根据材料本身的状态，由于冷轧样残余应力的存在会引起计算结果的偏差，另外层错也会对宽化产生影响。材料本身就有缺陷，即使是退火态材料也不可能不存在缺陷，引起的宽化很小，而实际上很难得到完全无缺陷的标样，因此仪器宽化量由接收狭缝 R.S 的宽度估算的，仪器宽化量（b）取值大约为 0.050。表

3.2中数据表明，随着稀土含量的升高，层错几率逐渐降低，根据层错几率与层错能的关系两者互为反比，层错几率越大层错能越低，由于0.023wt%Y具有最低的层错能，在变形过程中不同于0～0.12wt%Y试样的变形方式，其中包括位错滑移和剪切带变形方式，因此表现出的位错密度最低，同时硬度值也最低。从冷轧IPF图中也可以看出，0.023wt%Y试样，剪切带密度最大。

表3.2 不同稀土添加量对应的 *Deff* 值

NO.	*HKL*	*B*	2θ	b_0	β	*Deff*
0Y	111	0.589	12.321	0.05	0.533	2.473
	200	1.043	28.699	0.05	0.993	
0.0056Y	111	0.516	12.295	0.05	0.46	2.567
	200	0.985	28.647	0.05	0.935	
0.012Y	111	0.498	12.316	0.05	0.442	2.774
	200	1.004	28.675	0.05	0.954	
0.023Y	111	0.537	12.308	0.05	0.481	2.857
	200	1.059	28.712	0.05	1.009	

3.3.3 冷轧板位错密度

在本实验中添加稀土后剪切带的数量逐渐增多，尺寸先增加后降低，由于稀土的富集作用会阻碍位错滑移，强度升高。通过采用EBSD对冷轧板微观组织的局部取向差进行了统计分析。图3.21为EBSD冷轧板局部取向差分布图及位错密度，*KAM*（Kernel Average Misorientation）表示给定点与同一晶粒的最近相邻点的平均取向差。作为衡量应变分布和位错密度的重要指标，*KAM* 值分布可以定性地反映塑性变形均匀化的程度，其中 *KAM* 值高，塑性变形程度大或缺陷密度高。实验中所测量的局部取向差中所选取的角度范围为$0°<\theta<3°$，大于3°的范围内不是由位错所引起而是由晶界引起，因此排除不做计算处理。根据图3.21，0°～5°颜色所代表的 *KAM* 值各不相同，蓝色所代表的为 *KAM* 值较低的区域，红色所代表的为 *KAM* 值较高区域，同时也反映位错密度更大。从图中可以看出0.023wt%Y试样的 *KAM* 值较低，区域面积较大，而0.012wt%Y试样虽蓝色区域较多，但相比之下红色区域面积最大，从右图分布可以看出$2°<\theta<3°$占比明显最高，而0.0056wt%Y和不含稀

土试样中的蓝色区域和红色区域含量均低于 0.012wt%Y 试样；其峰值，含 0.0056wt%Y 试样相比不加稀土试样更接近于 2°，说明含 0.0056wt%Y 试样具有更高的 *KAM* 值。综上所述，四种稀土含量下的 *KAM* 值在 0.023wt%Y 时最低，0.012wt%Y 试样具有最高的 *KAM* 值。

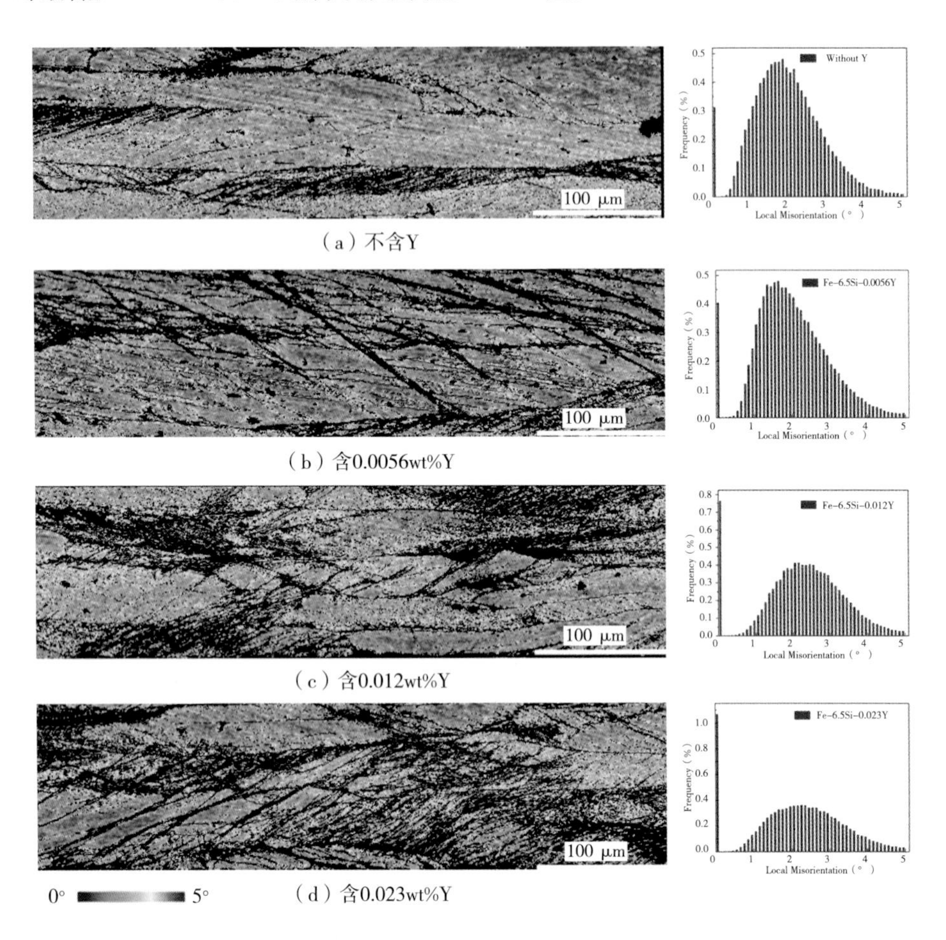

图 3.21 冷轧板局部取向差分布图与 *KAM* 值分布

为了定量分析出不同 *KAM* 值下的位错密度，图 3.22 给出了不同稀土含量下的位错密度，可以看出，随着稀土含量的升高，位错密度在 0.012wt%Y 时达到最大，在 0.023wt%Y 时反而下降，通过 EBSD 来估算样品中的位错密度。几何位错密度可以用下列公式来表达：

$$\rho^{GND}=\frac{2KAM_{\mathrm{ave}}}{\mu b} \tag{3-7}$$

其中，μ——EBSD 扫描步长（0.8 μm）；

b——Burgers 矢量的长度（0.248 nm）；

KAM_{ave}——所选区域的平均 KAM 值，可用下面公式来计算：

$$KAM_{ave}=e^{\frac{1}{N}\sum_{1}^{i}\ln KAM_{L,i}} \tag{3-8}$$

$KAM_{L,i}$是在点 i 处的局部 KAM 值，N 代表测试区域点的数目。

利用以上公式计算出在相同面积区域内，无稀土样品位错密度为 $3.4360\times10^{17}/m^2$，含 0.0056wt% Y 样品位错密度为 $3.4667\times10^{17}/m^2$，含 0.012wt% Y 样品位错密度为 $3.4828\times10^{17}/m^2$，含 0.023wt% Y 样品位错密度为 $3.4121\times10^{17}/m^2$。同时四组试样维氏硬度检测结果表明，四种成分的试样硬度分别为 455、491、502 和 438 HV，表明位错密度增加，维氏硬度随之提高。在 0.023wt%Y 试样中位错大幅降低使得维氏硬度降幅为 74.8 HV，比不加稀土还要低，反映出在相同轧制条件下，稀土 Y 能够提高高硅钢冷轧板的位错密度。

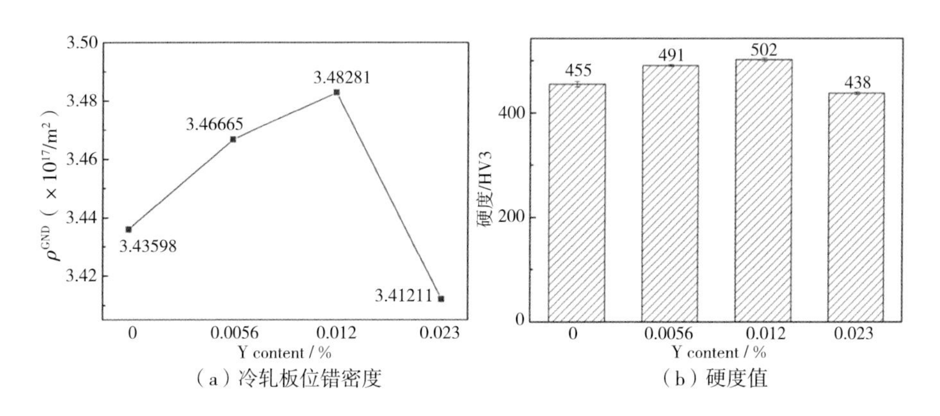

图 3.22 冷轧板位错密度（a）和硬度值（b）

3.3.4 冷轧板再结晶行为

图 3.23 为退火温度为 800 ℃，时间 60 s 部分再结晶金相组织。由图 3.23 可以看出，四种不同稀土 Y 含量下均具有明显的剪切带处形核，相比之下，无稀土试样和含 0.0056wt%Y 试样再结晶程度大于另外两组试样。

图 3.24 为冷轧板在 800 ℃下退火时间 60 s 的部分再结晶及对应的 IPF 图。由图 3.24 可以看出，形核优先发生在剪切带处，稀土含量不同，剪切带形核种类发生较大的改变，主要以 η 取向晶粒和 γ 取向晶粒形核为主，明显观察到在晶界处有其他取向晶粒形核趋势。图 3.24（a）为无稀土试样，由于

不加稀土试样剪切带较少，退火后η织构（红色区域）形核数量最少。图3.24（b）中η取向晶粒较多，但由于稀土Y在晶界具有富集作用，引起γ取向晶粒增加，在0.012wt%Y试样中由于再结晶程度受到稀土添加的影响，因此低于前两者，但在剪切带γ取向晶粒极低，且大部分为η取向晶粒。随着稀土含量的进一步提升至0.023wt%，由于剪切带的增多，η取向晶粒增加，同时γ取向晶粒随之升高，图3.24（e）可以看出，0.03wt%Y会降低η和λ取向晶粒的形成。这是因为添加过量的Y会导致形成更多的稀土夹杂物，晶粒细化，剪切带变小，同时在形核过程中{111}取向的晶粒会在这些夹杂物上形核，形成大量具有{111}取向的晶粒，从而使不利织构的含量大幅上升，加上稀土在晶界的富集作用，γ织构依靠夹杂物形核的趋势越来越明显，进而抑制η取向晶粒的形核。

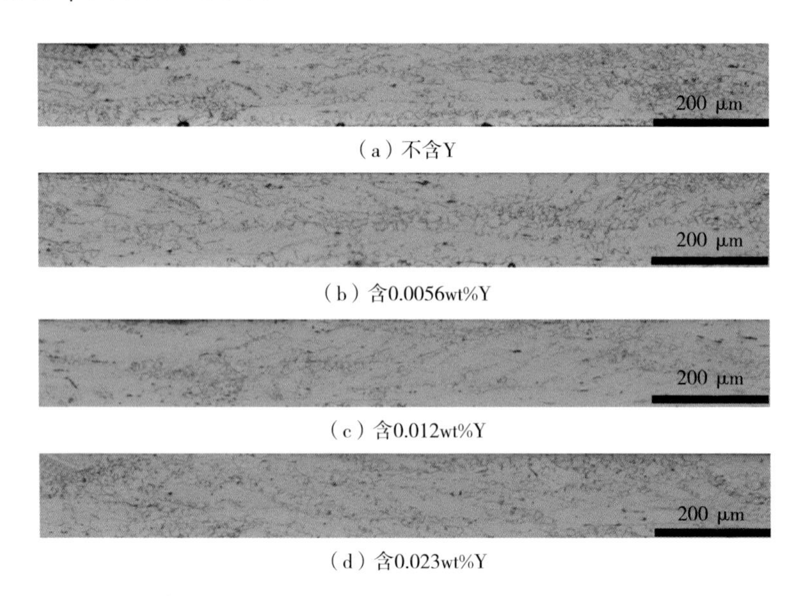

图3.23 四种Y含量的高硅钢部分再结晶退火板金相组织

η取向晶粒主要形成于γ形变基体间、少数部分形核于{111}和{100}面取向变形晶粒间。研究表明，不同取向的形变基体有不同大小的储能，$E_{\{111\}}>E_{\{100\}}$，在{100}和{100}变形晶粒之间晶界处，由于变形储能较低和较低的取向差，只形成少量η织构。而介于γ变形晶粒之间具有高的变形储能和取向差，为η取向晶粒和λ取向晶粒形核提供所需要的条件。前人研究表明，剪切带和晶界处尖锐的晶格曲率为退火过程中这些区域的亚晶粒合并和优先生长提供足够的驱动力。高斯取向的晶核存在于剪切带内晶格曲率最尖锐的区域，(111) [112] 取向和最终 Goss 取向之间的关系是围绕 (110) 轴旋转 35°，在 35°时 Goss 晶粒具有最大的晶格曲率，最终形成较强的 Goss 织构。综上所述，在合适的稀土含量范围内，由于 η 和 λ 取向晶粒在剪切带形核过程中具有优先形核优势（数量和尺寸），根据定向形核和定向生长理论，具有特定取向的晶核具有更快的晶界迁移率，因此，数量和尺寸优势决定了最终形成了强 η 和 λ 再结晶织构。

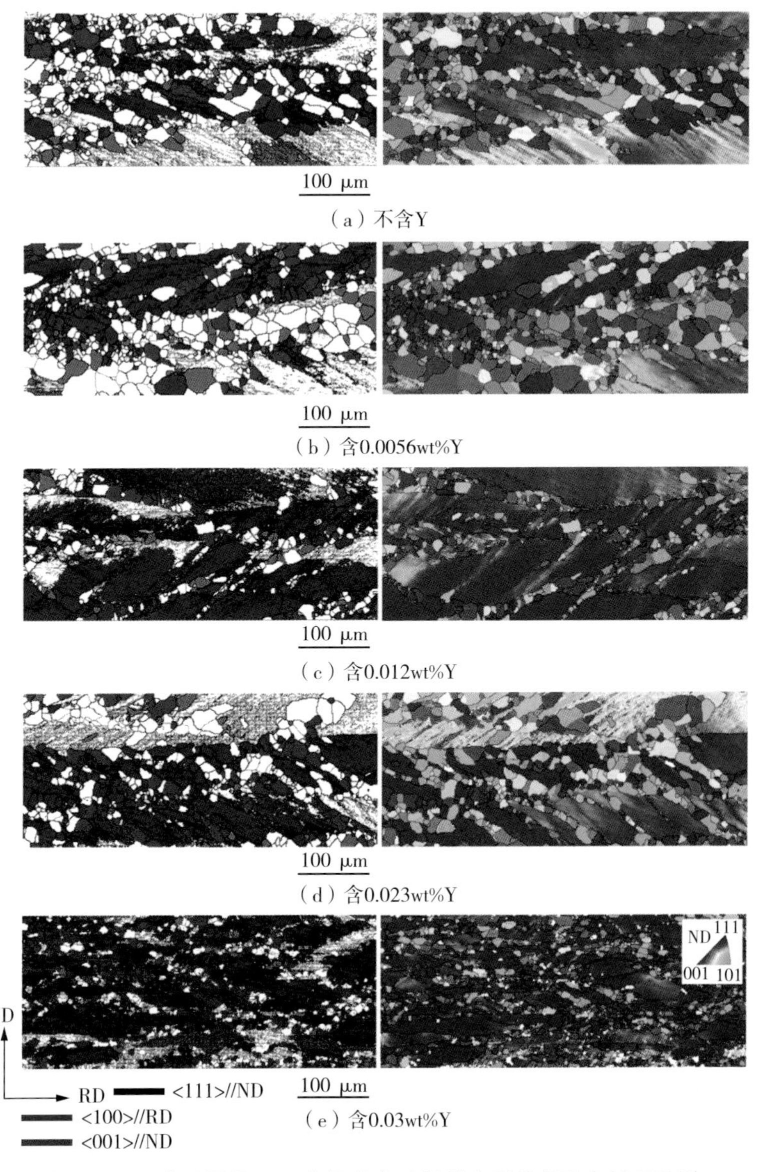

图 3.24　五种不同稀土 Y 含量的高硅钢部分再结晶退火板 IPF 图

3.4 稀土钇对 6.5%Si 高硅钢磁性能的影响

对于高硅钢，磁感和铁损是磁性能的两项重要指标。有利织构的占比直接决定了磁感（B_{50}）的大小。在近十几年的研究中人们采用不同的制备工艺来改善高硅钢中各织构组分含量。本章对不同稀土 Y 含量的高硅钢成品板的主要织构占比进行分析，通过各向异性参数和铁损分离计算，分析了稀土 Y 对高硅钢成品板磁感与铁损的影响，阐明了稀土 Y 对高硅钢薄板磁性能的影响机理。

3.4.1 成品主要织构占比

利用 EBSD 统计了五种不同稀土 Y 含量的 Fe-6.5wt%Si 高硅钢成品板在 $\varphi_2=45°$ 和 $\varphi_2=0°$ 截面 ODF 上主要织构的占比，见表 3.3 所列。图 3.25 为 EBSD 统计后得到的主要织构组分图。从表 3.3 中的数据可知，λ 织构和 η 织构的含量均在稀土含量为 0.012wt% 占比最高，γ 织构则是随着稀土增加呈现逐渐升高的趋势，稀土为 0.012wt% 和 0.03wt% 时，其中含有很多较为细小的晶粒，0.012wt%Y 试样以红色的 η 织构为主，0.03wt%Y 试样绝大部分以蓝色的 γ 织构为主，这是因为在 0.012wt%Y 试样中含有较多的剪切带，由于剪切带密度大，η 取向晶粒较多，最终表现出较多细小的 η 取向晶粒，当稀土含量过高的条件下会生成不利取向晶粒。前人研究表明当钢中的夹杂物数量增多时，能够为 γ 织构提供更多的形核位点，抑制有利取向晶粒的形核，从而表现出大量细小的 γ 取向晶粒。织构因子的定义为面织构的比值（{100} / {111}）和 {100} + {110} / {111}）。从表中可以看出 {100} + {110} / {111} 比值随着 Y 含量的增加呈现降低的趋势，0.012wt%Y 试样中 {100} / {111} 比值略微升高，总体而言，两者比值均为不含稀土情况下最大，相比于 {100} 面织构的占比，η 织构的占比显得更加重要，根据表中的数据表明，不含稀土试样 η 织构占比最低，同时 γ 织构占比也为最低；而在 0.012wt%Y 试样中不仅 η 织构占比远大于其他成分，也还含有较低的 γ 织构含量。虽然 0.03wt%Y 试样的 η 织构含量也很高，但是由于其 γ 织构的含量远远大于其他成分试样达到 20.7%，反而会对最终的磁性能产生不利的影响。

表 3.3　成品板主要织构占比比例

	0	0.0056Y	0.012Y	0.023Y	0.03Y
<001>//RD（η 织构）	15.7%	18.7%	32.6%	23.5%	26.3%
<001>//ND（λ 织构）	11.4%	11.6%	17.4%	12.5%	13.4%
<111>//ND（γ 织构）	5.32%	8.24%	10.1%	15.5%	20.7%
{100} / {111}	2.18	1.61	1.89	1.14	0.65
{100} + {110} / {111}（织构因子）	5.60	4.30	3.08	2.25	1.14

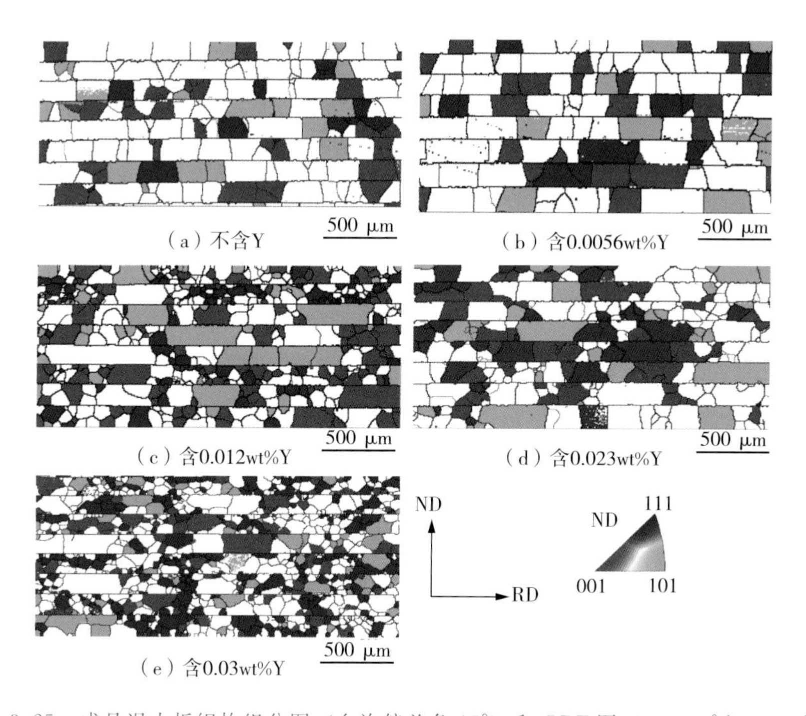

图 3.25　成品退火板织构组分图（允许偏差角 15°）和 ODF 图（$\varphi_2=45°$和 $\varphi_2=0°$）

3.4.2　铁损分离计算

为研究稀土 Y 的添加对 Fe－6.5wt%铁损的影响，分析了在磁通量密度为 1.0 T、频率为 50 Hz、400 Hz 和 1000 Hz 时所有试样的铁损。总铁损（P_t）可以由磁滞损耗（P_h）、涡流损耗（P_e）和反常损耗（P_a）组成。总铁损 P_t 可由下式给出：

$$P_t = P_h + P_e = k_h \times f \times B^{\alpha} + k_e \times f^2 \times B^2 \tag{3-9}$$

其中，k_h，k_e——磁滞损耗和涡流损耗常数；

f——频率，Hz；

B——磁通密度，T；

α——常数。

当 B 为 1.0 T 时，上式可得：

$$P_t = P_h + P_e = k_h \times f + k_e \times f^2 \tag{3-10}$$

求得 k_h 和 k_e 数值后，不同频率下的磁滞损耗、涡流损耗计算如下：$P_h = k_h \times f$、$P_e = k_e \times f^2$，根据所测得铁损值 $P_{1/50}$、$P_{1/400}$、$P_{1/1k}$ 分别带入式（3-9），经过计算得到 k_h 和 k_e 值和 P_e、P_h 值，计算结果见表 3.4 和图 3.26。从表 3.4 可以看出，k_h 值的变化规律呈现出先降低后升高的趋势，在稀土 Y 含量为 0.012wt%时最低。与 k_h 相比，k_e 的变化受稀土 Y 含量变化较小，总体上呈现缓慢升高的趋势；从铁损分离结果可以看出，在特定相同的频率条件下，磁滞损耗和涡流损耗对总铁损的百分比贡献对于添加不同稀土 Y 而言变化相对较小，低频条件下，磁滞损耗为总铁损的主要组成部分，随着频率的升高，磁滞损耗的占比逐渐降低，涡流损耗占比逐渐上升，在频率为 1000 Hz 时，涡流损耗逐渐成为总铁损的主要组成部分，根据经典涡流损耗公式：

$$P_e = \frac{1}{6} \times \frac{t^2 \; f^2 \; B^2 \; k^2 \pi^2}{\gamma \rho} \times 10^{-3} \tag{3-11}$$

根据公式（3-11）可以看出，涡流损耗受板厚 t 的影响，特别是在高频条件下，涡流损耗对板厚极其敏感。由于实验中不能完全保证板厚一致为 0.2 mm，在高频下给 P_e 带来的影响较大，对五组试样的板厚进行统计，依次为：0.1943 mm、0.1914 mm、0.1955 mm、0.1942 mm 和 0.2004 mm。0.0056wt%Y 厚度最薄因此涡流损耗在其总铁损占比最低，而 0.03wt%Y 样品厚度最大，因此其 P_e 占比最大。

表 3.4 不同稀土 Y 含量试样的 k_h 和 k_e 值

Y 含量（%）	0	0.0056	0.012	0.023	0.03
k_h	0.0185	0.0153	0.0123	0.0134	0.0144
k_e	1.3064×10^{-5}	1.3412×10^{-5}	1.3385×10^{-5}	1.4074×10^{-5}	1.3857×10^{-5}

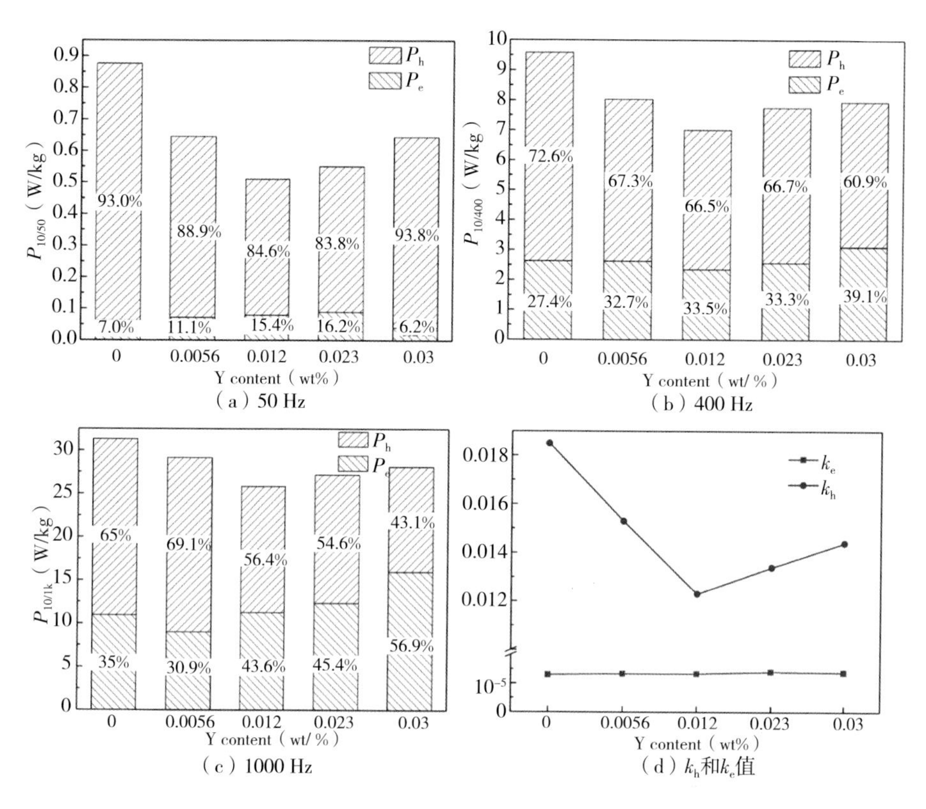

图3.26　不同稀土Y含量试样磁通量密度为1.0 T的P_h和P_e值

3.4.3　各向异性参数

在高硅钢中，晶粒尺寸和织构对磁性能起着决定性的作用。晶粒尺寸过小会使得磁滞损耗增高，晶粒尺寸增大，使得晶界密度大幅降低，引起晶体缺陷下降，磁滞损耗随之下降，但由于尺寸增大畴壁也会相应增大，此时反常损耗得到提升，因此合适的晶粒尺寸在降低磁滞损耗的同时也能减少反常损耗的不利影响。前面的研究结果表明不同稀土含量{100}、{110}、{111}三种面织构占比各不相同，{100}面织构比值的升高能够降低磁滞损耗，相反{111}面织构的提升能够增加磁滞损耗。对于磁感而言η织构和γ织构的含量极大的影响B_{50}值。为了阐明晶粒尺寸和织构对磁性能的影响，将磁场的磁性描述为晶体取向的函数，引入了一个磁晶各向异性参数θ：

$$\theta=\alpha_1^2\alpha_2^2+\alpha_2^2\alpha_3^2+\alpha_1^2\alpha_3^2 \tag{3-12}$$

式中，α_1——取向晶粒[$u\ v\ w$]与[100]夹角的余弦值；

α_2——取向晶粒［$u\ v\ w$］与［010］夹角的余弦值；

α_3——取向晶粒［$u\ v\ w$］与［001］夹角的余弦值。

根据以上计算参数，平均各向异性参数为

$$\theta = \sum_{i=1}^{N} f(x_i)\theta(x_i) \tag{3-13}$$

式中，$f(x_i)$—— 某取向晶粒的体积分数（非取向分布函数）；

$\theta(x_i)$—— 某取向晶粒的各向异性参数。

根据以上公式计算结果如图 3.27 所示，一般而言平均各向异性参数的大小是用来衡量织构对磁滞损耗的影响程度，同时与磁感 B_{50} 呈现出反比的关系，简而言之，平均各向异性参数越低，磁感 B_{50} 值越大。从图 3.27 中可以看出，平均各向异性参数在 0.012wt%Y 时最低仅为 0.1077，在 0.03wt%Y 时最大为 0.1660，与 B_{50} 值相吻合（0.012wt%Y 为 1.6455 T，0.03wt%Y 为 1.5990 T）。0.012wt%Y 成分｛100｝面织构明显占比最高，具有最低的平均各向异性参数。

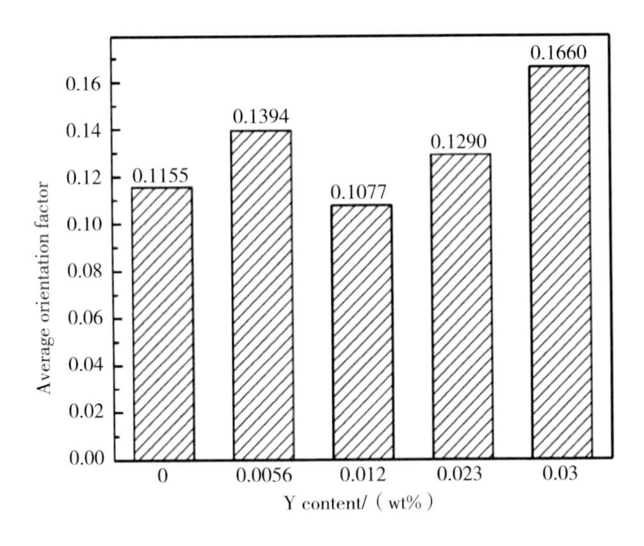

图 3.27 不同稀土含量下的平均各向异性参数

3.4.4 铁损和磁感值

图 3.28（a）为铁损随稀土 Y 含量的变化趋势。当稀土 Y 含量增加至 0.012wt%时，Y 的净化作用逐渐增强，细小夹杂物数量和密度逐渐降低，夹杂物粗化，对磁畴的阻碍作用减弱。当夹杂物的尺寸大于 30 nm 小于 70 nm

时，此时的阻碍作用最强。在小于30 nm时阻碍作用减弱，达到20 nm及以下基本处于湮灭状态失去钉扎作用，同样当夹杂物的尺寸大于100 nm时钉扎作用也明显弱化。一方面，晶粒尺寸的减小增加了晶界，增强了磁畴运动的阻碍；另一方面，合金中稀土氧化物和硫化物作为夹杂物，对磁畴壁的运动产生钉扎作用，使铁损值增加。由此可见，稀土元素Y的高含量不利于高硅钢的磁性能。结合成品板的平均晶粒尺寸分析，含0.03wt%的样品Y的平均晶粒尺寸最小仅为90 μm。晶粒尺寸减小会增加磁滞损耗，从而增加铁损，尤其是低频铁损磁滞损耗的比例较高。随着使用频率的增加，涡流损耗逐渐占主导地位，晶粒尺寸减小，有利于降低涡流损耗。因此，总铁损值呈现先减小后增大的趋势。

图3.28 (a) 显示了不同稀土Y含量下$P_{1/50}$、$P_{1/400}$、$P_{1/1k}$铁损值，添加不同稀土Y的试样的铁损值的大小依次为：0.012Y＜0.023Y＜0.03Y＜0.0056Y＜0Y，所有成分试样测试时磁感应强度均保持为1 T。如图3.28 (b)，在磁感B_{50}方面，随着稀土Y含量的增加，磁感应强度先升高后降低，添加过量的Y显著降低磁感。结合之前的织构分析可知，当Y含量为0.012wt%，磁感B_{50}最高，达到了1.6455 T。织构是决定磁感的重要因素，由于0.012wt%Y高硅钢成品板不仅具有强的η织构λ织构而且还有最弱的γ织构。而含0.03wt%Y成品板则不仅具有较强的γ织构，对磁性能有利的λ和η织构强度也相对较弱，表现出较低的磁感。在0.0056wt%Y试样中其η织构含量相比无稀土试样仅高出3%，γ织构高出2.92%，相比之下γ织构的不利影响更大，表现出的磁感略低于无稀土试样。从图中也可以看出0.023wt%Y试样也具有相对较高的磁感，达到1.6400 T，略低于0.012wt% Y。结合前面的分析可知，0.023wt%Y试样中η织构占比为23.5%，γ织构占比为15.5%，低于0.012wt%Y试样，高于其他三组稀土成分试样，因此表现出的磁感相对高于其他三组。稀土较少或过量均会导致磁感值的降低，而Y为0.03wt%的成品板则不仅具有较强的γ织构，对磁性能有利的η织构和λ织构也相对较弱，表现出最低的磁感。

综上所述，在低频条件下，磁滞损耗占据主导作用，高频下磁滞损耗逐渐占据主导作用，总铁损值在稀土含量增加到0.012wt%时最低，进一步增加稀土反而会增加其铁损，归因于稀土的添加改变了夹杂物的分布和数量。磁感方面，添加适量Y (0.012wt%) 明显改善成品板织构，增强了对磁性能有利的η织构，磁感B_{50}最高。因此稀土含量为0.012wt%Y时，综合磁性能最佳。

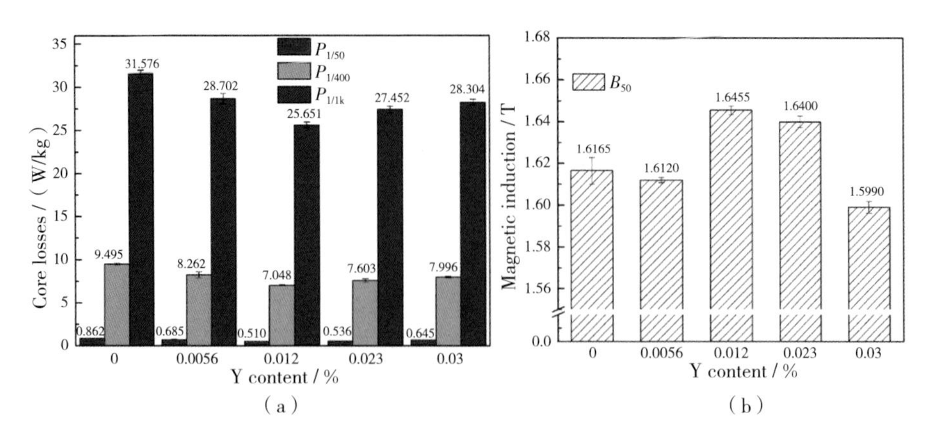

图 3.28　不同稀土成分下不同频率间的铁损值（$P_{1/50}$、$P_{1/400}$、$P_{1/1k}$）和磁感 B_{50}

3.5　结　论

以五种不同稀土 Y 含量（0、0.0056wt%、0.012wt%、0.023wt% 和 0.03wt%）的 6.5wt%Si 高硅钢热轧板为研究对象，采用常化、温轧、中间退火、冷轧及成品退火工艺制备了 0.2 mm 厚高硅钢薄板带，研究了稀土 Y 对组织织构的影响规律，阐明了稀土 Y 在高硅钢中的存在形式及其作用机理。结合各向异性参数和铁损分离计算，阐明了稀土 Y 对磁性能的影响机理，主要结论如下：

（1）常化板中主要以 α、λ 和 γ 织构为主，添加稀土 Y 以后总体织构强度减弱。稀土的加入促进了温轧和冷轧过程剪切带的形成，温轧板中以 α 和 γ 织构为主。温轧板退火后，α 和 α^* 织构变化不大，在 0.023wt%Y 试样中 γ 织构大幅削弱，0.0056wt%Y 和 0.012wt%Y 试样中 {210} <001>织构得到大幅增强。冷轧过程中除 α 和 γ 织构外，0.012wt%Y 试样保留了较强的 λ 织构。成品退火后随着稀土 Y 含量的增加 γ 织构不断增强。λ 织构中削弱了 {001} <110>～ {001} <120>织构组分，增强了 {001} <410>～ {001} <100>为织构组分。在 0.012wt%Y 试样中，以 {210} <001>为主的 η 织构得到大幅增强。

（2）随稀土 Y 含量增加，高硅钢冷轧板中位错密度先增加后降低，位错滑移对塑性变形贡献减少，剪切带变形机制增强，这主要与初始晶粒、位错滑移受阻、合金层错几率增加有关。过高稀土Y含量会促进γ取向晶粒形核。由于η和λ取向晶粒优先在剪切带形核，根据定向形核和定向生长理论，凭借数量和尺寸的优势，最终形成强η和λ再结晶织构。

（3）随着Y含量的增加磁感B_{50}总体上先增加后降低，0.012wt%Y试样具有最低的各向异性参数，磁感B_{50}最高，达到了1.6455 T，归因于λ和η织构的增强与γ织构的减弱。稀土较少或过量均会导致使磁感降低，含0.03wt%Y磁感最低。成品板铁损随着稀土Y含量增加，呈现先降低后升高的趋势。含0.012wt%Y的高硅钢样品具有最低的铁损值，一方面是因为织构优化对磁滞损耗降低的作用，另一方面是受到晶粒尺寸与夹杂物的影响。总之，含0.012wt%Y成品板具有最优织构占比及最低的夹杂物含量，因此具有最佳的综合磁性能。

第4章 稀土钇对4.5%Si高硅钢组织性能的影响

4.1 概述

4.1.1 新能源汽车用无取向电工钢发展趋势

近年来，由于环境污染和能源枯竭限制了汽车行业发展，到2035年，我国将禁止出售燃油车，电池电动汽车（BEV）、混合动力电动汽车（HEV）和燃料电池电动汽车（FCEV）将成为当前汽车行业的主流。其中，在电动及混合动力汽车中，使用的高频电气设备，如牵引电机、发电机、空调电机、驱动电机和电抗器所采用的材料皆为无取向电工钢。新能源汽车的推广，使得作为其核心的驱动电机也将朝着高效、轻便、节能的发展方向前进，而无取向电工钢作为电机定转子铁芯的核心材料，其磁性能及力学性能又显著影响着驱动电机服役效果。根据2017年国家质量监督检验检疫总局、国家标准化管理委员会发布的GB/T 34215—2017《电动汽车驱动电机用冷轧无取向电工钢带（片）》国家标准，其中对于0.3 mm高磁感型冷轧无取向电工钢片最高牌号的技术要求如下：磁感应强度$B_{50}\geqslant 1.66$ T，铁损$P_{10/400}\leqslant 15$ W/kg，屈服强度≥370 MPa。从标准中可以预测，未来驱动电机用无取向电工钢片将向着高强、高磁感、高频低铁损、薄规格的方向发展。

早在20世纪80年代起新日铁株式会社和JFE公司就开始研究高强度无

取向电工钢。迄今，这两家公司已在日本和其他国家申请了数百项高强度无取向电工钢专利。目前市场上薄规格高强度电工钢产品有日本JFE公司针对内永磁电机专门研发的0.35 mm JNP系列产品，新日铁公司生产的0.15～0.3 mm HX系列产品。而国内企业起步较晚，最先是宝钢在2008年开始研发，随后钢研总院在实验室通过模拟薄板坯连铸连轧技术试制高强度无取向电工钢。如今国内少数企业也具备了批量生产薄规格无取向电工钢的能力。武钢在2015年成功生产出最薄厚度为0.18 mm的电动汽车用无取向电工钢，宝钢目前为适应新能源汽车驱动电机应用，生产相关的高效AHV、高强度AHS系列产品。参照文献，部分薄规格和高强度新能源汽车用无取向电工钢磁性能和力学性能见表4.1和表4.2所列。

表4.1 国内外典型薄规格无取向电工钢产品磁性能和力学性能

企业	厚度(mm)	牌号	$P_{10/400}$(W/kg)	B_{50}(T)	屈服强度(N/mm²)	抗拉强度(N/mm²)	硬度(HV)
宝钢	0.2	B20AT1200	12	1.61	435	542	216
	0.2	B20AT1500	15	1.61	410	530	208
JFE	0.35	35JN250	17	1.67	397	517	213
	0.35	35JNE-S	23	1.69	480	570	205
	0.35	35JNT590T	29	1.64	590	640	220
新日铁	0.2	20HX1200	12	1.61	426	514	201
	0.27	27HX1500	15	1.62	369	494	198
	0.3	30HX1600	16	1.62	403	521	202

表4.2 国内外高强度无取向电工钢产品典型性能

企业	厚度(mm)	牌号	$P_{10/400}$(W/kg)	B_{50}(T)	屈服强度(N/mm²)
宝钢	0.27	B27AHV1400	12.7	1.66	410
	0.30	B30AHV1500	14.0	1.67	410
	0.35	B35AHV1700	15.8	1.68	410
	0.35	B35AHV1900	17.0	1.70	380
	0.35	B35AHS500	23.0	1.66	540

（续表）

企业	厚度（mm）	牌号	$P_{10/400}$（W/kg）	B_{50}（T）	屈服强度（N/mm^2）
武钢	0.35	35WW230	16.0	1.67	435
NSSMC	0.35	35HXT590T	41.0	1.65	684
	0.35	35HXT680T	44.6	1.65	726
	0.35	35HXT780T	45.9	1.63	871
住友金属株式会社	0.27	SXRC980MPa 级	49.0	——	761
	0.35	SXRC690MPa 级	46.0	——	659
	0.35	SXRC980MPa 级	51.0	——	743

由表 4.1 可见，在厚度减薄的情况下，电工钢的高频铁损有较大的降低，这与涡流损耗和电工钢的厚度平方成正比有关。比较表 4.2 中硅钢性能，国外企业的高牌号薄规格电工钢性能普遍优于国内顶级牌号。而表 4.2 可以发现，国内在研制高强钢时往往注重磁性能变化，尽力追求高强高效，而日企则会舍弃部分磁性能，达到高强的效果。由图 4.1 可见，当电工钢在拥有足够高的屈服强度下往往会表现出较大的铁损。尽管高屈服强度和高频低铁损不可兼得，但追求良好的磁性能和力学性能，一直是企业和科研机构在新能源汽车用无取向电工钢不断追求的目标。

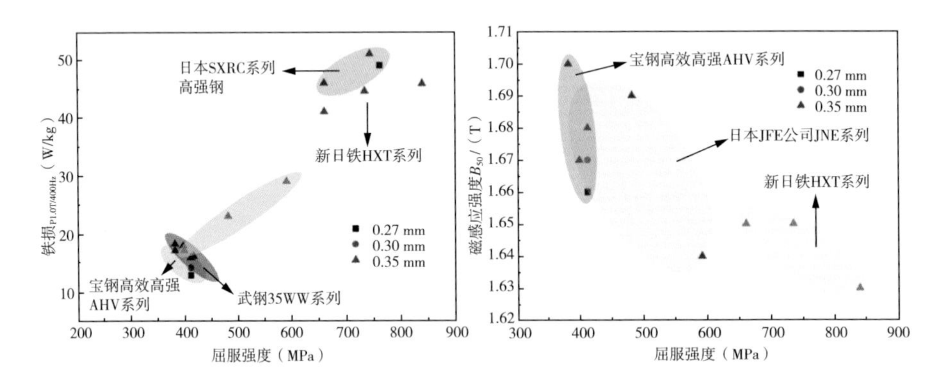

图 4.1 各企业高强电工钢性能

表 4.3 为国内外各企业和科研机构在研究新能源汽车用无取向电工钢中取得的专利成果。从表中发现：①为改善电工钢的磁性能，多采用降低 C、S、N、O、P 等有害元素，提高钢液的纯净度。②添加合金元素 Cu、Mn、

Ti、Nb、Ni、Cr、B等元素，以固溶强化或析出强化方式增强电工钢强度。③控制成品板再结晶程度，引入位错强化增强电工钢强度。④采用合理的冷轧压下率。从上述的专利可以发现，以1%～3.5%低硅钢为基础，添加适量新型合金元素，优化轧制工艺手段，以主要的晶界强化、析出强化、固溶强化和位错强化手段生产高磁高强硅钢是当前制造驱动电机用无取向电工钢的主流趋势。

表4.3　国内外驱动电机用无取向电工钢专利内容

专利号	主要元素成分	主要工艺流程	性能
CN108570595A	C≤0.003，2.5～3Si，0.3～0.6Mn，0.2～0.5CuTi≤0.004，P≤0.03，0.5～0.7Als	热轧厚度为2～2.5 mm；常化温度为800～900 ℃，3～5 min；冷轧压下率80%～90%；成品厚度为0.3～0.35 mm	$P_{1.0/400}$≤16 W/kg B_{50}≥1.67 T
CN10128362B	2Si，0.3～2.0Al，0.05～0.2Mn，0.01P 0.04～0.21Nb	热轧板预退火工艺(700～800)℃×10 h或常化1000 ℃×60 s，冷轧板厚度0.35 mm；退火（600～800)℃×30 s，成品再结晶率小于70%	$P_{1.0/400}$=29～38 W/kg B_{50}=1.62～1.64 T σ_s=520～682 MPa σ_b=680～798 MPa
CN107587039A	1～3.5Si，0.5～2Al，0.5～2Mn，N≤0.003，S≤0.002，C≤0.003，P≤0.05，Cu≤0.05	热轧至1.8～2.8 mm；常化温度750～950 ℃，1～3 min；成品板厚度0.27～0.35 mm	$P_{1.0/400}$≤16 W/kg B_{50}≥1.65 T
JP2008-223045	<0.5Si，0.2Mn，0.01P，2.0～3.2Al，2.0～2.2Cu，0.4～0.6Ni	铸坯均热温度1200 ℃，热轧板厚度2.5 mm，卷曲温度600 ℃，热轧板预退火工艺750 ℃，10 h，冷轧板厚度0.35 mm，退火温度1000 ℃，时效工艺500 ℃×2 h	$P_{1.0/400}$=21～24 W/kg σ_s=640～723 MPa σ_b=729～822 MPa

（续表）

专利号	主要元素成分	主要工艺流程	性能
JP 平 1 - 162748	2.95～3.13Si，0.55～0.65Al，0.1～1.5Mn，1.06～2.5Ni，<1.54Cr，0.3～0.5Mo，0.03～0.3Cu，0.005～0.02P，0.0015～0.0056B	热轧板厚度 1.8 mm，冷轧板厚度 0.5 mm，退火后成品板晶粒平均直径 19～25 μm。	$P_{1.5/50}$=6.1～6.36 W/kg B_{50}=1.63～1.65 T σ_s=600～630 MPa σ_b=690～730 MPa

目前主要的电工钢强化方式有：固溶强化、细晶强化、析出强化及位错强化。根据公开专利发现，新日铁主要采用 Si、P、Mn、Ni、Cr、Mo、Cu、Ti 等合金元素对无取向硅钢固溶强化，住友金属公司则是在研制的 SXRC 系列选择轧制中引入位错和固溶 Nb 控制再结晶制造出 0.35 mm 厚板材，屈服强度可达到 743 MPa，国内宝钢通过控制 C、N、S、Ti 等磁性能有害元素，添加 Ni、Cr 等固溶元素提高屈服强度至 720 MPa。此外还有通过成品退火不完全再结晶实现力学性能和磁性能的平衡。

通常，硅含量为 3%的硅钢屈服强度不超过 450 MPa，仅用该材料作为驱动电机定转子铁芯很难承受高转速下的离心力和疲劳强度。Ni 是硅钢常用的固溶合金元素之一，实验通过比较添加质量分数 2%的 Ni 与未添加 Ni 的 3%硅钢发现，相同工艺下，添加 Ni 同比未添加 Ni 的硅钢屈服强度最大增加了 25.3%，B_{50}同比增加 1.9%，高频铁损 $P_{10/400}$降低了 4.5%，可见 Ni 在同类型固溶合金元素强化下，有着一定的力学性能及磁性能强化优势。但 Ni 价格昂贵且稀少，并不适用于硅钢的大生产模式，因此常考虑用其他元素代替。Mn 也是硅钢中常用的合金元素，Mn 的添加，可以扩大 γ 相区，改善硅钢组织，且在铁素体中有一定的固溶度，可以降低铁损和提高一定的强度和硬度。但强化有限，需要和其他合金共同作用才能达到最低强度要求。根据 2011 年日本 JFE 公司公开专利，提出以 Ti 元素作为发明例关键，将各元素控制在 C+N≤0.01%，Si：1.5%～5.0%，Mn≤3%，Al≤3%，板厚 0.35 mm，其屈服强度在 635～939 MPa，铁损 $P_{10/400}$在 30～48 W/kg。他们认为，Ti 具有固溶强化的作用，能提高一定的强度，且 Ti 可以提高钢再结晶温度，在退火时可保留不完全再结晶组织，使得部分位错密度的存在增加了钢的强度。也有研究发现，Ti 在电工钢主要与 Mn、S、Al 形成复合化合物 Ti - MnS、

TiS-MnS、TiAl-MnS夹杂物富集，退火时阻碍晶粒生长，细化晶粒，增大抗拉强度，但会恶化磁性能。

Nb和Zr、Ti、V一类的合金元素有类似作用，一方面析出碳氮化合物，另一方面通过固溶强化提高硅钢的屈服强度和抗疲劳能力。采用低温短时的退火工艺可增加Nb的晶界偏聚，细化晶粒，达到细晶强化和析出强化的作用。B在析出物改性方面有重要作用，可以将细小的AlN改性为粗大的BN，有效减少{111}织构组分。随着B的添加，B有向晶界偏析的趋势，增加了晶界的结合力，造成了晶粒细化，塑性和强度上升。添加Cu元素也是当今常用的方式，根据文献描述，Cu在铁素体几乎没有溶解度，以析出相存在，但并不会显著影响其磁性能，通过合理的退火工艺暂时抑制Cu的析出，等冲片后进行时效处理析出Cu相可提高其强度。也有相关研究比较Cu、Ni、Cr元素对3%硅钢力学性能比较，发现Cu的添加使得无取向电工钢屈服强度最大，且屈强比最高，冲片性能好。

不完全再结晶技术对力学性能的提升原理即采用位错强化增强硅钢的屈服强度，虽然会对磁性能有害，但强度提升效果明显。4.5%Si硅钢在400～800 ℃ Ar气氛中退火2 h，屈服强度和再结晶率成线性关系，随着再结晶程度的增加，屈服强度不断变小，相应的铁损减小，在90%再结晶程度下磁性能和力学性能最优。同样以含Cr、Nb合金元素的2.8%Si硅钢为研究对象，研究部分再结晶退火对其磁性能和力学性能的影响，以及不同再结晶程度下各强化方式对力学性能的贡献占比。结果表明，60%再结晶程度下磁感应强度B_{50}最高，之后则不断减弱。因此推测要想获得优良的磁性能及力学性能，就需要控制再结晶程度在60%～90%左右。

4.1.2　4.5%Si高硅钢研究现状及应用前景

4.5%高硅钢在铁损方面相较传统工业制造的3%硅钢有一定的磁性能优势，特别是在高频应用领域。虽然不及6.5%高硅钢，但更低的硬度使其轧制、冲片、剪切更容易，因此4.5%高硅钢的研发具有广阔的发展前景。然而其关键开发难点是在高硅含量的成分体系下，如何大幅度提高强度的同时保证优良的磁性能。通常高强钢多采用固溶和析出等多种强化机制，可有效提高强度，但第二相析出恶化了磁性能。相关研究表明，添加微量重稀土Y在基体净化、夹杂物改性和微合金化有着突出作用，同时对韧塑性改善及磁性能优化也有有着重要作用，这为开发高强度新能源汽车用高牌号电工钢提供了新思路。

通过对比4.5%硅钢和6.5%硅钢发现，4.5%硅钢虽然强度较低，但具有更好的延伸率，塑韧性更佳，同时冷轧退火后有着更强的Goss（{110}<001>）织构和更弱的γ（111//ND）织构，磁性能更好。如图4.2为局部Fe-Si二元相图。由相图可知，6.5%Si高硅钢在800 ℃以上时为A2（α-Fe）无序结构，当温度降至700～800 ℃时，硅钢发生A2结构→B2（FeSi）有序结构的转变，在600 ℃以下时发生B2结构→DO_3（Fe_3Si）有序结构的转变，6.5%Si高硅钢在室温下表现为B2+DO_3的两相结构。由于两种有序结构（B2和DO_3）具有高脆性，因此几乎不可能使用常规冷轧工艺制备6.5%Si高硅钢薄板。而4.5%Si硅钢介于低硅钢和高硅钢的分界点，从高温到低温凝固过程中没有bcc结构向fcc结构的转变，完全处于bcc结构单相区。通过XRD及TEM验证4.5%Si硅钢室温下是否存在有序相。如图4.3，通过XRD及衍射花样的标定观察发现，室温下4.5%Si硅钢仅存在无序的A2（bcc）相，因此更加容易轧制。

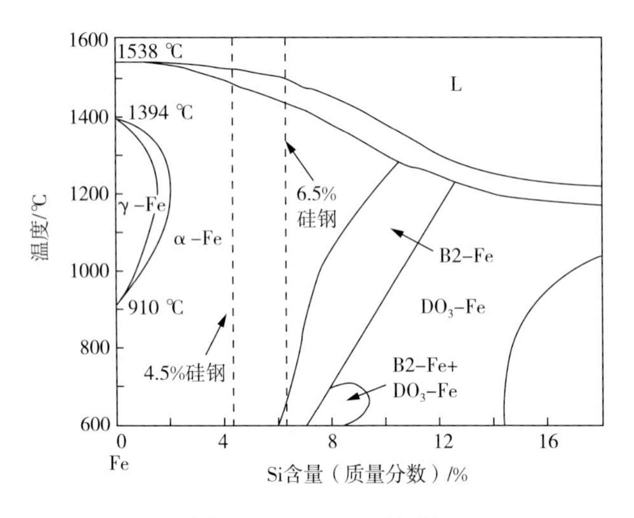

图4.2 Fe-Si二元相图

目前，虽然6.5%Si高硅钢可以通过新方法，如直接轧制法、熔融纺丝、化学气相沉积法（CVD）和粉末冶金制成，但只有日本NKK公司和JFE公司使用化学气相沉积法小规模工业生产。且其产生的$SiCl_4$气体对环境有害，限制了该方法在大规模生产中的应用。早在2000年PARK等人就运用双辊薄带连铸制备了4.5%高硅钢，发现浇铸过程中温度梯度变化使得硅钢薄带沿厚度方向组织织构分布不均。同时研究人员认为铸带的厚度偏差、表面质量及组织及织构控制是阻碍其商业化发展的重大障碍。而采用

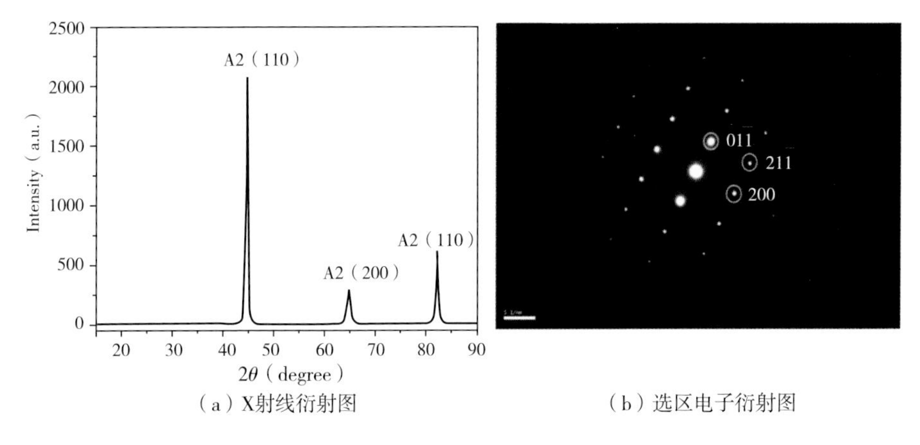

（a）X射线衍射图　　（b）选区电子衍射图

图 4.3　4.5%Si 硅钢铸锭物相分析

传统轧制方法制备 4.5%Si 硅钢薄带不仅具有成分均匀、表面质量优异的特点，并且可以利用织构遗传性，对形变及再结晶织构进行优化控制，最终提高磁性能，采用轧制法制备 4.5%硅钢薄板具有更高的工业应用价值。川崎钢铁公司在 2002 年就已开发出 4.5%硅钢，通过添加 Cr 元素优化成分，显著改善了高硅钢的加工性能，最终成品性能优异，在 5 kHz 频率以上甚至低于 6.5%硅钢。良好的加工区域及优异的磁性能使得 4.5%硅钢在高频应用领域定有广阔的前景。

本章以稀土微合金化 4.5%Si 无取向电工钢（不同 Y 含量 4.5%Si 钢化学成分见表 4.4 所列）为研究对象，通过研究退火温度对成品板力学性能的影响，探索制备高强度 4.5%Si 钢的最佳退火工艺；研究稀土 Y 对 4.5%Si 钢全流程组织的影响，从组织形貌特征、晶粒长大、再结晶织构、磁晶各向异性参数及铁损分离模型等方面，探究稀土 Y 对 4.5%Si 无取向电工钢磁性能优化机制；从形核特点、形核位置、形核时期及晶粒长大等方面研究稀土 Y 在形变和退火过程中对 4.5%Si 钢组织织构演变的机理，揭示了稀土 Y 元素含量对 4.5%Si 无取向电工钢磁性能和力学性能影响规律，开发新一代磁性能和力学性能两者兼顾的高强 4.5%无取向硅钢制备技术。

表 4.4　Fe－4.5wt%Si 钢锻坯化学成分（wt%）

编号	Y	Si	C	S	O	N	Fe
0Y	0	4.5	0.0025	0.0023	0.020	0.0014	Bal.
0.006Y	0.006	4.5	0.0029	0.0024	0.0017	0.0017	Bal.

（续表）

编号	Y	Si	C	S	O	N	Fe
0.012Y	0.012	4.5	0.0028	0.0018	0.0016	0.0017	Bal.
0.016Y	0.016	4.5	0.0025	0.0019	0.0019	0.0016	Bal.

4.2 4.5%Si 高硅钢的力学性能

4.2.1 退火温度对力学性能的影响

目前国内尚未有企业能够量产 4.5%Si 钢成品板，其主要原因在于其硬度较高，制备工艺繁琐，成本较高，成材率及性能不稳定等。因此，如何优化 4.5%Si 硅钢制备工序，提高性能对 4.5%Si 钢实际应用生产具有重要意义。稀土 Y 在电工钢中可以起到提高塑韧性和磁性能的效果，而工艺优化可以有效简化制备工序、提高性能及成材率。基于以上情况，本章节主要以一次轧法制备的温轧板为研究对象，通过成品退火实验，研究成品退火工艺对无取向电工钢温轧板性能的影响。

6.5%Si 高硅钢的室温下表现的硬脆性使其在低温下轧制成形存在困难，严重影响了 6.5%Si 钢的成形率。因此考虑减少 Si 含量来降低其硬度，获得更好的延展性。如图 4.4（a）为硅含量 3%、4.5%和 6.5%的锻坯的硬度，从图中可知硅含量的降低大大减小了硅钢的硬度，这对于 4.5%Si 钢的轧制、冲片及剪切更加有利。由于 6.5%Si 钢在室温下会大量生成 B2 和 DO_3 有序相，严重恶化 6.5%Si 钢的加工性能，但从 Fe－Si 相图中已知，当 Si 含量为 4.5%时并没有有序相的出现，但考虑实际稀土 Y 的添加对相图的影响，因此采用 X 射线衍射技术来验证 4.5%Si 钢中有序相的存在。通过对含 0.016%Y 的 4.5%Si 钢锻坯分析发现，如图 4.4（b）所示，X 射线衍射图谱中均为 A2 相，并未出现 B2 或者 DO_3 有序相的衍射峰，据此可以认为 4.5%Si 钢在室温下不存在 B2 或者 DO_3 有序相。

经过热轧、常化、酸洗及温轧，四批不同 Y 含量的 0.3 mm 厚温轧板成功制备。如图 4.5 所示，4.5%Si 钢温轧板在经过 85%压下量后表面光亮，无起皮氧化现象，边部没有边裂的产生。在不经退火后，4.5%Si 钢温轧板可弯曲超过 150°而不发生断裂，可知其塑韧性较好。

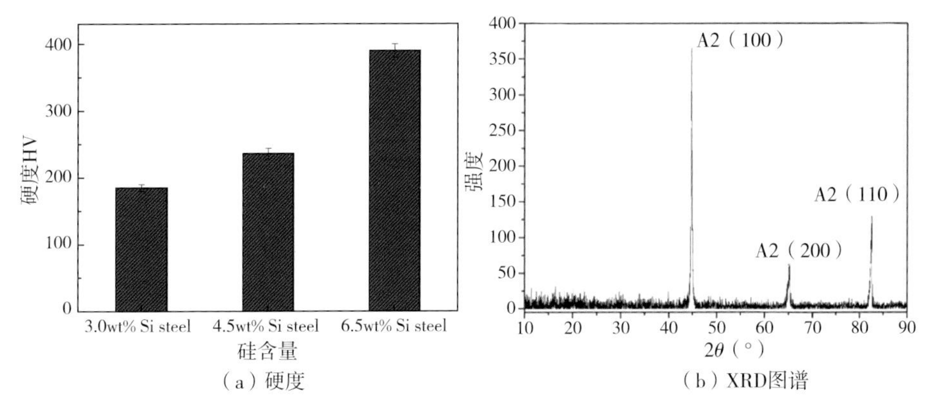

（a）硬度　　（b）XRD图谱

图 4.4　不同 Si 含量硬度对比图及 0.016Y 试样钢锻坯合金相分析

（a）4.5%Si钢温轧板

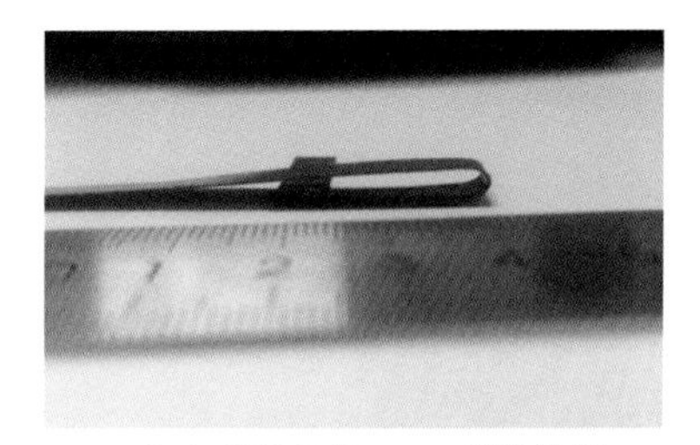

（b）弯折后的4.5%Si钢温轧板

图 4.5　4.5%Si 钢温轧板

相关的研究认为，4.5%Si 钢较 6.5%Si 钢强度较低，但具有更高的延伸率，冷加工性能较好，在基体内没有 B2 和 DO_3 有序相生成。而从日本的相关专利发现，成功制备的 4.5%Si 钢高频磁性能甚至优于 6.5%Si 硅钢。总体而言，经过对 4.5%Si 钢轧制的可行性分析及验证后认为，4.5%Si 钢以其硬度低、塑性好，轧制成形性优异方面较 6.5%Si 钢有独特优势，适合通过传统一次轧法制备。

采用 75%H_2+25%N_2 在光亮退火炉中对 0.3 mm 温轧板进行退火，温度范围为 600～1000 ℃，保温时间均为 2 min。用不同退火温度下的成品板切取一定数量的拉伸试样，测试不同 Y 含量的屈服强度，其再结晶分数和屈服强度结果如图 4.6 所示。从图中可以看出，总的变化主要分为三个趋势：回复阶段，即 600～650 ℃之间，位错密度降低较少，屈服强度呈现慢速降低。再结晶过程，即 650～900 ℃之间，在该过程位错密度大量降低，新的取向晶粒生成，屈服强度降低。再结晶完成，晶粒长大阶段，即 900 ℃以上的区间。此时，特定取向晶粒长大不稳定，织构类型复杂。在晶粒长大阶段，晶界强化是屈服强度的主要来源，晶粒尺寸越大，屈服强度越低。从三个阶段而言，稀土 Y 对成品板屈服强度影响较小，0Y 试样和其他含 Y 试样屈服强度之间相差不大。

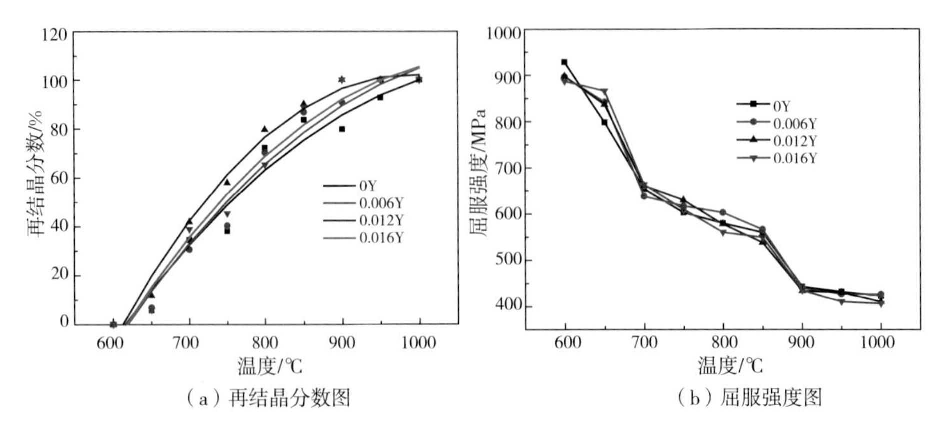

（a）再结晶分数图　　（b）屈服强度图

图 4.6　退火温度对再结晶分数和屈服强度的影响

通过比较国内外现有的商业高强钢，本实验 4.5%Si 钢样品性能如图 4.7（a）所示，在同等屈服强度下，磁感应强度相较于国内外高强钢并没有明显优势，但在优化铁损方面效果显著。在同等铁损下，实验室制备的 4.5%Si 钢相较于武钢 35W 系列和宝钢高效高强 AHV 系列屈服强度高近 100 MPa，在同等屈服强度下，与日本 JFE 公司 JNE 系列相比，铁损 $P_{10/400}$ 低了近 10 W/kg。

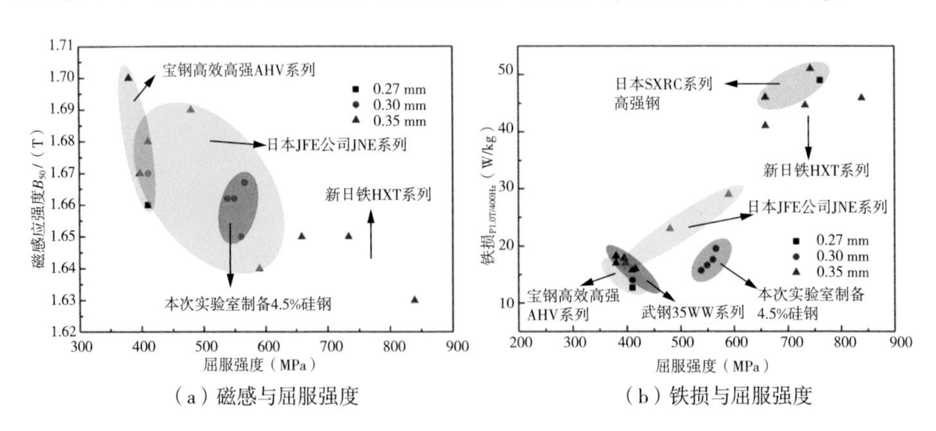

（a）磁感与屈服强度　　（b）铁损与屈服强度

图 4.7　本实验 4.5%Si 钢样品与国内外高强钢性能对比

4.2.2　稀土 Y 对冲击性能的影响

由于高硅钢硅含量较高，其强度和硬度相较于企业生产硅钢硬度明显上升，轧制时变形抗力增加，增加了实际生产中断带的风险，因此良好的塑韧性是高硅钢应用实践生产的前提。大量研究认为由于稀土在晶粒细化，钢液净化，夹杂物改性及减少有害元素P、S的偏析等方面的作用提高了冲击韧性。从四种不同Y含量的锻坯中制备尺寸为55 mm×10 mm×10 mm大小的夏比冲击试样，分别在室温、100 ℃和200 ℃验证Y含量对4.5%Si钢冲击性能的影响。图4.8所示为不同温度下不同Y含量锻坯冲击性能结果。分析表明，冲击温度为室温时，四种Y含量试样冲击功基本没有变化，均在2 J内。当冲击试验温度升高至100 ℃时，冲击功有所提高，但不同Y含量试样冲击韧性并没有差距。当冲击试验温度升高至200 ℃时，冲击功提升明显。随着稀土Y含量的增加，冲击韧性不断上升，0.016Y试样冲击功最高，为49.9 J。

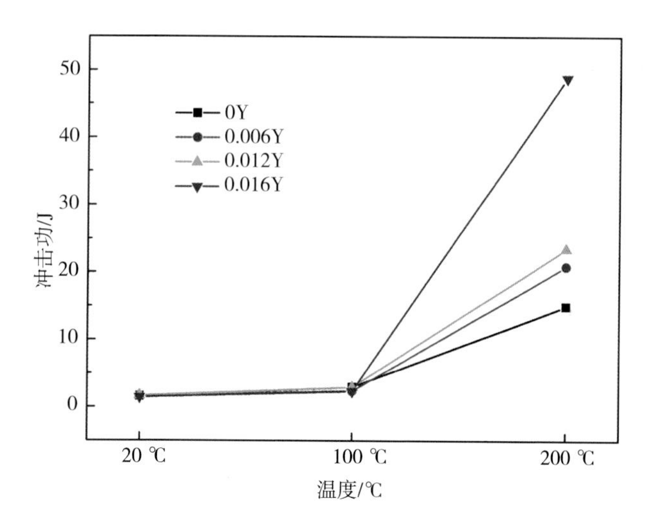

图4.8 不同温度下不同Y含量试样冲击韧性

图4.9为冲击断口的显微形貌。在20 ℃及100 ℃冲击下，四种Y含量试样断口均表现为有河流花样的脆性断裂。当试验温度提升到200 ℃时，如图4.9 (c)、(f)、(i)、(l) 所示，在200 ℃冲击下，四种试样断口均出现韧窝，所有试样韧性有所改善。随着Y含量的增加，断口出现的韧窝的面积越大，冲击韧性越好。如图4.10所示，当钢中Y/S的比重不断上升，冲击功也不断增加。稀土Y在晶界的偏聚能够净化晶界，减弱晶界上S的偏聚，阻碍晶间裂纹形成和扩展，一定程度上提高了硅钢的韧性。由表4.4可知，随着Y含量增加，钢中全O、S总量下降更多，因此冲击韧性增加。

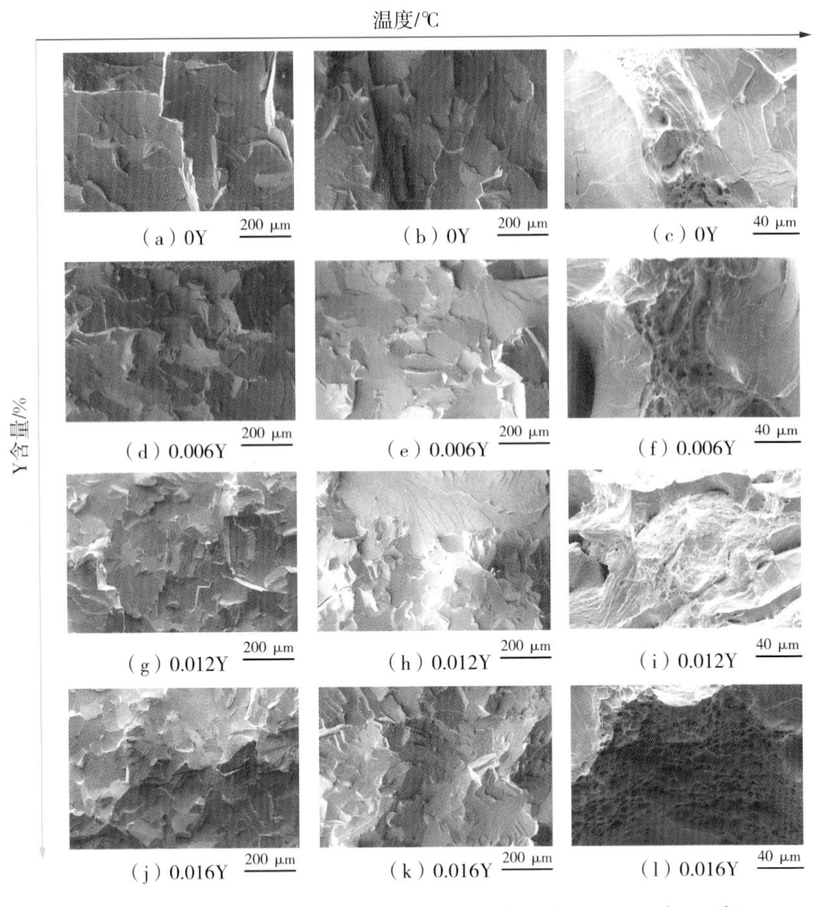

图 4.9 20 ℃ (a)、(d)、(g)、(j)，100 ℃ (b)、(e)、(h)、(k) 及 200 ℃ (c)、(f)、(i)、(l) 温度下不同 Y 含量冲击断口微观组织形貌

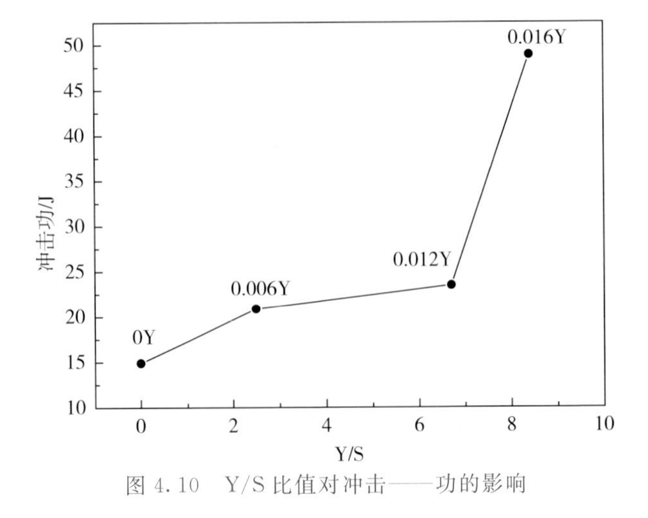

图 4.10 Y/S 比值对冲击——功的影响

4.2.3　稀土Y对拉伸性能的影响

为研究稀土Y对轧态和退火态的4.5%Si钢的拉伸性能的影响，在不同Y含量的温轧板及退火900 ℃的成品板中取标准拉伸样，测试其屈服强度。如图4.11（a）所示，在轧制状态下，随着Y含量的增加，屈服强度不断增高，其中0.016Y试样屈服强度最高，可达到1117 MPa。而延伸率方面伸长量均不超过1%。根据图4.11（c）所示，随着Y含量的增加，温轧板位错密度呈现先上升后下降的趋势，稀土Y的添加导致轧板位错密度增大是屈服强度提升的重要原因。

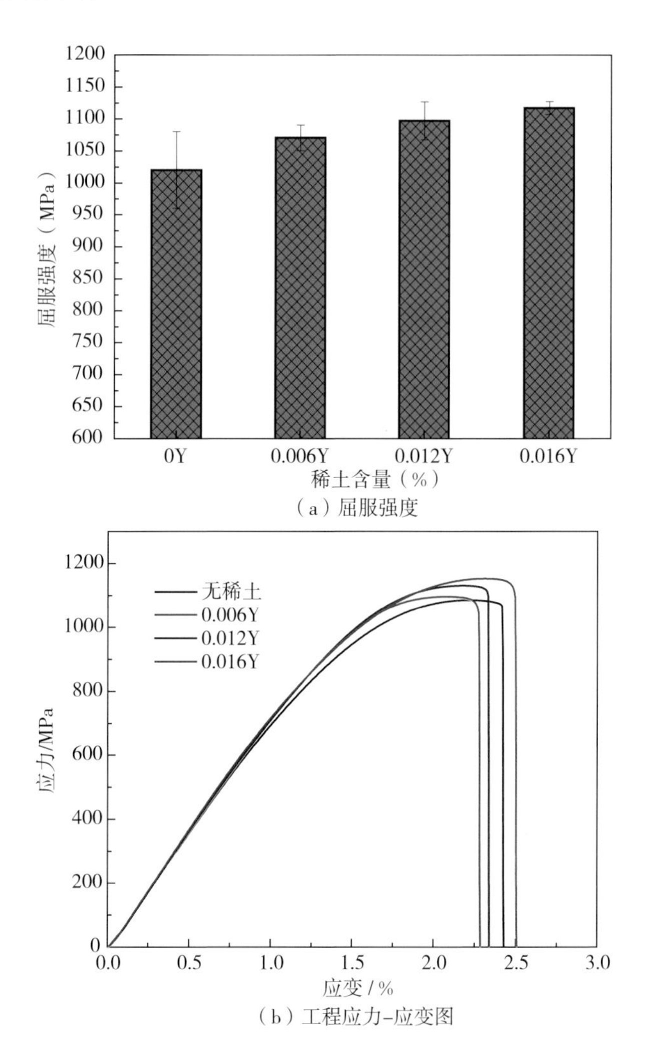

（a）屈服强度

（b）工程应力-应变图

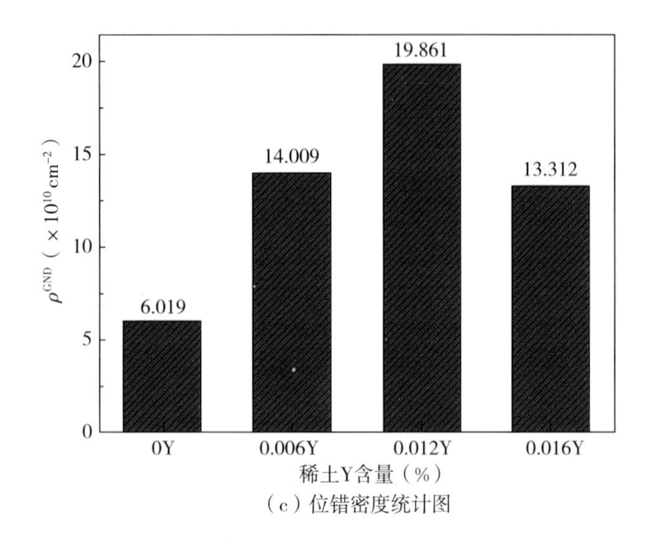

（c）位错密度统计图

图 4.11　不同 Y 含量下温轧板的屈服强度图及位错密度图

图 4.12（a）为 900 ℃退火 2 min 的成品板屈服强度图。900 ℃后，由于发生了再结晶，位错强化消失殆尽，导致强度下降，随着温度升高，晶粒尺寸增大，屈服强度将进一步降低。随着 Y 含量的增加，屈服强度先减小后增大。总体看，含 Y 试样的屈服强度普遍比无 Y 试样屈服强度更低，其中 0.012Y 试样的屈服强度最低，为 429.6 MPa。再结晶晶粒的晶界强化可按式（4－1）计算：

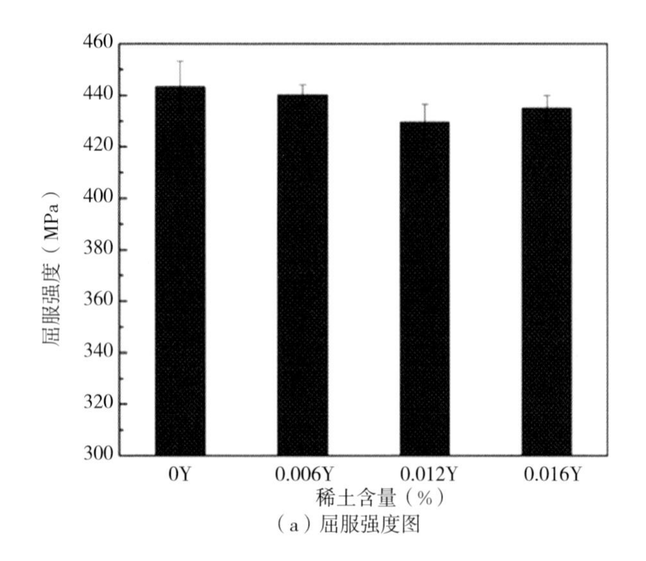

（a）屈服强度图

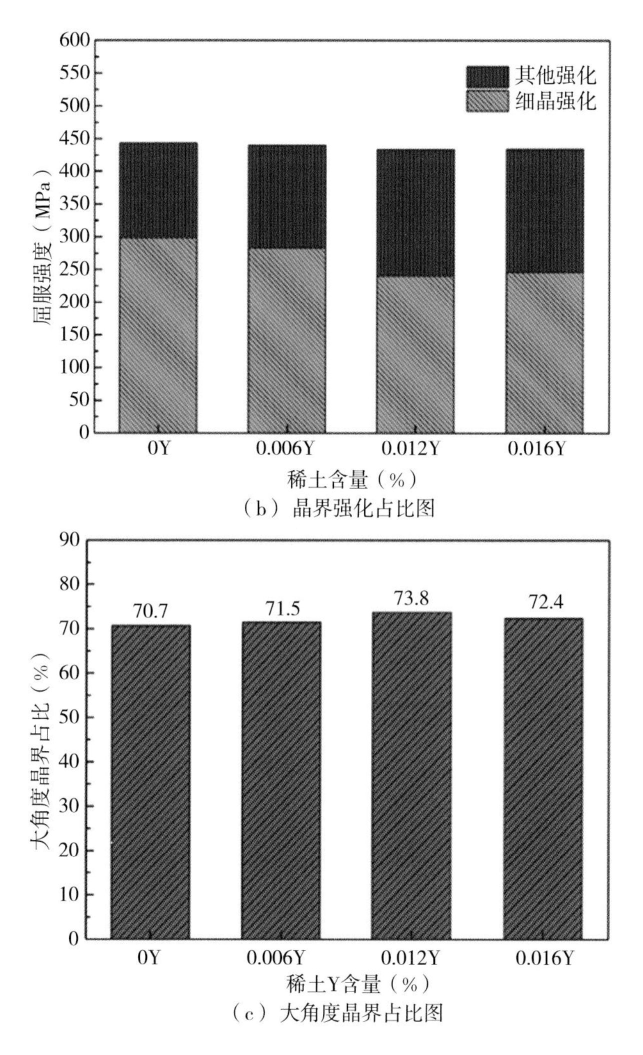

（b）晶界强化占比图

（c）大角度晶界占比图

图 4.12　不同 Y 含量下成品板的屈服强度图、晶界强化占比图和大角度晶界占比图

$$\Delta\sigma_{GB}=17.402\,d^{-1/2} \tag{4-1}$$

式（4-1）中 d 为再结晶晶粒平均尺寸。如图 4.12（b）所示，晶界强化占主要的强度贡献。Y 的添加使得屈服强度少量降低，同时晶界强化对屈服强度的贡献也不断降低。这是添加 Y 后使得总的屈服强度下降的重要原因。大角度晶界能够引起位错在晶界处的塞积从而使强度增高，如图 4.12（c）所示，稀土 Y 的添加增加了成品板大角度晶界占比，一定量提升了强度，但是晶粒尺寸增大使得晶界数量减少，对屈服强度的影响更大，因此稀土 Y 的添加略微降低了成品板强度。

4.3 稀土钇对4.5%Si高硅钢组织与磁性能的影响

4.3.1 热轧组织

图4.13为不同Y含量热轧板的金相组织。四种样品表层为大量细小的再结晶晶粒，中间为拉长的形变晶粒。组织的不同腐蚀程度反映储存能不一致，腐蚀浅的地方则其储存能较低，腐蚀颜色深的地方储存能较大。这是因为在热轧过程中板坯承受较大的摩擦力与剪切应力，表层受到的应力更大，位错密度更大，表层再结晶驱动力的储能更高，因此表层相较中心层能够更快的发生再结晶，形成大量细小的等轴晶粒。从图中发现0Y热轧板表面再结晶粒数量较多。硅钢中含有Y的样品中虽然表层也有再结晶粒，但变形晶粒仍然有部分出现在表层，且表层再结晶粒较少。特别是0.006Y试样，表层还是处于热轧后的回复状态，表层受腐蚀颜色深，位错密度大，并没有类似0Y试样出现大量细小的再结晶晶粒，因此0.006Y试样还未发生再结晶。而从0.012Y试样和0.016Y试样来看，其金相组织类似，中心及次表层有着更多被轧制拉长的形变晶粒。

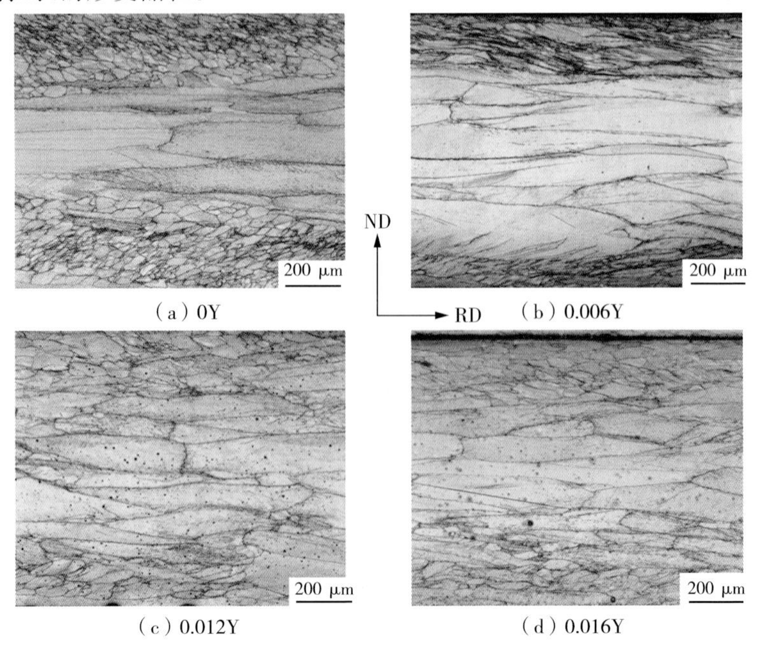

图4.13 不同Y含量的4.5%Si钢热轧板金相组织图

如图4.14（a）～（d）表示的是不同Y含量下热轧板的IPF图及对应$\varphi_2=0°$与$\varphi_2=45°$的ODF图，四种Y含量的热轧板均有近{001}＜110＞、{223}＜110＞和{110}＜001＞（Goss）织构。0Y试样热轧板织构强度集中在Goss织构，但添加Y后Goss织构强度均有一定减弱。其中0.006Y试样主要有强{001}＜110＞和{223}＜110＞织构。但当Y含量添加到0.012%时，总体织构强度减弱，主要为{001}＜210＞和{110}＜114＞织构。当Y含量为0.016%时，Goss织构基本消失，主要为{001}＜110＞、{112}＜110＞和{111}＜231＞织构。

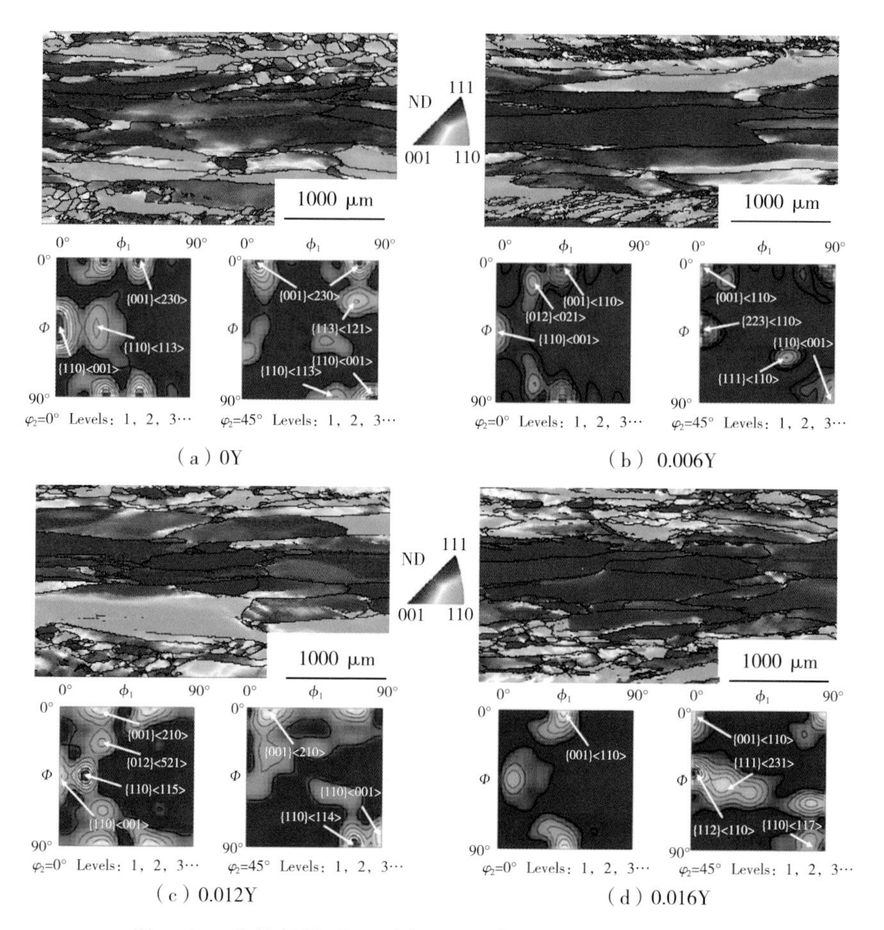

（a）0Y　（b）0.006Y

（c）0.012Y　（d）0.016Y

图4.14　热轧板侧面IPF图、$\varphi_2=0°$和$\varphi_2=45°$截面ODF图

4.3.2　常化组织

形变态的热轧组织不利于获得优良的成品磁性能，因此需要通过常化工

艺调整热轧组织，降低后续轧制风险，防止瓦垄状缺陷的出现，同时常化对成品板织构也有改善作用。研究表明，粗大的常化板晶粒尺寸提高了冷轧板剪切带密度，为 λ 和 Goss 再结晶晶粒提供了更多形核位置，最终成品织构表现为强 λ 和 Goss 织构，磁感大幅提升。因此，常化板的组织结构对后续温轧及成品退火起到至关重要的作用。

图 4.15 为不同 Y 含量 4.5%Si 钢常化板金相组织，在经过 900 ℃下 4 min常化后可以发现虽然中心部分的形变晶粒减少，表层再结晶晶粒增多，尺寸增大，但仍呈现分层现象，这在 0Y 和 0.006Y 试样中尤为明显。相比之下，0.012Y 和 0.016Y 试样组织大部分为均匀的等轴晶粒，再结晶程度更高，这与稀土对夹杂物的粗化改性作用使得晶界迁移速率增加有关。

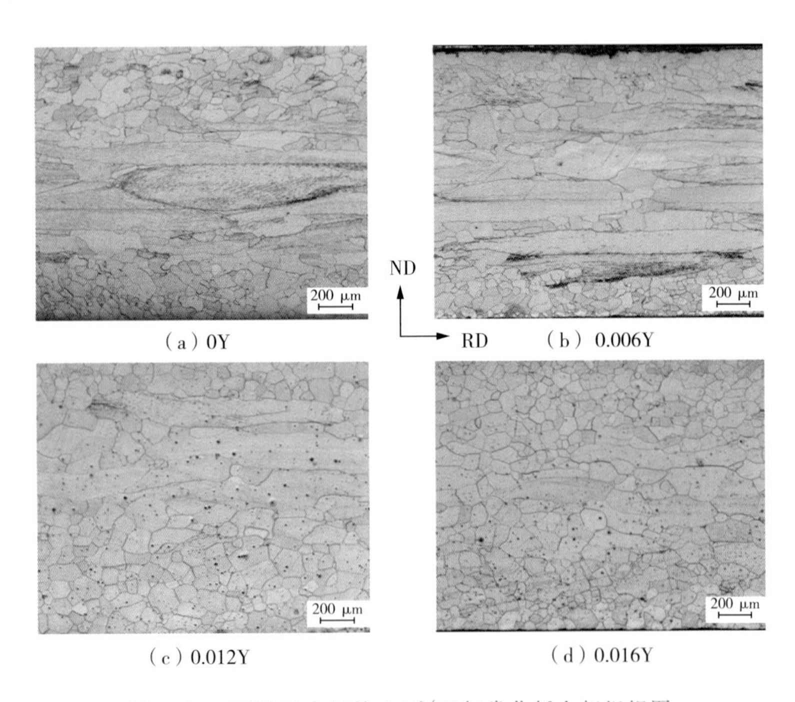

图 4.15 不同 Y 含量的 4.5%Si 钢常化板金相组织图

图 4.16 (a) ～ (d) 表示的是不同 Y 含量下常化板的 IPF 图，图 4.16 (e) ～ (h) 是常化板对应 $\varphi_2=45°$截面的 ODF 图，可见经过短时间常化后，织构强度减弱。常化板中存在的主要织构是 λ、α 和 Goss 织构，但不同 Y 含量其织构占比有所不同。0Y 试样中主要织构为 {116} <230>、{223} <461>、{001} <230>、{332} <146>和 {110} <001>，其中最强为 Goss 织构，强度为 5.72。在添加 0.006%Y 后，常化板中 {001} <110>成为主要的织

构，其峰值为10.9，但Goss织构大幅减弱。0.012Y常化板中总体织构减弱，主要为{001}<110>织构。随着稀土Y含量进一步增加到0.016%，{001}<110>织构强度继续减弱。

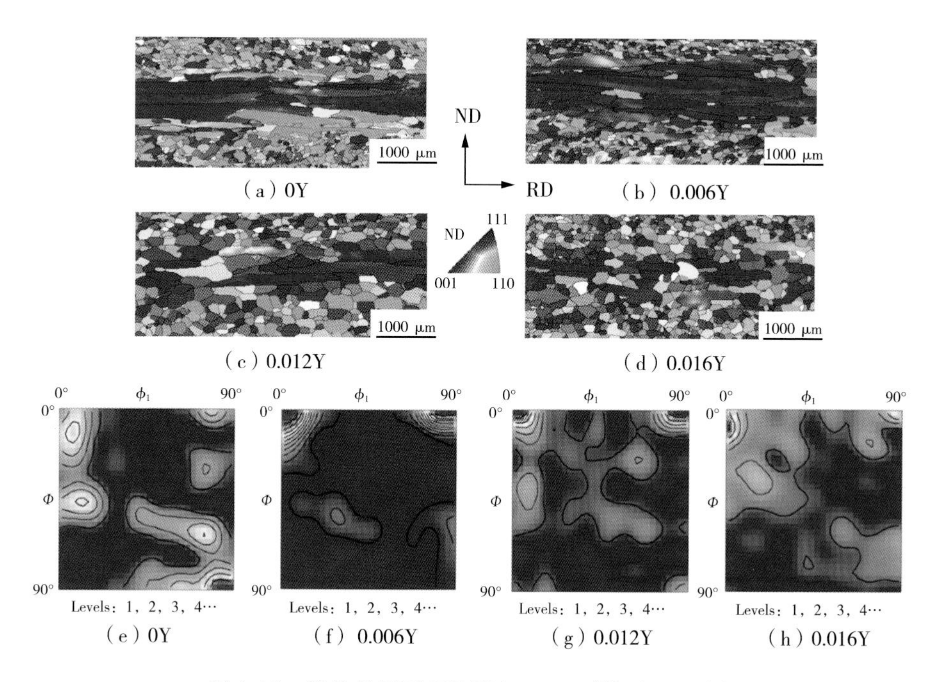

图4.16　常化板侧面IPF图和$\varphi_2=45°$截面ODF图

为了更直观反映稀土Y含量对常化板中的织构密度变化，对不同Y含量常化板主要织构含量进行了统计分析，见表4.5所列。随着稀土Y含量的增加，λ织构呈现先增加后减少的趋势，γ织构占比不断下降。因此稀土Y有着增加λ织构，减弱γ织构作用。通常采用织构因子（T_{eq}）来定义有利织构与不利织构间的竞争关系，确定总体织构的优劣。其表达式为：

表4.5　常化板主要织构占比

试样	<100>//ND	<111>//ND	Goss	T_{eq}
0Y	10.8	16.1	7.76	1.153
0.006Y	32.9	15.9	3.78	2.307
0.012Y	19.1	13.1	3.69	1.740
0.016Y	15.8	11.3	2.99	1.663

$$T_{eq}=(V_{Goss}+V_{\lambda})/V_{\gamma} \quad (4-2)$$

通过织构因子的计算发现，虽然稀土 Y 的添加弱化了有利的 Goss 织构，但这不影响稀土 Y 对常化板整体织构的优化，常化板的织构具有遗传作用，良好的常化板织构有利于成品板优异织构的形成，因此稀土 Y 存在优化织构的作用。

4.3.3 温轧组织

图 4.17 为不同 Y 含量的温轧板菊池带衬度图和对应的 $\varphi_2=45°$截面 ODF 图，经过 85%大的温轧压下率后，温轧板中主要织构仍为 α（＜110＞//RD）纤维织构和 γ 纤维织构。这是因为转动路径有两条，分别为：｛110｝＜001＞→｛111｝＜112＞→｛111｝＜110＞→｛223｝＜110＞；｛001｝＜100＞→｛001｝＜110＞→｛112｝＜110＞→｛223｝＜110＞。其中 γ 织构为亚稳定取向，最终轧制到一定程度都会表现出强稳定织构｛223｝＜110＞。因此图中 α 纤维织构和 γ 纤维织构均为轧制过程中的中间织构。图中 0Y 试样的温轧薄板中显示出 α 中｛116｝＜110＞取向最强，f（g）＝16，γ 织构中｛111｝＜110＞取向最弱，f（g）＝3.7。在添加 0.006%后，｛100｝＜011＞取向强度减弱，γ 和｛223｝＜110＞织构增强。0.012Y 试样温轧板中存在强｛112｝＜110＞和｛223｝＜110＞织构，且 γ 织构呈继续增强的趋势，整体织构类型增强，向｛223｝＜110＞织构过渡。随着 Y 添加到 0.016%，织构的差异性

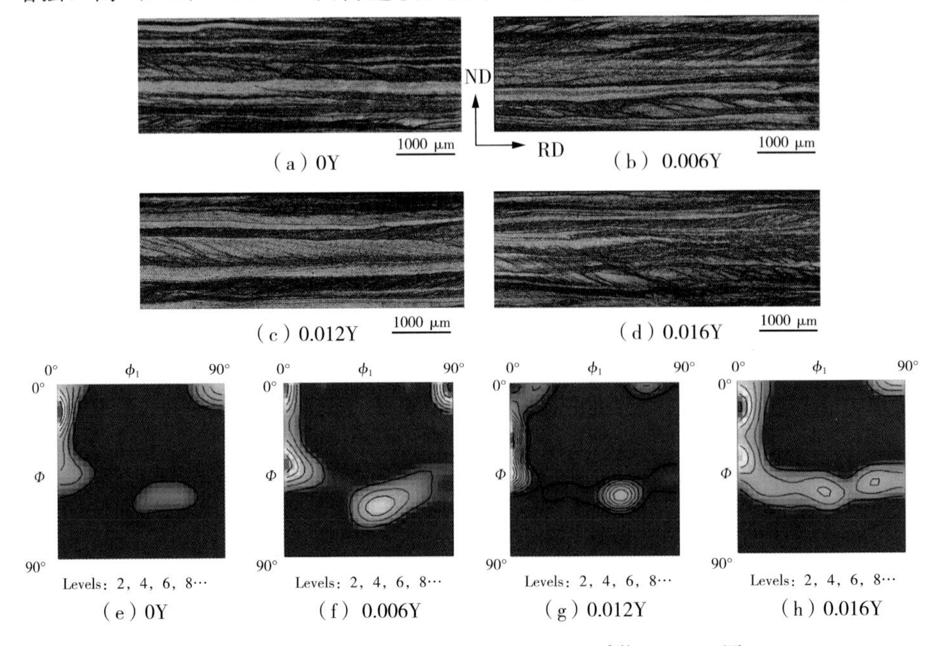

(a) 0Y (b) 0.006Y (c) 0.012Y (d) 0.016Y
(e) 0Y (f) 0.006Y (g) 0.012Y (h) 0.016Y

图 4.17 温轧板菊池带衬度图和 $\varphi_2=45°$截面 ODF 图

减弱，此时温轧板主要织构为 {116} <110>、{223} <110>及一定强度的 γ 织构。

4.3.4　成品组织

图 4.18 为不同 Y 含量成品板金相组织，在经过 1000 ℃退火 2 min 的工艺下，0Y 试样的平均晶粒尺寸为 35 μm，均小于含 Y 试样，0.012Y 试样平均晶粒尺寸最大，为 65 μm。因此添加适量的 Y 可以促进 4.5%Si 钢晶粒进一步生长，但是 Y 含量超过 0.012%，则晶粒长大受阻。主要原因在于含 Y 试样常化板再结晶程度较高，晶粒尺寸较大，晶界面积减少，再结晶晶粒在晶界处形核数量较少，因此成品晶粒尺寸较大。此外由于稀土 Y 对钢液的净化作用，微细夹杂物对晶界迁移的抑制作用降低，因而最终成品晶粒尺寸在添加 Y 后增大。

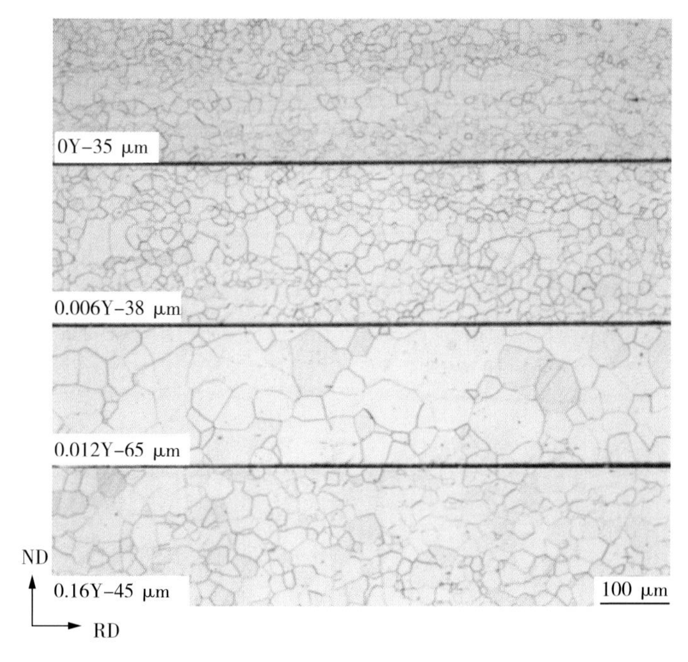

图 4.18　不同 Y 含量成品板金相组织

图 4.19 为不同 Y 含量下成品板的 ODF（$\varphi_2=45°$和 $\varphi_2=0°$）截面图。成品板主要为强 γ 织构，{h，h，l} <1，2，h/l>（α^*）织构和较弱的 {001} <130>织构。0Y 试样中的主要织构为 {111} <112>及弱的 {001} <110>和 {001} <130>织构，在添加了 0.006%Y 后，试样中的主要织构为 {112} <241>织构。在进一步添加稀土 Y 至 0.012%时，{111} <112>

减弱，{001}＜130＞织构增强。当 Y 含量为 0.016％时，形成了强{001}＜110＞和{111}＜112＞织构。强 α* 织构会在大轧制压下率和退火中出现在 bcc 金属中，由于本次成品板压下率为 85％，因此退火板中表现出强的 α* 织构。而 γ 取向晶粒在高储能区域有着形核优势，在再结晶早期阶段于{111}＜uvw＞变形晶粒及晶界附近优先形核，成为再结晶后期的主要织构。

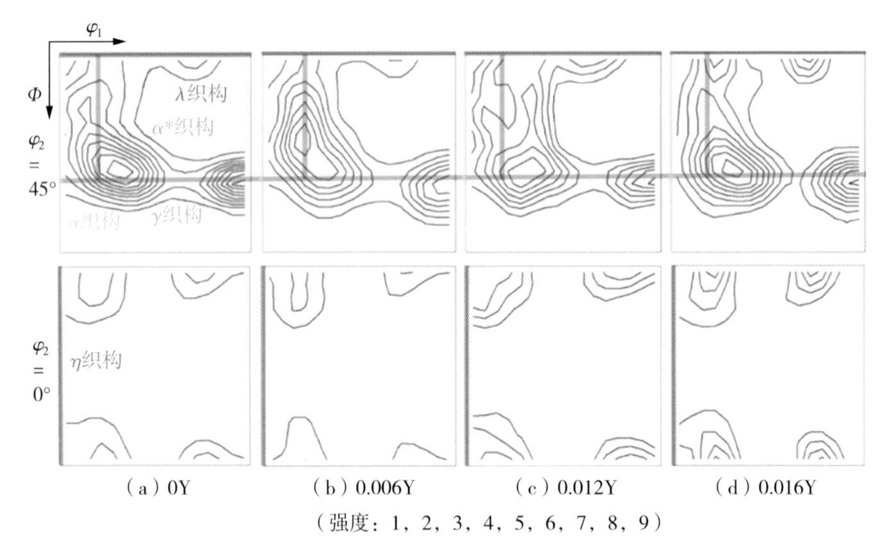

图 4.19 不同 Y 含量成品板 φ_2＝45°截面和 φ_2＝0°截面 ODF 图

图 4.20 所示为统计的不同 Y 含量下的{111}//ND 和{001}＜130＞织构组分占比，随着 Y 含量的增加，γ 织构呈现先减弱后增强的趋势，而

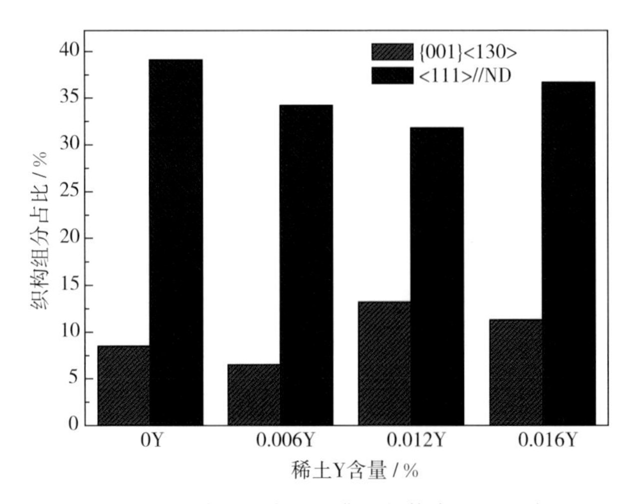

图 4.20 稀土 Y 含量对典型织构占比的影响

{001}＜130＞织构则是先有一定减弱，然后增强。总体而言，稀土Y对4.5%Si钢成品织构有着优化作用。

4.3.5　成品板夹杂物

稀土Y原子半径为1.801 Å，铁原子半径为1.24 Å，因半径差异较大，且稀土原子电负性和晶体结构与铁原子差距较大，因此研究认为稀土仅以置换形式存在于晶格中，稀土在室温下固溶度较低。由于稀土Y化学性质活泼，与O、S元素具有很强的亲和力，在钢液中形成高熔点球形氧化物、硫化物、氧硫化物等符合夹杂物，降低钢中O、S有害元素，净化钢液。无取向电工钢作为超低碳纯净钢，钢质越纯净对其最终的磁性能也越好，钢中常见的夹杂物主要有Al_2O_3、SiO_2、MgO、CaO、AlN等以及Al_2O_3与MgO、AlN与MnS的复合夹杂物。普遍认为，粗大的夹杂物颗粒（＞0.5 μm）不会在磁化过程中对磁畴壁的迁移产生阻碍作用，对磁性能的影响较小。如图4.21（a）所示为0Y成品板试样中出现的典型夹杂物，为呈方状100 nm左右的TiN夹杂物，这种大量微细夹杂物的存在不仅会直接阻碍磁化过程，同时更会钉扎晶界并且阻碍再结晶晶粒的长大，晶界密度提高间接促使铁损提高，不利于磁性能。如图4.21（b）所示，为尺寸约500 nm的Y_2O_2S的稀土氧硫化物夹杂物。随着Y含量添加到0.012%，如图4.21（c）所示，形成了为1 μm左右的TiO_2、Al_2O_3、Y_2O_2S复合夹杂物。当Y含量达到0.016%时，大量粗大的夹杂物（＞1 μm）出现。总体而言，在加入稀土Y后大部分夹杂物变质为尺寸较大的球状夹杂物。相关研究认为，在钢液中稀土会以稀土氧、硫化物作为形核点，附着吸引其他Ti、Al、O、S等有害元素，形成稀土复合夹杂，使得TiO_2、Al_2O_3、TiN、AlN等夹杂物单独析出数量减少。

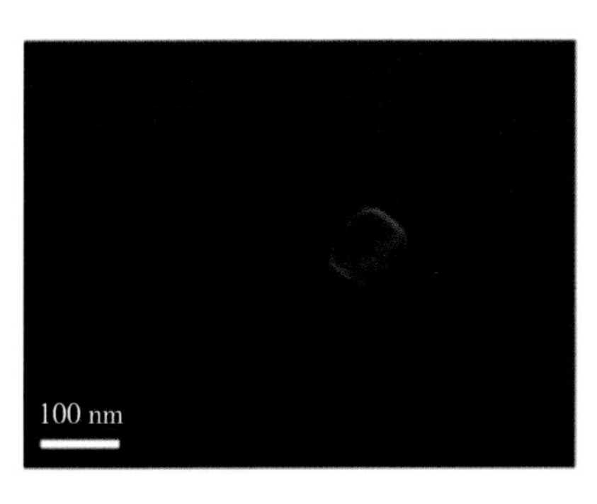

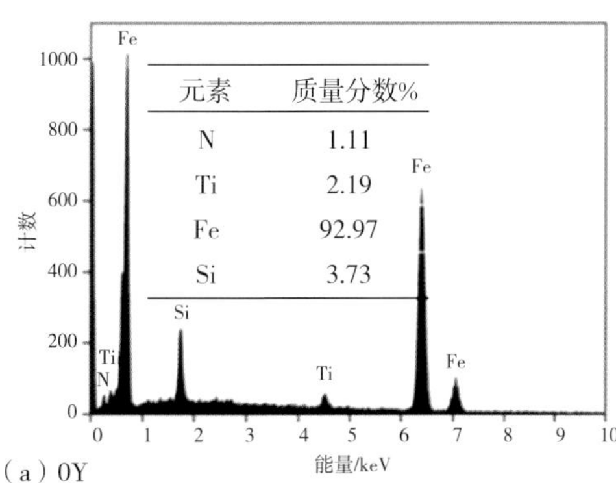

（a）0Y

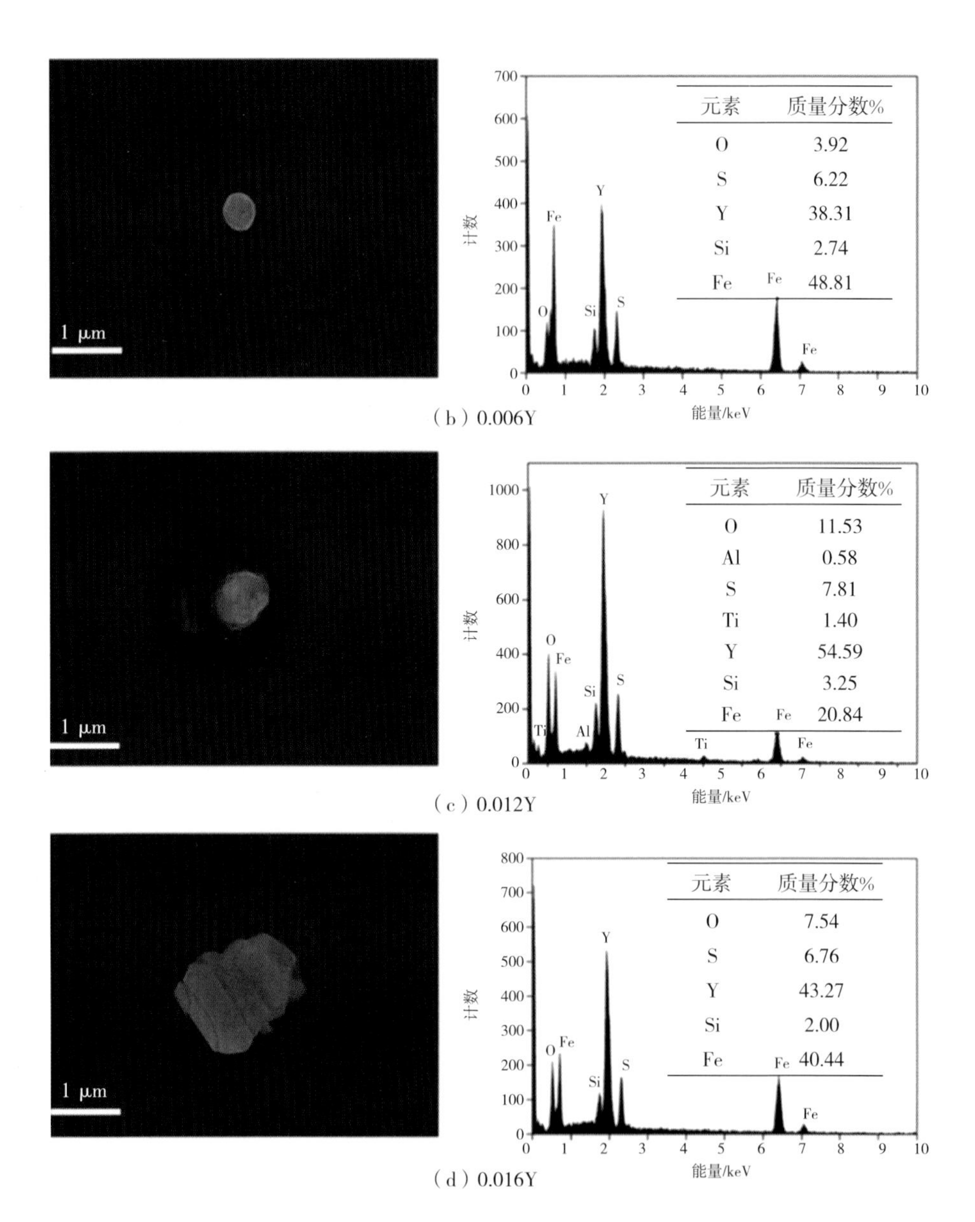

元素	质量分数%
O	3.92
S	6.22
Y	38.31
Si	2.74
Fe	48.81

(b) 0.006Y

元素	质量分数%
O	11.53
Al	0.58
S	7.81
Ti	1.40
Y	54.59
Si	3.25
Fe	20.84

(c) 0.012Y

元素	质量分数%
O	7.54
S	6.76
Y	43.27
Si	2.00
Fe	40.44

(d) 0.016Y

图 4.21 不同 Y 含量成品板中夹杂物形貌及能谱分析

利用扫描电镜在 2000 倍和 50000 倍下各随机挑选 40 个视场，统计总的夹杂物数量及其尺寸。图 4.22 为 4.5%Si 钢成品板中的夹杂物尺寸和数量分布。由图可见，总体夹杂物尺寸呈现两头高，中间低的趋势，即夹杂物尺寸集中在 0～300 nm 和大于 1 μm 的范围内。在 0～500 nm 范围内，0Y 试样相对其他三种不同 Y 含量的试样夹杂物数量最多，其次则是 0.006Y 试样，然后为0.016Y试样，0.012Y试样夹杂物数量最低。而夹杂物尺寸在500 nm以上的范围，随着Y含量的不断增加，夹杂物数量增多，夹杂物分布越来越靠近大于1 μm的范围。0Y试样微细夹杂物的密度峰部主要在0～100 nm，是0.012Y试样微细夹杂物分布密度的4倍之多。相对的，0.012Y试样夹杂物分布宽泛，且在600 nm以下的各区间内夹杂物数量最低。稀土Y易与有害元素O、S形成稀土氧化物及硫化物，上浮速度快，利于钢液除杂。稀土Y的添加使得硅钢全氧、硫总质量分数下降，钢液得到净化。但Y含量过高则会形成密度过大，不易浮出金属液的稀土脱氧、脱硫产物，因此总体夹杂物数量又会上升。

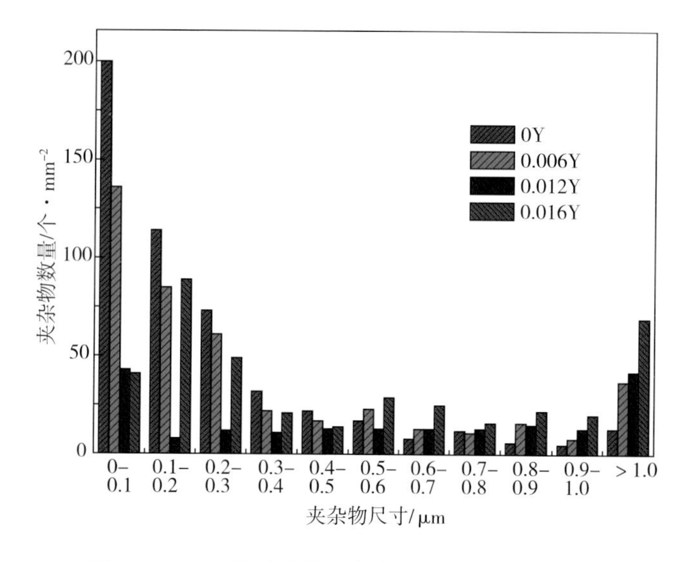

图4.22 Y含量对成品板中夹杂物尺寸数量的影响

4.3.6 稀土Y对晶粒长大的影响

由于磁化过程中晶界对磁畴运动的阻碍作用，因此晶粒尺寸是影响磁滞损耗的重要因素，有必要探究稀土Y对晶粒长大的影响。采用等温处理方法，分别在800 ℃、900 ℃和1000 ℃下退火15 s、30 s、60 s、120 s和300 s，通过截点法测得不同试样成品板平均晶粒尺寸。如图4.23 (a)、(b)、(c) 所示，退火温度的降低显著减小各试样成品晶粒尺寸，但0.012Y试样仍是有着最高的晶界迁移速率。随着时间的推移，各试样晶粒长大速度减慢，这是因为晶界减少降低了界面能，晶粒长大的驱动力也随之降低。

等温处理的晶粒长大模型可采用以下公式：

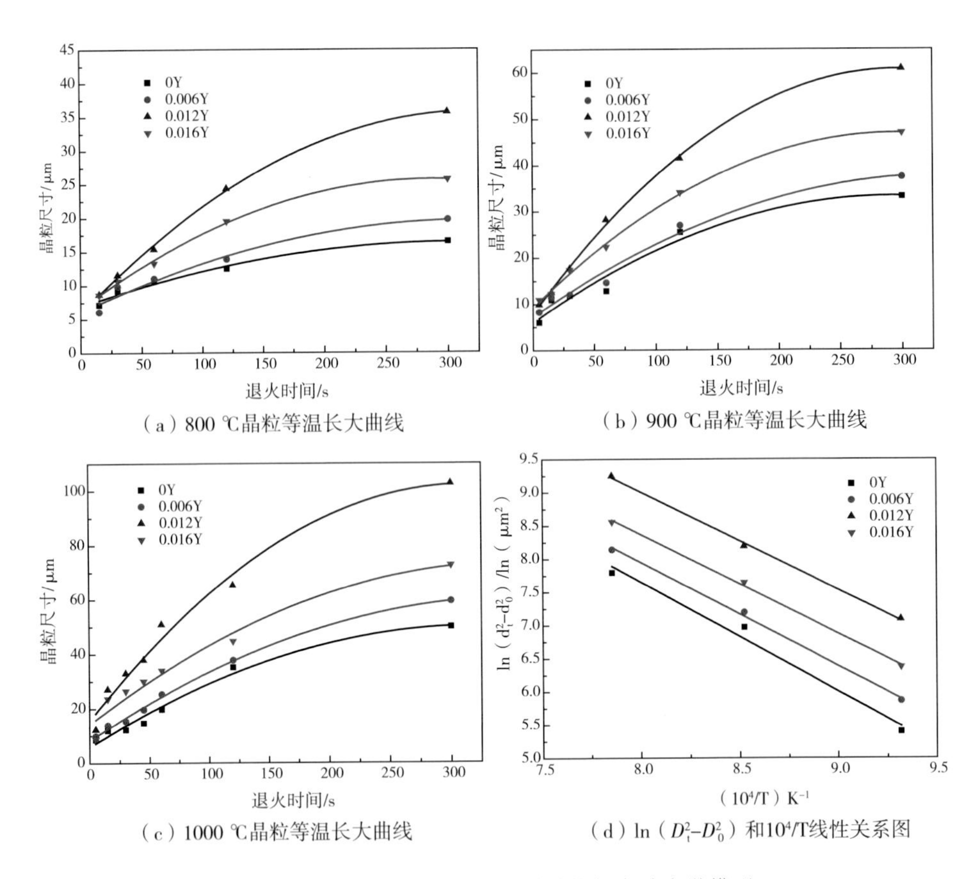

（a）800 ℃晶粒等温长大曲线

（b）900 ℃晶粒等温长大曲线

（c）1000 ℃晶粒等温长大曲线

（d）ln（D_t^2-D_0^2）和10^4/T线性关系图

图 4.23　图 4 不同 Y 含量试样晶粒长大动力学模型

$$D_t^2 - D_0^2 = K e^{-\frac{Q_m}{RT}} \cdot t \qquad (4-3)$$

其中，D_t——t 时间内的晶粒尺寸；

D_0——起始晶粒尺寸；

K——常数；

Q_m——晶界迁移激活能；

R——气体常数，8.314 J/mol；

T——绝对温度。

将式（4-3）两边取对数可得ln（$D_t^2-D_0^2$）和 $1/T$ 的线性关系，斜率即为−Q/R。如图 4.23（d）所示，0Y、0.006Y、0.012Y、0.016Y 试样的晶界迁移激活能分别为 137.0 kJ、129.8 kJ、122.5 kJ 及 123.9 kJ。0.012Y 试样有着最低的晶界迁移激活能，温度对 0.012Y 试样的最终晶粒尺寸有着较大的影响，具有较高的温度敏感性。当常数 K 确定时，在不同温度和不同时间热处理条件下的晶粒长大也可预测，如图4.24所示。

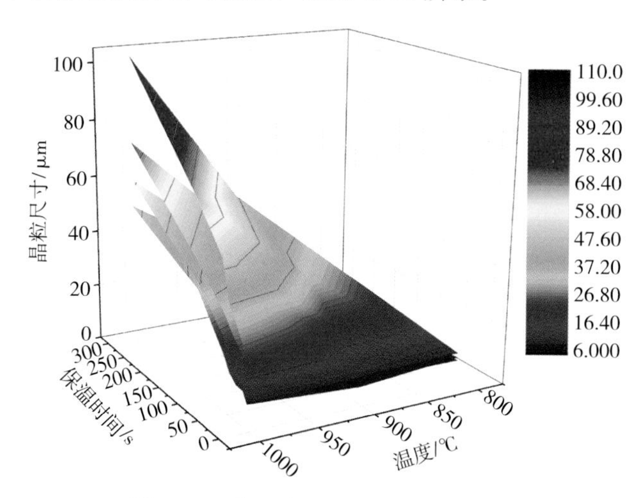

图4.24　等温处理后晶粒长大三维图

Rios等人提出晶粒生长的必要条件的标准公式为：

$$F_{gg} > F_s + F_p \tag{4-4}$$

式中，F_{gg}——晶粒生长的驱动力；

F_s——溶质原子产生的阻滞力；

F_p——第二相粒子产生的钉扎力（齐纳钉扎）。

此外，Rios证实溶质原子对晶粒生长几乎没有影响。因此，F_s可以忽略不计，公式即可简化为：

$$F_{gg} > F_p \tag{4-5}$$

由于F_{gg}和F_s都为大于0的值，因此式（4－5）可化为：

$$\frac{F_{gg}}{F_p} > 1 \tag{4-6}$$

晶粒生长的驱动力F_{gg}可表示为：

$$F_{gg} = 2\gamma\left(\frac{1}{D_f \tan\left(\frac{\Omega D_s}{2 D_f}\right)} - \frac{\sqrt{3}}{D_f}\right) \tag{4-7}$$

其中，γ——晶界界面能，假设为常数，与晶粒取向无关；

D_s——正常基体晶粒的平均尺寸；

D_f——异常晶粒的平均尺寸；

D_s可近似视为成品退火后的平均晶粒尺寸；

D_f可近似视为成品退火后低于平均晶粒尺寸的异常晶粒的平均晶粒尺寸；

Ω——在一定范围内可变的参数，取决于D_s和D_f的值。

Ω的表达式可定义为：

$$\Omega=\frac{\pi}{2}-\frac{\pi}{6}\left(\frac{D_s}{D_f}\right)^2 \tag{4-8}$$

钉扎力可由 Rios 参数表达为：

$$F_p=\frac{3f\gamma}{r} \tag{4-9}$$

式（4－9）中f是第二相粒子体积，r为第二相粒子平均半径。因此，结合式（4－7）和（4－9）可得：

$$\frac{F_{gg}}{F_p}=\frac{2r}{3f}\left(\frac{1}{D_f\tan\left(\frac{\Omega}{2}\frac{D_s}{D_f}\right)}-\frac{\sqrt{3}}{D_f}\right) \tag{4-10}$$

其中 0Y、0.006Y、0.012Y 和 0.016Y 试样的夹杂物平均尺寸为 0.231 μm、0.343 μm、0.607 μm 和 0.530 μm，析出相体积分数由文献及扫描图像预估分别为 0.000822、0.001336、0.00138 和 0.001988，0Y 试样的D_s和D_f分别为 35.1 μm 和 28.6 μm，0.006Y 试样分别为 37.7 μm 和 29.9 μm，0.012Y 试样分别为 65.3 μm 和 43.5 μm，0.016Y 试样分别为 44.7 μm 和 33.5 μm，Ω分别计算得出为 0.782、0.738、0.391 和 0.639，通过这些数值代入式（4－9），其中 0Y、0.006Y、0.012Y 和 0.016Y 试样计算结果分别为 1.24、1.48、10.64、2.50。从结果可知，0.012Y 试样晶粒长大的驱动力远大于第二相粒子对晶界的钉扎，因此 0.012Y 试样的晶界迁移激活能最低，成品晶粒尺寸相较于其他试样晶粒尺寸更大。根据齐纳公式、刚性边界模型及柔性边界模型计算，处于 100～300 nm 的夹杂物在成品板退火中对晶粒长大的钉扎作用最强。Y 的加入显著降低了 100～300 nm 夹杂物的数量，并降低了总体夹杂物数量，晶界受到的钉扎力降低，因此适量的 Y 增大了晶粒尺寸。而过量的稀土使得氧、硫化物形核增多，为微细稀土夹杂物形核提供了有利条件，因此第二相粒子钉扎力增强，晶界迁移被抑制。稀土在晶界区的畸变能小于在晶内造成的畸变能，所以易在晶界偏聚，使系统能量降低，达到稳定状态。晶界能远高于平均值的晶粒生长减慢，因此过量稀土富集晶界也会降低晶粒长大的倾向。如图 4.25 所示，过量稀土容易造成析出的夹杂物聚集，而大尺寸夹杂物与基体变形协调性差，且稀土氧硫化物硬度较高，在钢液中就已生成，在后续的轧制过程中更容易被碾碎。

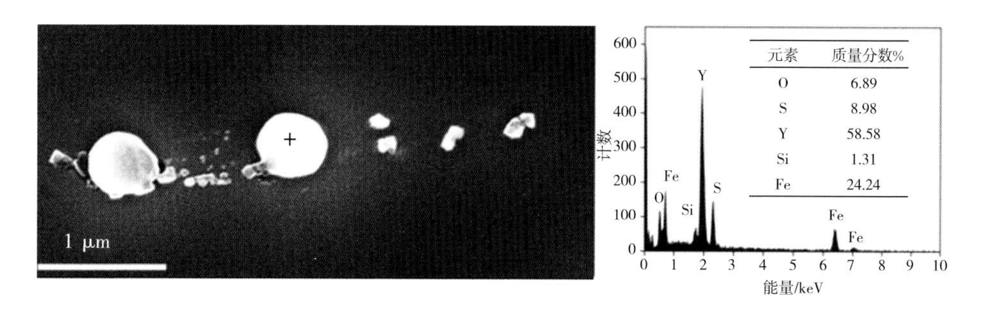

图 4.25 典型稀土 Y 夹杂物形貌及能谱分析结果

如图 4.26 所示，在局部地区尺寸更小的夹杂物沿轧制方向分布一线，则增加了细小的夹杂物数量，造成含 Y 试样的晶粒尺寸分布方差更大，导致晶粒尺寸的不均匀性。

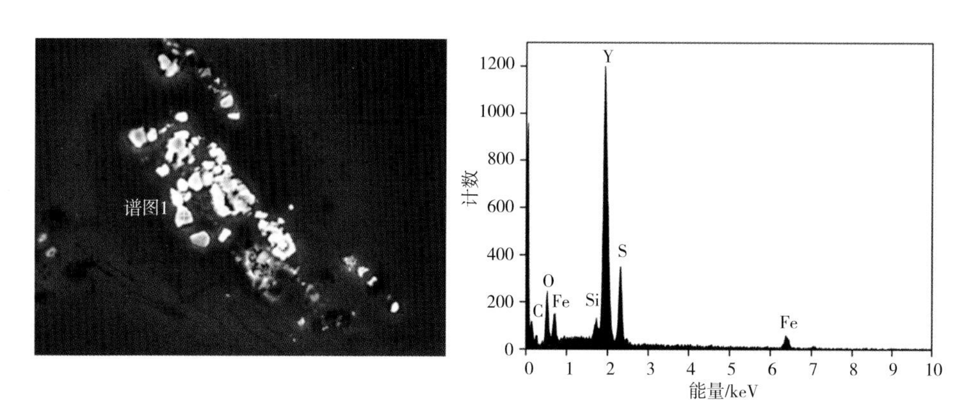

图 4.26 夹杂物碾碎形貌及能谱分析结果

图 4.27 为成品晶粒尺寸分布及方差，从图中可知，随着 Y 含量的增加，晶粒尺寸方差先增大后减小。整体含 Y 试样的方差均大于 0Y 试样，晶粒尺寸大小呈现不均匀性。因此有必要考虑稀土夹杂物对再结晶或晶粒长大的影响。

其中一个因素为稀土夹杂物在再结晶过程中的促进形核作用。研究认为第二相粒子的存在既可能促进基体金属的再结晶，也能阻碍再结晶，这主要取决于基体上分散相粒子的大小及分布。如图 4.26 所示，稀土元素 Y 与 O、S 反应形成的细小稀土化合物，在钢液中熔点极高，能够作为形核剂增加异质形核点位置，从而在部分区域细化了硅钢的晶粒组织，即起到异质形核的作用。在这种机制下，添加稀土后晶粒尺寸不均匀。

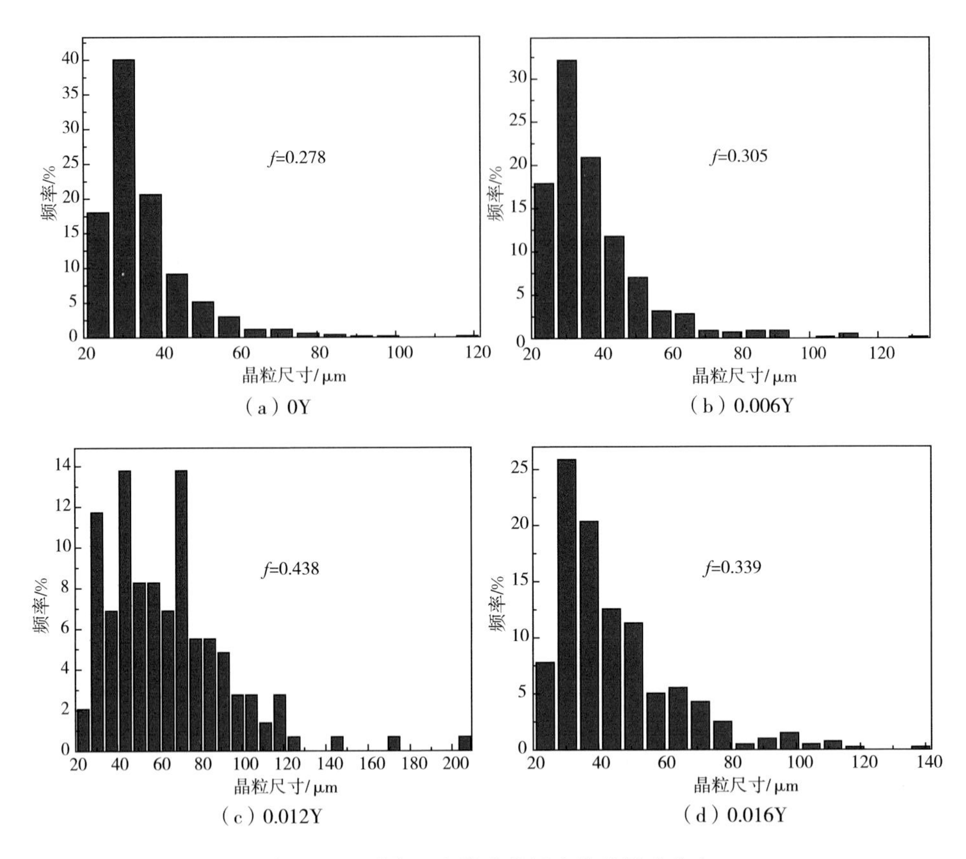

图 4.27 不同 Y 含量成品板中晶粒尺寸分布

4.3.7 稀土 Y 对磁性能的影响

如图 4.28 所示为不同含 Y 试样的磁感应强度 B_{50}。所有含 Y 试样磁感应强度均大于 0Y 试样，磁感应强度呈现先增加后减小的趋势，其中 0.012Y 试样的磁感应强度最高，为 1.6549 T。显然这是由于适量的稀土 Y 增强 {001}<130>织构的同时削弱了 γ 织构强度。同时，0.012Y 试样中总体非磁性夹杂物数量较少，对磁化过程的阻碍较小，所以表现出最好的磁感应强度。

而对于铁损而言，稀土 Y 的添加优势显著。由图 4.29 可见，在不论在何种频率下，添加 Y 试样的铁损均小于无稀土试样，且随着频率增加，铁损降低明显（最大降低为 8.25 W/kg）。随着稀土 Y 的添加，试样铁损整体表现出

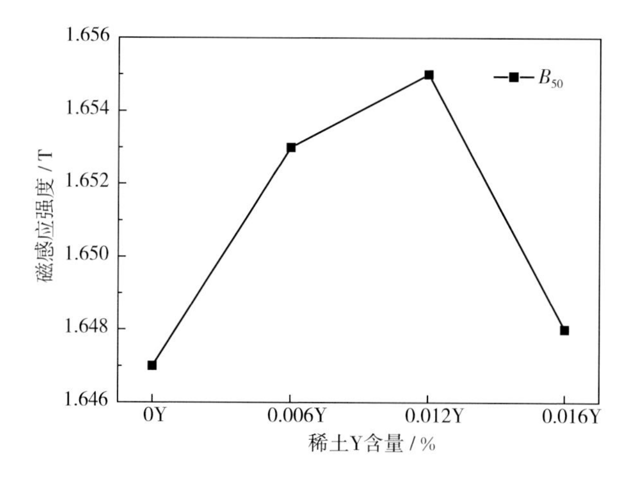

图4.28　稀土Y含量对成品板磁感应强度的影响

先减少后增加的趋势，其中0.012Y试样在高频下铁损最小，表现出最佳的磁性能。研究认为50～500 nm的微细夹杂物对铁损影响最大，含Y试样夹杂物因变质粗化的作用，细小弥散的夹杂物对磁畴运动的阻碍减弱，使得含Y试样铁损降低，同样稀土Y对成品板晶粒尺寸粗化也对降低铁损起到了重要作用。

成品晶粒尺寸的大小和织构类型对铁损影响较大。对于晶粒尺寸而言，磁化过程时，晶界附近的原子就会干扰畴壁迁移时磁矩的转向，因此晶粒过小晶界过多会阻碍磁化过程，增加磁化的能耗。而当晶粒尺寸过大远超过磁畴时，克服退磁场能显著升高，又增加了畴壁移动的阻碍。而从织构变化来看，{100}织构作为有利织构，其比值的升高能降低磁滞损耗，反之{111}织构则对磁滞损耗有害。因此，通过分析稀土Y在成品晶粒尺寸及织构方面的影响，阐明稀土Y降低成品板铁损的作用。磁晶各向异性能ε_k可以阐明各向异性磁特性与织构的关系，即任一[uvw]方向的磁化耗能与[001]方向的磁化耗能差，公式为：

$$\varepsilon_k = K_1(\alpha_1^2\alpha_2^2 + \alpha_2^2\alpha_3^2 + \alpha_3^2\alpha_1^2) + K_2(\alpha_1^2\alpha_2^2\alpha_3^2) \tag{4-11}$$

式(4-11)中晶体学方向由矢量$\alpha=[\alpha_1\alpha_2\alpha_3]$表达，它是以晶体坐标表示的$RD$=<uvw>的单位矢量纯铁在环境温度下其各向异性常数$K_2=\pm0.5\times10^4\ \mathrm{Jm^{-3}}$，因此公式(4-11)中$K_2$是可忽略不计。各向异性能量$\varepsilon_k$与$\varepsilon$呈线性关系，因此常用磁晶各向异性来进行计算分析：

$$\varepsilon = \alpha_1^2\alpha_2^2 + \alpha_2^2\alpha_3^2 + \alpha_3^2\alpha_1^2 \tag{4-12}$$

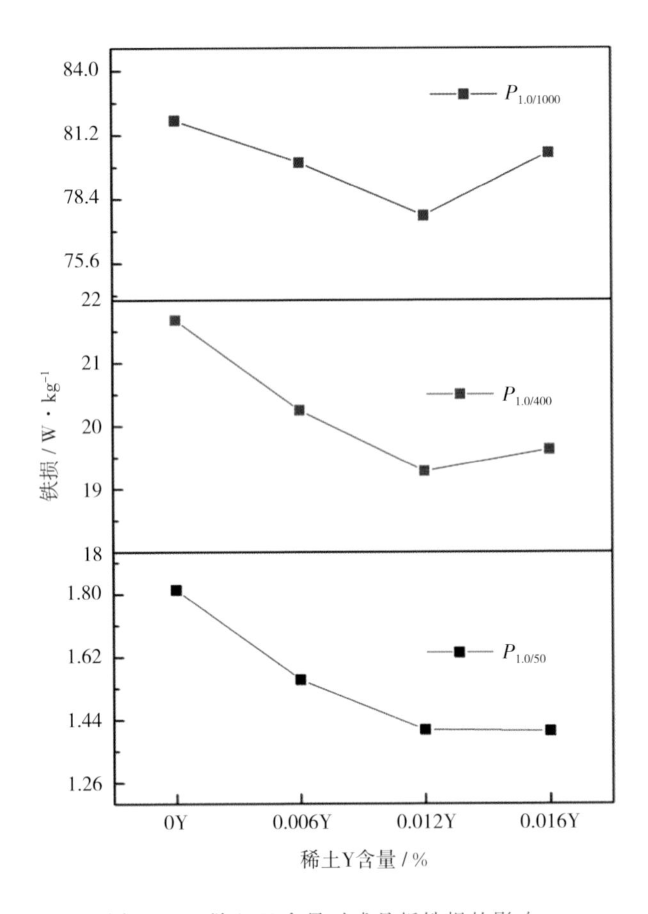

图 4.29 稀土 Y 含量对成品板铁损的影响

式(4-12)中α_1、α_2 和α_3 为晶粒取向{uvw}与易磁化方向{100}、{110}和{111}方向夹角的余弦值。平均磁晶各向异性参数 $\bar{\varepsilon}$ 可表示为：

$$\bar{\varepsilon} = \sum_{i=1}^{N} f(g_i)\varepsilon(g_i) \qquad (4-13)$$

式(4-13)中 $f(g_i)$ 代表该取向晶粒所占比例，$\varepsilon(g_i)$ 代表该取向晶粒的各向异性参数值。

如图 4.30 所示，随着 Y 含量的增加，磁晶各向异性参数先减小后增加，0.012Y 试样的磁晶各向异性参数最低，为 0.1337。当 Y 含量的增加时，成品板中 γ 织构先减弱后增强，这也与成品退火板的磁晶各向异性规律相符，从而进一步论证了稀土 Y 在织构优化后对磁滞损耗降低的作用。

为进一步研究稀土 Y 的添加对 4.5%硅钢铁损的影响机制，对所有试样

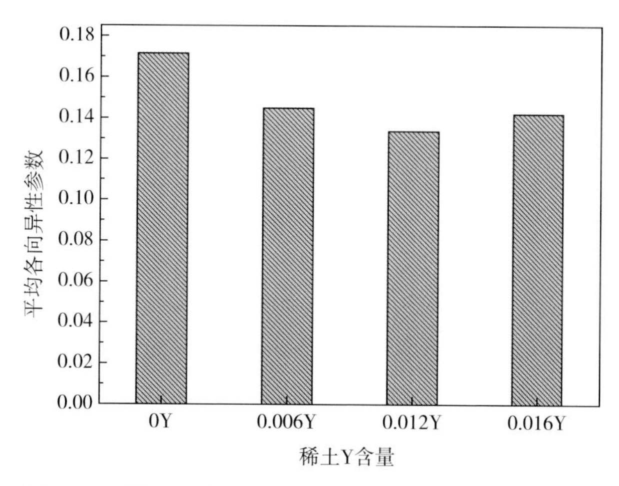

图 4.30　稀土 Y 含量对成品板平均各向异性参数的影响

在磁通量密度为 1T、频率为 50 Hz、400 Hz、1000 Hz 的铁损进行分析。总铁损（P_t）是由涡流损耗（P_e）、磁滞损耗（P_h）及反常损耗（P_a）组成，根据相关文献可知，总铁损公式为：

$$P_t = P_e + P_h + P_a = k_h f B^{\alpha} + k_e f^2 B^2 + k_{\alpha} f^{1.5} B^{\beta} \tag{4-14}$$

式中，f——频率；

B——磁通量密度；

α、β——常数；

k_h、k_e和 k_a分别为磁滞损耗，涡流损耗和反常损耗参数。

当磁通密度 B 为 1 T 时：

$$P_t = P_h + P_e + P_a = k_h f + k_e f^2 + k_{\alpha} f^{1.5} \tag{4-15}$$

式（4-15）中 k_h，k_e和 k_a可通过铁损 $P_{10/50}$，$P_{10/400}$和 $P_{10/1000}$计算。如图 4.31 所示，随着 Y 含量的增加磁滞损耗系数不断减小，涡流损耗系数呈现波折浮动，但总体变化不大，而反常损耗系数呈现先增加后减小的趋势。由此可见，Y 含量的添加对磁滞损耗系数影响更大，对涡流损耗和反常损耗系数影响较小。磁滞损耗随着晶粒尺寸的增大出现降低，这是因为晶粒的粗化减少了晶界处的缺陷，使得成品板的磁滞损耗降低，但晶界面积的减小也会导致磁畴宽度增大，进而引起涡流损耗和反常损耗出现升高，因此存在最优临界晶粒尺寸。而涡流损耗主要和成品板厚度有关，因此在相同板厚的情况下，主要考虑磁滞损耗的变化。

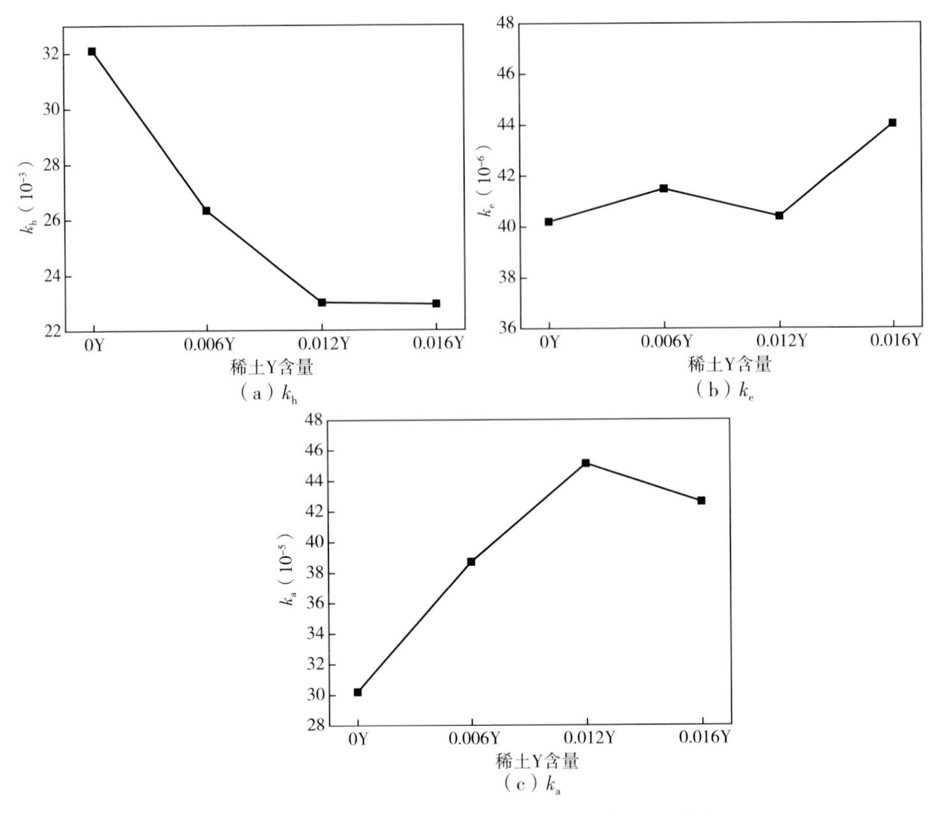

（a）k_h

（b）k_e

（c）k_a

图 4.31　稀土 Y 含量对 k_h，k_e 和 k_a 参数的影响

由于反常损耗（P_a）占总铁损量很小，可忽略不计。因此，涡流损耗（P_e）和磁滞损耗（P_h）对铁损的贡献如图 4.32 所示。随着频率的增加，磁滞损耗对铁损的贡献减少，涡流损耗增加。与之前计算的 k_h，k_e和 k_a一致，不论在何种频率下，稀土 Y 含量都能够减小磁滞损耗占比，略微增大涡流损耗占比，使得总体铁损下降。

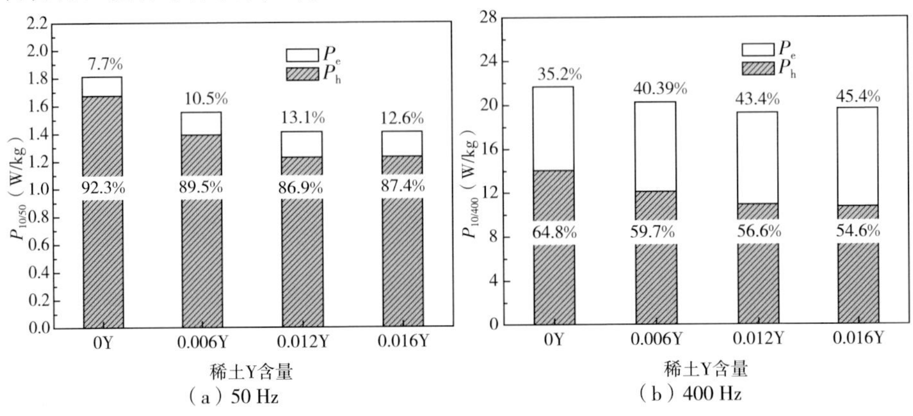

（a）50 Hz

（b）400 Hz

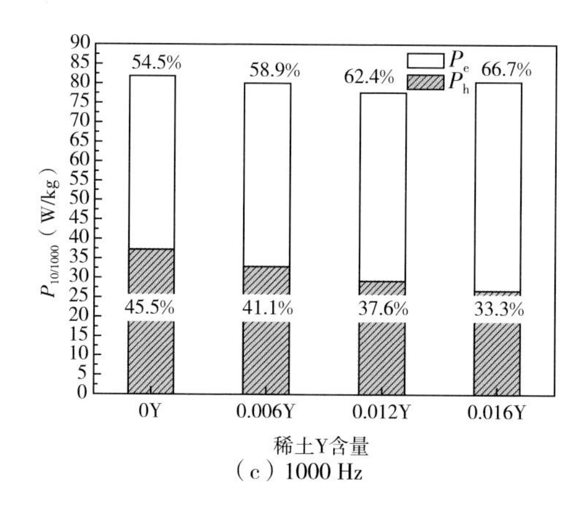

（c）1000 Hz

图 4.32　不同 Y 含量试样磁滞损耗和涡流损耗占比贡献图

4.4　稀土钇对4.5%Si高硅钢薄板再结晶织构的影响

4.4.1　稀土 Y 对成品板再结晶织构的影响

之前的研究结果表明，在高硅钢中添加适量的稀土 Y 有四个作用：成品晶粒尺寸增大，夹杂物改性粗化，总体夹杂物数量减少及织构优化。为更深入分析稀土 Y 织构优化的作用，采用典型的 0Y 试样和 0.012Y 试样进行部分再结晶退火实验，分析成品板中不同取向晶粒的形核和长大过程，揭示稀土 Y 在形变和退火过程中对 4.5%Si 钢织构演变的影响机理。

常化处理能够有效改善热轧板的组织形态，消除对轧制不利的纤维组织，更大的常化板晶粒会增大退火组织的晶粒尺寸，增强 {100} 面织构强度，不利的 {111} 织构减弱，磁性能得到提升。为排除初始晶粒对成品织构的干扰，通过对 4 个试样经过不同的常化时间，获得接近的晶粒尺寸。如图 4.33 所示，控制晶粒尺寸分别为 307、294、285、290 μm，各试样常化晶粒尺寸基本一致。

表 4.6 显示了不同 Y 含量的成品板在 900 ℃下 75%H_2+25%N_2气氛中退火 2 min 的磁性能。随着 Y 含量的增加，磁感应强度先增大后减小，铁损有一定程度的降低。在这些样品中，0.012Y 样品的磁性最好。

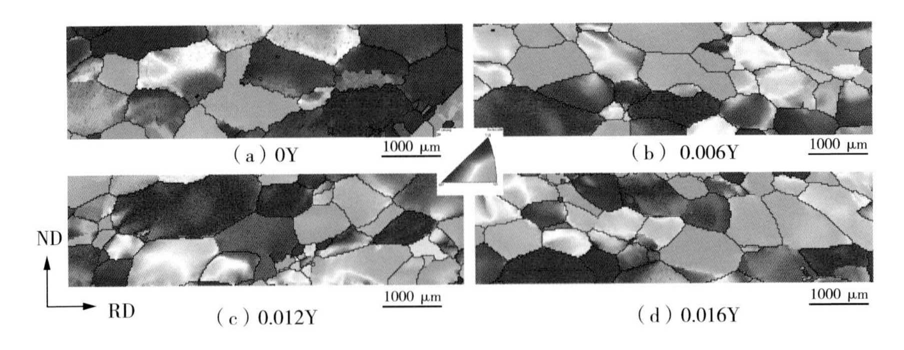

图 4.33 不同稀土 Y 含量下常化板 IPF 图

表 4.6 不同 Y 含量成品板磁性能

	0Y	0.006Y	0.012Y	0.016Y
B_{50} (T)	1.644	1.659	1.678	1.671
$P_{10/50}$ (W/kg)	1.667	1.465	1.312	1.245

如图 4.34 所示为成品板的 IPF 图和 ODF 图。四个样品的平均晶粒尺寸分别为 34 μm、39 μm、57 μm 和 50 μm。添加适量的 Y 可以促进 4.5%Si 钢

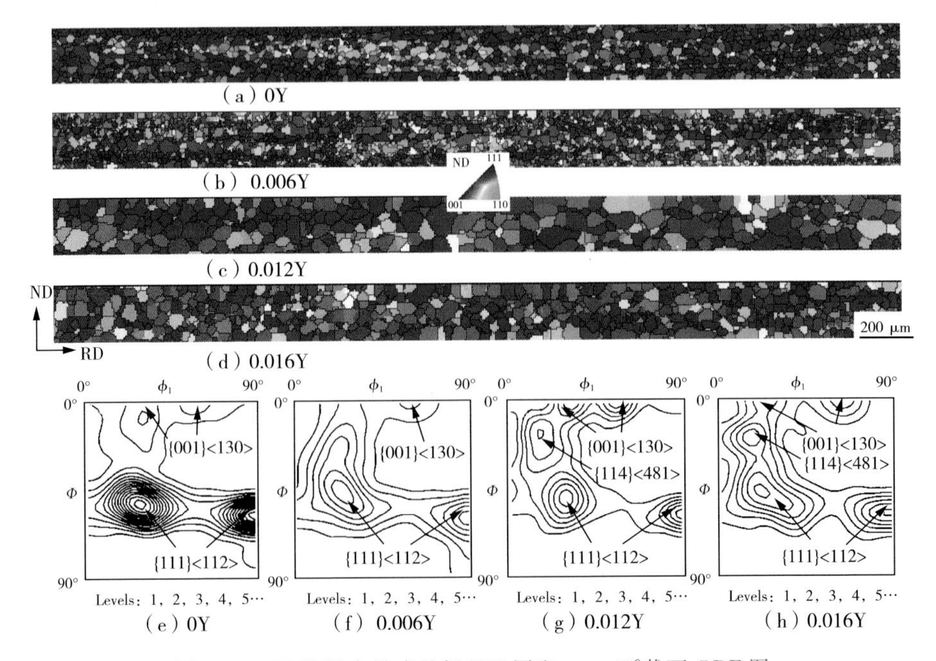

图 4.34 不同 Y 含量成品板 IPF 图和 $\varphi_2=45°$截面 ODF 图

的晶粒长大，但当 Y 含量为 0.016%时，晶粒长大受到抑制。0Y 样品的再结晶织构主要由强｛111｝＜112＞织构和弱｛001｝＜130＞织构组成。加入 0.006%Y 后，　｛111｝＜112＞织构明显减弱，α* 织构有所增强。添加 0.012%Y 后，γ 织构强度继续减弱，｛001｝＜130＞织构和｛114｝＜481＞织构组分显著增加。当 Y 含量达到 0.016%时，γ 织构组分有所增加，｛001｝＜130＞织构减弱，｛114｝＜481＞织构进一步增强。

4.4.2　稀土 Y 对｛111｝再结晶晶粒形核的影响

为了研究稀土 Y 在 4.5%Si 钢再结晶织构中发挥的作用，分析了部分再结晶试样中｛111｝晶核和其他竞争取向晶粒的起源。对比 0Y 和 0.012Y 试样之间的部分再结晶织构，以揭示稀土 Y 对｛111｝再结晶晶粒形核的影响。如图 4.35 所示分别为 0Y 试样和 0.012Y 试样的在 800 ℃下 15 s 的部分再结晶图和织构组分图。可以发现 0Y 试样中｛111｝再结晶晶粒主要形核于 A 区｛112｝＜110＞、B 区｛001｝＜110＞、C 区｛223｝＜110＞、D 区｛114｝＜110＞及 E 区｛111｝＜110＞变形晶粒晶界附近形核。而｛001｝＜130＞晶粒数量较少，分布于各再结晶晶粒间，仅有少量形核于｛111｝＜110＞晶界处。如图 4.35（b）0.012Y 试样｛111｝晶粒少量形核于 F 区｛111｝＜132＞晶界，同样｛001｝＜130＞形核位置广泛。根据图 4.36 对部分再结晶｛111｝晶粒和｛001｝＜130＞晶粒统计发现，再结晶初期 0.012Y 试样中｛111｝取向晶粒减少，｛001｝＜130＞晶粒有一定的增多。

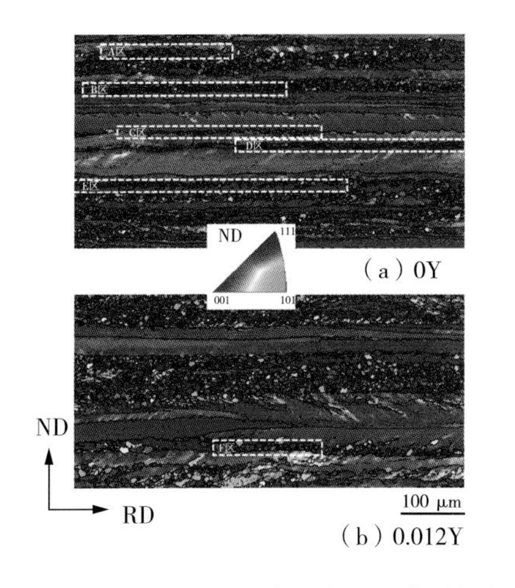

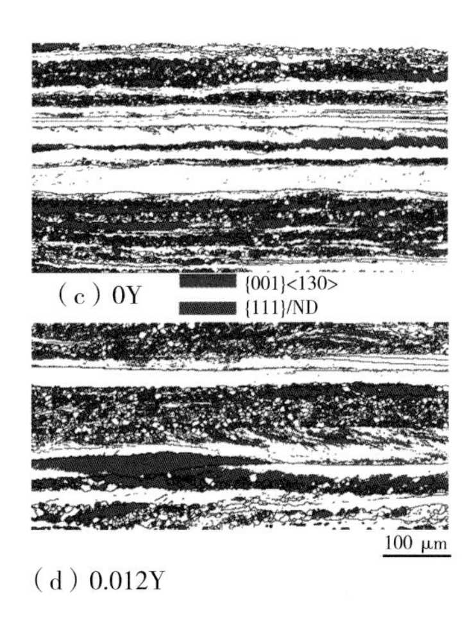

图 4.35　不同 Y 含量下成品板部分再结晶 IPF 图和织构组分图

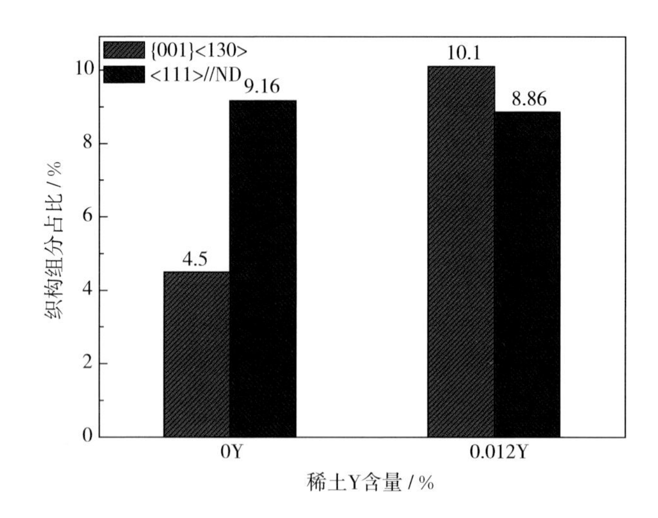

图 4.36 不同 Y 含量再结晶初期主要织构占比

为了进一步研究稀土 Y 对 {111} 再结晶形核的影响，选取了取向相近的形变带，分析其附近晶界处形核特征。如图 4.37 所示为取向相近形变带 {114} <110>晶界形核的 IPF 图和主要织构组分图，从中发现 0Y 试样中 {111} 晶粒在晶界处占据主导，而 0.012Y 试样中则是其他取向晶粒在晶界处数量更多，{111} 晶粒在晶界处没有优势。

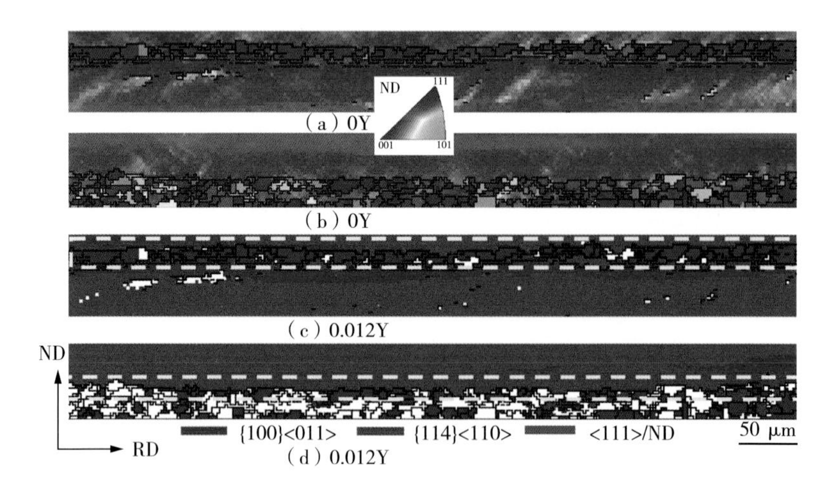

图 4.37 取向相近形变带晶界形核 IPF 图和织构成分图

如图 4.38 (a)、(b) 所示，0Y 试样的早期再结晶主要发生在晶界及形变带内部，再结晶晶粒主要为 {111} <112>晶粒，主要在 {111} <110>形变带晶界及内部形核，而｛001｝<130>和｛114｝<481>再结晶晶粒数量少，形核位置分散。如图 4.38（c）、（d）所示，｛111｝<112>不再是再结晶晶粒中的主要晶粒，其他取向的晶粒也成为新再结晶晶粒的主要组成部分。｛001｝<130>和｛114｝<481>再结晶晶粒形核数量明显增多，其形核位置也更加多样，在｛223｝<110>形变带及剪切带处形核（见图 4.38d 黄框）。一般认为 γ 晶粒形核于｛111｝形变晶粒及｛111｝和｛hkl｝<110>变形晶粒之间的晶界。如图 4.38（b）红框所示，大量｛111｝再结晶晶粒形核于｛111｝与｛100｝<110>晶界，甚至有的｛111｝再结晶晶粒已深入至｛100｝基体内部。研究认为早期有着形核优势的｛111｝晶粒在消耗完｛111｝形变晶粒，继续消耗储能较低的 α 和 λ 形变带，以其数量和尺寸优势吞并其他小晶粒，｛111｝在再结晶后期可成为主要的织构。然而，如图 4.38（d）红框所示，在 0.012Y 试样中｛111｝与｛100｝<110>晶界形核数量较少，仅有少量其他取向晶粒，这与稀土在晶界的偏聚有关。

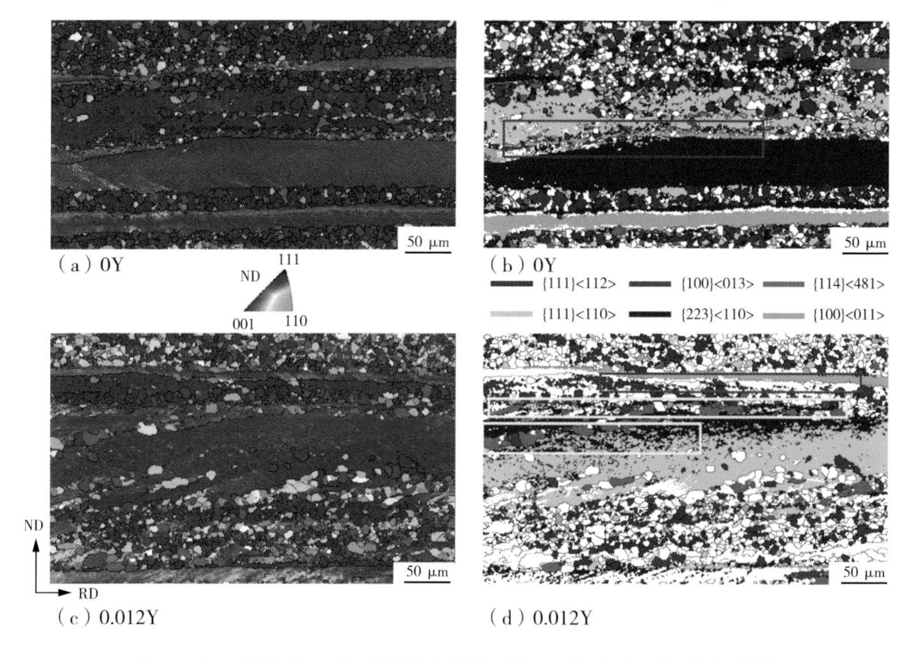

图 4.38　不同 Y 含量试样部分再结晶 IPF 图和主要织构组分图

稀土 Y 元素由于其原子直径远大于 Fe 原子，在钢中的固溶度较低，稀土 Y 于晶界区的畸变能小于在晶内造成的畸变能，所以易在晶界偏聚，使系统能量降低。图 4.39 分别显示了成品板室温冲击下的普通断口和在液氮温度下冲击的沿晶断裂的断口及 XPS 分析。根据 X 射线光电子谱图对比发现，晶界及晶内均存在着稀土 Y 元素，且根据结合能数值判定，两种断口的峰值均在 154 eV，为单原子 Y 的结合能值，而非 156～159 eV 结合能区间 Y_2O_3 的化学价态，同时通过 Y 元素的分峰面积及 Y 元素的灵敏度因子可判断 Y 元素含量，可发现沿晶断口中 Y 元素含量较普通断口更多，因此认为稀土 Y 元素在晶界偏聚，而稀土在晶界的偏聚对再结晶晶粒于晶界的形核有着较大的影响。由于 γ 形变晶粒的应变储能高，使得再结晶 γ 晶粒具有优于 λ 和 {113} <361>再结晶晶粒的形核优势，稀土在晶界的偏聚抑制 γ 晶粒在晶界的形核，因此 γ 织构强度减弱。添加 Y 后，稀土 Y 在晶界处偏聚降低了晶界的界面能，{111} 在再结晶早期阶段晶界形核 {111} 优势减弱，易在 α 形变带形核的 λ 织构和 {114} <481>有了充足的时间形核长大，因此最终 {111} 织构减弱，而这可以解释成品织构中 {111} <112>织构大幅减弱的原因。

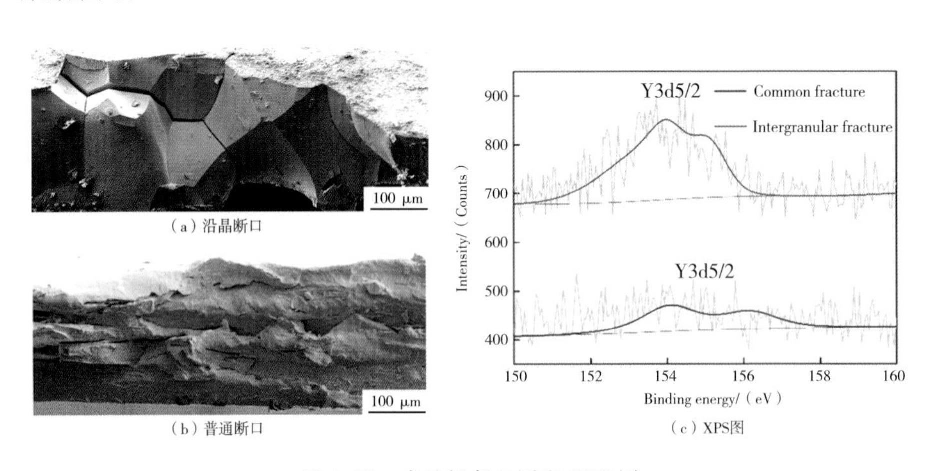

图 4.39 成品板断口图和 XPS 图

4.4.3 稀土对特殊取向再结晶晶粒形核的影响

适量的稀土 Y 可以减少微细夹杂物的数量，增加大尺寸夹杂物的数量，从而显著改变成品板的晶粒尺寸，但鲜有研究稀土夹杂物改性对织构发展的影响。静态再结晶过程受基体中第二相粒子的尺寸、形貌和分散程度的影响。一般认为，大的非变形颗粒可通过颗粒诱发形核促进再结晶影响织构演变，即 PSN 机制。图 4.40 (a)、(b) 显示了 0.012Y 样品中 2 μm 夹杂物周围的微观组织照片和 EDS 能谱。图 4.40 (c) ～ (e) 分别显示了 IPF 图、{200} 极图和再结晶图。可以发现该夹杂物为 Y_2O_2S，而再结晶晶粒主要在晶界和夹杂物附近形核。图中显示的晶界及{100}形变基体内部的新晶粒为{001}<130>晶粒。

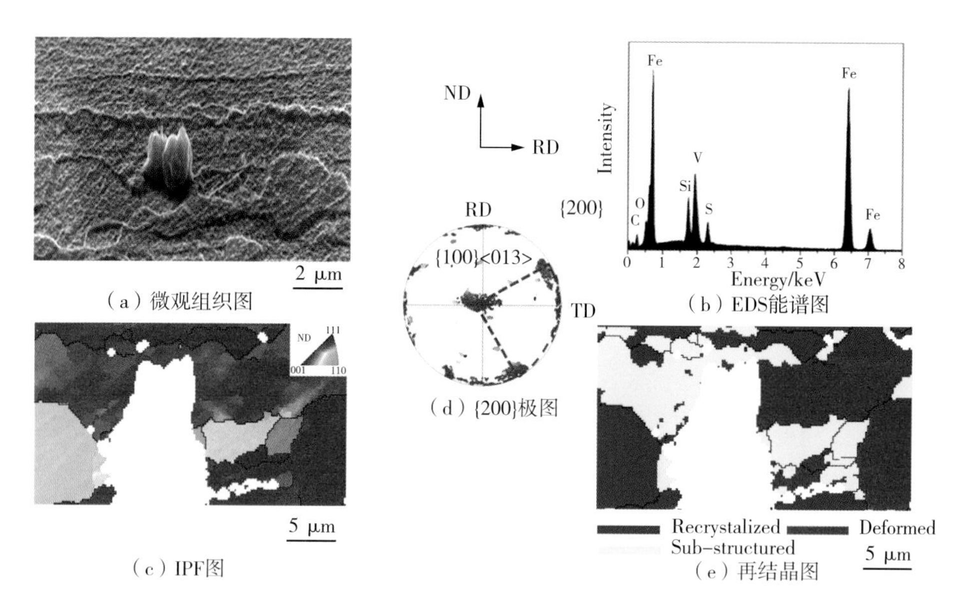

(a)微观组织图 (b)EDS能谱图 (c)IPF图 (d){200}极图 (e)再结晶图

图 4.40 Y_2O_2S夹杂物附近的再结晶形核

同样，如图4.41所示，在Y_2O_2S夹杂物附近的{113}<110>形变基体内发现了{001}<130>晶粒单独形核。一般认为，不同变形晶粒的储能随$E_{\{110\}}$、$E_{\{111\}}$、$E_{\{112\}}$和$E_{\{100\}}$的顺序降低，{100}变形晶粒不能成为主要的形核位置，并且由于其最低的储能，在再结晶后期总是被γ晶粒消耗。然而，在0.012Y样品中却观察到{100}形变基体内部{001}<130>再结晶晶粒的形核。在夹杂物附近的高位错密度区域内亚晶生长不需要变形变基体提供能量，一旦大型夹杂物附近形成亚晶，它们可以通过晶界迁移形成晶核。而特定取向晶粒的形核正是在特定的形变晶粒内。目前，大量研究表明，{001}晶粒起源于λ取向晶粒。因此低储能{001}形变基体内的大尺寸稀土夹杂物有利于{001}取向晶粒的再结晶。

再结晶的驱动力主要与亚晶界中位错的消失有关，由于大尺寸夹杂物颗粒附近更容易出现不均匀变形区，因此位错密度更高，这可以有效地促进再结晶。为了进一步定量解释塑性变形过程中不同夹杂物周围位错密度的分布，采用SEM和EBSD扫描了20%压下率下0Y和0.012Y试样的RD-ND面。图4.42(a)～(d)显示了相同尺寸的不同夹杂物的显微照片和EDS。图4.42(e)～(h)显示了IPF图和局部取向差(KAM)。KAM可以定性地反

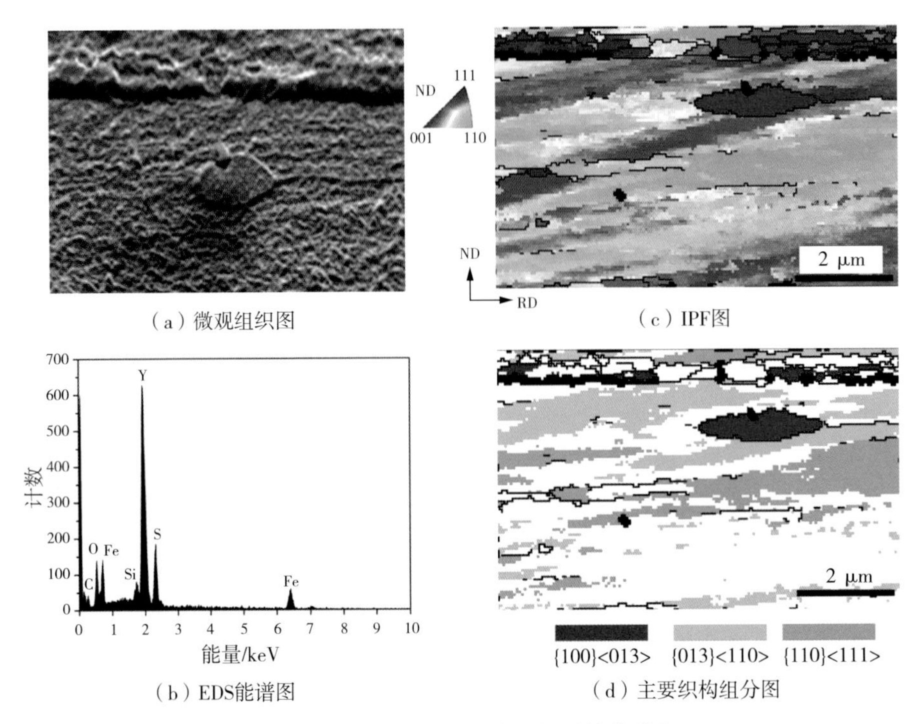

(a) 微观组织图
(c) IPF图
(b) EDS能谱图
(d) 主要织构组分图

图 4.41 Y_2O_2S 夹杂物附近的再结晶形核

映塑性变形的均匀化程度，其中 *KAM* 值越高，塑性变形程度更大，几何必须位错密度（*GND*）与 *KAM* 关系式如下：

$$\rho^{GND}=\frac{2KAM_{ave}}{\mu b} \tag{4-16}$$

式中，b——铁素体伯氏矢量（0.248 nm）；

μ——EBSD 扫描步长（0.1 μm）；

KAM_{ave}——平均 *KAM* 值，所有用于位错密度计算的 *KAM* 均排除大于3°的 *KAM* 值，因为大于 3°的 *KAM* 值是晶界引起的，而不是位错堆积引起的。

从图 4.42 可见，在相同的 {100} 基体中，Y_2O_2S 夹杂物附近的应力集中明显高于 Al_2O_3。通过计算夹杂物附近等面积区域的几何必须位错，发现 0Y 样品的位错密度为 3.215×10^4 cm^{-2}，小于 0.012Y 试样的位错密度 8.596×10^4 cm^{-2}。因此稀土 Y 夹杂物附近的位错密度高于 Al_2O_3。稀土能吸附其他有害元素形成复合夹杂物，并且它的稀土氧化物硬度高于 Al_2O_3 和 MnS。因此，在轧制过程中，粗大的稀土夹杂物周围更容易形成快速迁移的亚晶界，在轧制过程中积累了更多的取向差，在再结晶过程中形成了大角度晶界（HAGB)。类似地，{114} <481>具有广泛的形核位置，并且通常在 α 变形晶粒的晶界处，粗大的稀土夹杂物为｛114｝＜481＞提供了额外的形核位置。再结晶早期｛114｝＜481＞形核数量的增加促使｛114｝＜481＞成为0.012Y样品的主要织构。

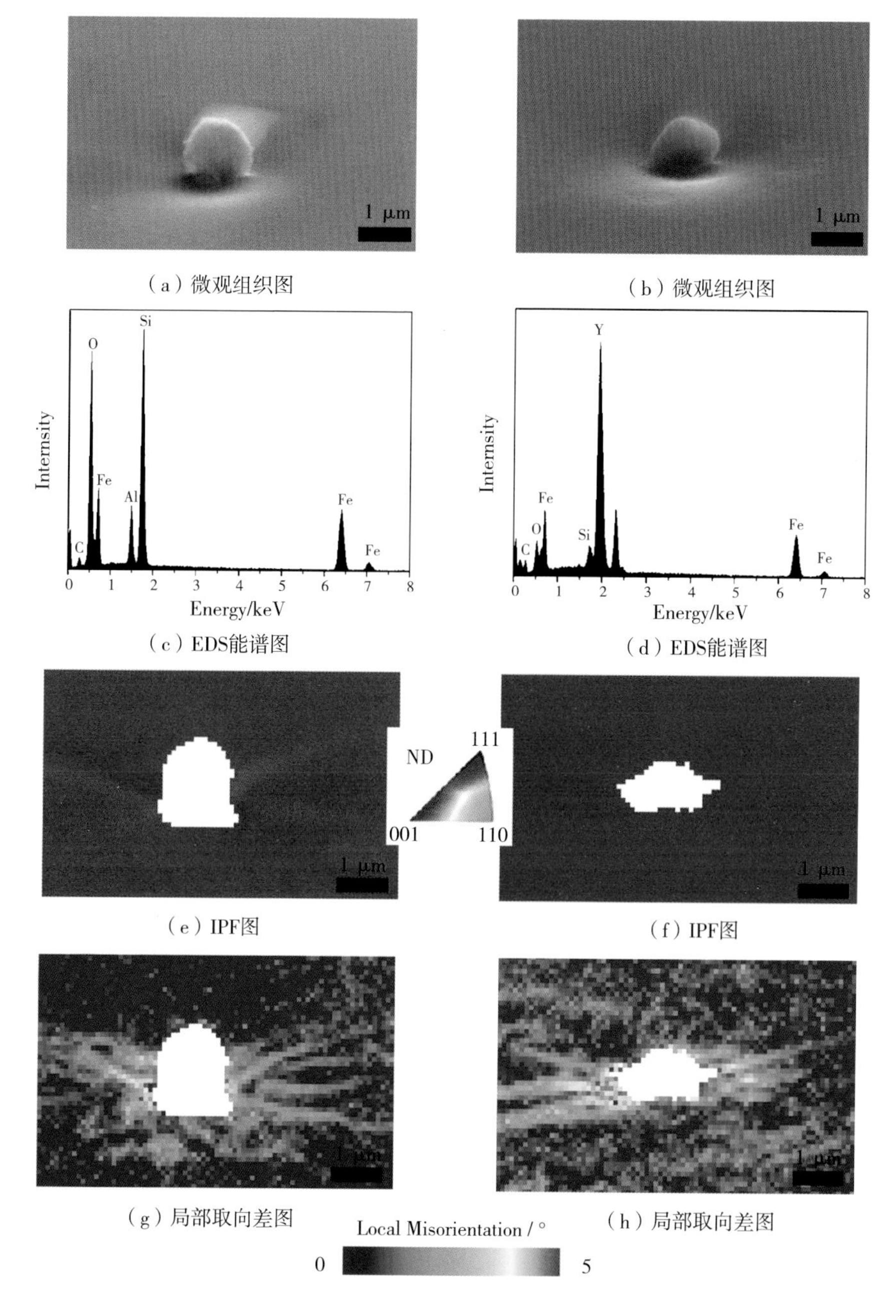

图 4.42　Al_2O_3 (a)、(c)、(e)、(g) 和 Y_2O_2S (b)、(d)、(f)、(h) 夹杂物附近的微观组织图片

4.4.4 {001}＜130＞和{114}＜481＞形核与长大机理

考虑到在0.012Y样品中获得的强{001}＜130＞和{114}＜481＞再结晶织构，有必要研究再结晶晶粒与形变基体之间的位向关系。图4.43显示了0.012Y样品的部分再结晶图以及再结晶晶粒与相邻变形晶粒之间的位向关系。大量的{001}＜130＞和{114}＜481＞晶粒在{223}＜110＞形变晶粒内部和{001}＜110＞晶界处形核。G1、G2和G3分别为{111}＜112＞、{114}＜481＞和{001}＜130＞再结晶晶粒。D1和D2分别为{223}＜110＞和{001}＜110＞形变晶粒。经过计算发现G1、G2、G3和D1的取向差关系分别为35.1°[413]、25.0°[616]和47.4°[322]。{114}＜481＞再结晶晶粒与周围形变基体取向差关系接近于有着高迁移率的Σ19晶界。此外，{114}＜481＞晶粒在{223}＜110＞变形晶粒内部的形核位置和

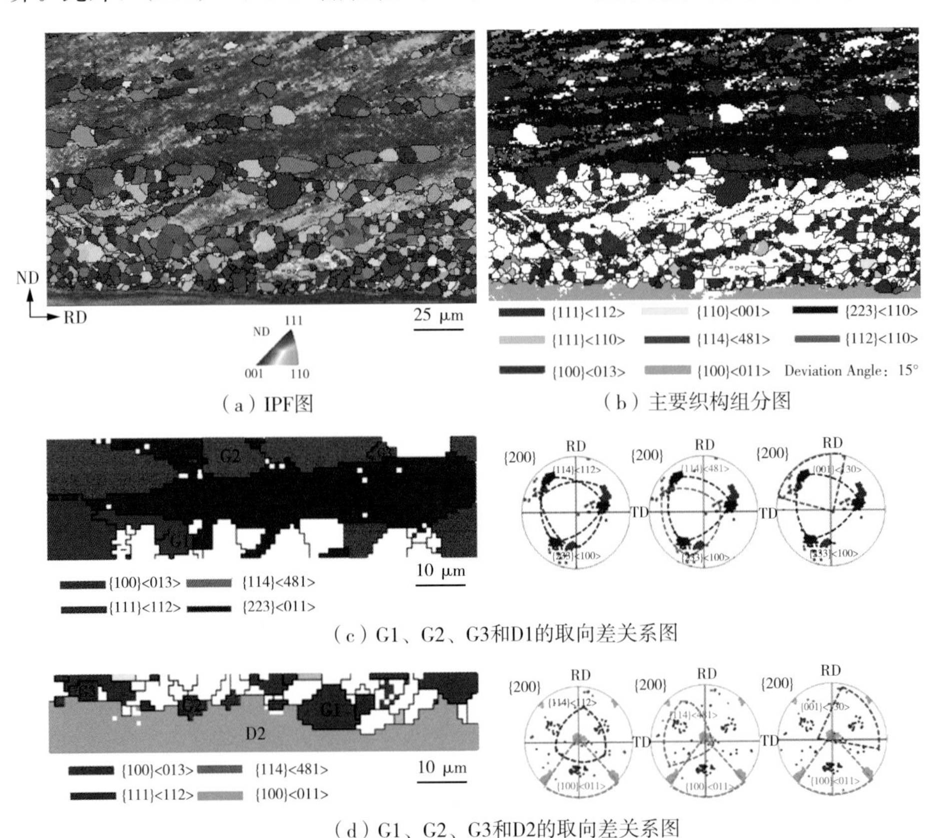

(a) IPF图

(b) 主要织构组分图

(c) G1、G2、G3和D1的取向差关系图

(d) G1、G2、G3和D2的取向差关系图

图4.43 0.012Y试样部分再结晶EBSD图

数量上具有优势，更容易长大。G1、G2、G3 和 D2 的取向差关系分别为 57.0°［110］、28.2°［323］和 26.0°［001］。在体心立方金属中，20°～45°晶界为具有高迁移率的晶界，{001}＜130＞和{114}＜481＞再结晶晶粒可以在{001}＜110＞形变基体中快速生长。择优生长为 0.012Y 样品中{001}＜130＞和{114}＜481＞再结晶织构形成的主要机制。

在前文提到，相较于 0Y 试样，由于稀土 Y 在晶界的偏聚，{111}取向晶粒在再结晶早期阶段的晶界形核优势减弱，因此易在 α 形变带形核的 λ 织构和{114}＜481＞有了一定的时间形核长大，且大尺寸的稀土氧化物相较于无 Y 试样中的夹杂物，在同等应变下会在基体中产生更大的畸变，累积更大的取向差，使得储能较低的形变晶粒在早期更快形核，为{001}＜130＞和{114}＜481＞提供更多的形核位置，防止再结晶早期被{111}＜112＞吞噬。这使得 0.012Y 试样相较于 0Y 试样在再结晶早期有更多的{001}＜130＞和{114}＜481＞晶粒。

图 4.44 为 0.012Y 试样在 900℃下分别退火 15 s，45 s，120 s 和 1800 s 的 IPF 图和主要织构组分图。当 0.012Y 试样处于再结晶初期时可以观察到，大量{111}取向晶粒富集于形变晶粒晶界，而{001}＜130＞再结晶晶粒较少，分散在 α 形变基体晶界及内部。从织构占比看，{111}取向晶粒占比 20.8%，{114}＜481＞晶粒占比 13.8%，{001}＜130＞晶粒占比最少，为 4.78%。γ 织构通常形核于{111}＜uvw＞变形晶粒及晶界附近，优先形核产生数量优势，在后期晶粒长大时以尺寸优势及数量优势使得{111}取向晶粒可以吞并其他小晶粒，成为后期主要的再结晶织构。因此，在再结晶完成阶段，{001}＜130＞晶粒并没有表现出明显的织构优势，而{114}＜481＞和{111}取向晶粒凭借着尺寸数量优势，使得成为成品板主要的织构。正如图 4.44（c）、(d）所示，在经过 45 s 退火后处于完全再结晶初期时，总体织构呈现出预期的强 γ 织构，总的织构占比为 39.2%，{114}＜481＞和{001}＜130＞织构占比略有上升，分别为 19.2%和 9.52%，织构强度较弱。当退火时间增加到 2 min 时，晶粒处于长大阶段，织构占比发生了变化，{111}占比减少，为 27.4%，{114}＜481＞和{001}＜130＞织构占比上升明显，分别为 27%和 16%。在剪切带和晶界形核的{111}＜112＞晶粒会出现聚集，形成团簇现象，由于取向钉扎的作用，{111}＜112＞晶界迁移受到严重阻碍。在之后{111}＜112＞晶粒成长过程中，取向钉扎作用明显，其晶粒尺寸劣势扩大，因此在随后的晶粒生长中容易被其他高晶界迁移率，尺寸优

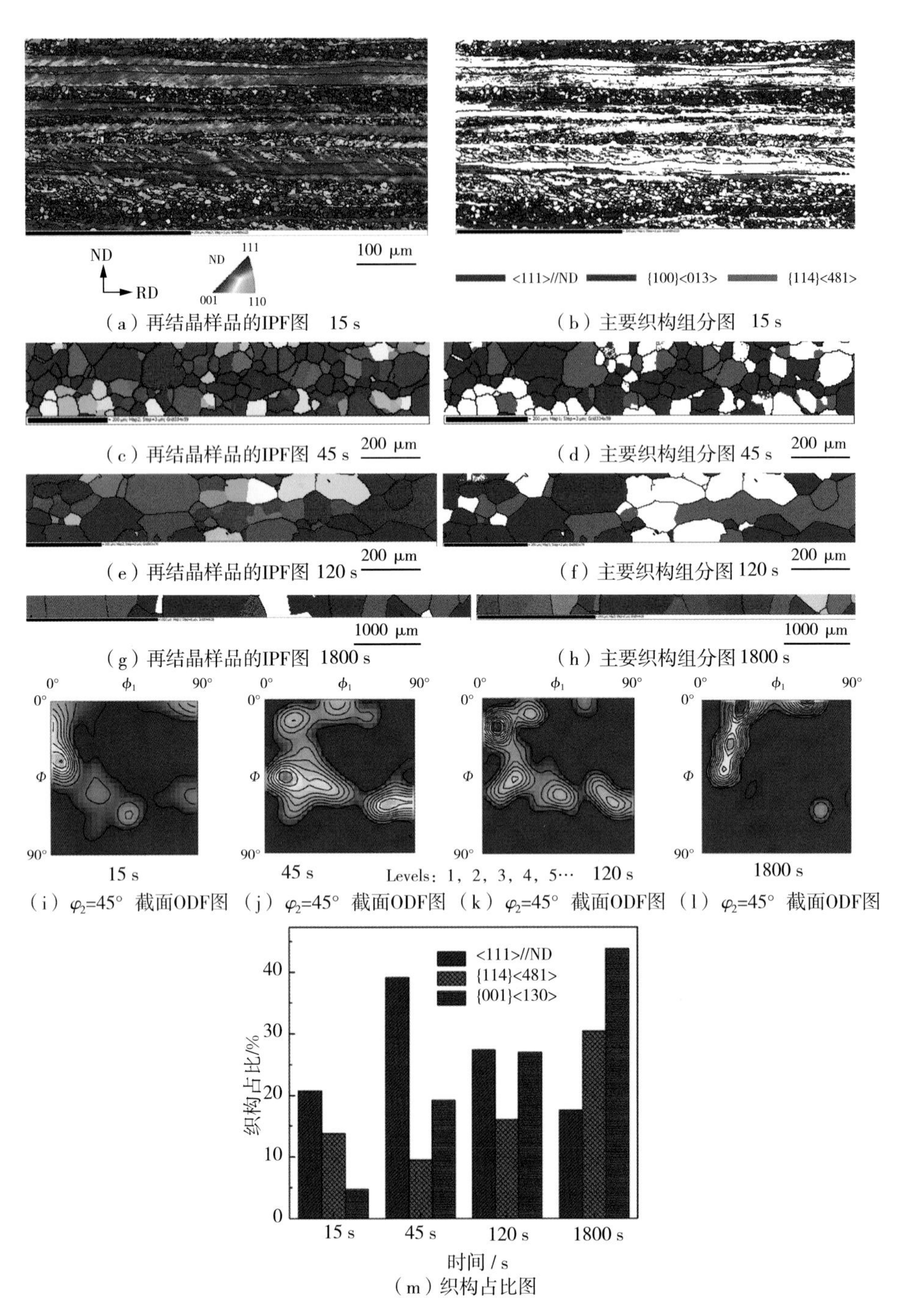

图 4.44　0.012Y 冷轧板在 900 ℃退火 15 s、45 s、120 s、1800 s 再结晶样品的 IPF 图（a）、（c）、（e）、（g），主要织构组分图（b）、（d）、（f）、（h），φ_2＝45°截面 ODF 图（i）、（k）、（j）、（l）和织构占比图（m）

势大的取向晶粒吞噬，导致γ织构减弱，相对于其他取向晶粒，{114}＜481＞和{001}＜130＞晶粒分布分散，有着一定的数量和尺寸优势，因此可以稳定生长。当退火时间达到1800 s时，其晶粒尺寸已贯穿了整个板厚，整体表现出强{001}＜130＞和{114}＜481＞织构，γ织构较弱。当晶粒尺寸大于板厚，表面能对晶粒长大起较大作用。如{110}及{100}面表面能更低，晶粒更容易长大。当{001}＜130＞晶粒长大至板厚，降低晶界能成为长大的动力，由于更大的尺寸优势，消耗{111}晶粒而择优长大，因此表现出强{001}＜130＞织构。

4.5　结　论

本章基于传统一次轧制法制备0.3 mm厚高强高磁感低铁损4.5%Si钢，以四种不同Y含量的4.5%Si钢为研究对象，系统研究了稀土Y含量对4.5%Si钢力学性能和磁性能的影响，分析了整个工艺流程中组织和织构演变，探讨了稀土Y对{111}、{001}＜130＞及{114}＜481＞再结晶行为的影响机理。通过一系列研究得到以下主要结论：

(1) Fe-4.5%Si不存在B2和DO_3有序相，其锻坯硬度大幅低于Fe-6.5%Si合金，有利于在轧制过程中顺利成形。经过850 ℃成品退火2 min，含0.012%Y的4.5%Si钢磁性能和力学性能较好。稀土Y在晶界的偏聚能够净化晶界，减少晶界上S的偏聚，阻碍晶间裂纹形成和扩展，一定程度上提高了韧性。

(2) 适量稀土Y降低了成品板0～500 nm微细夹杂物密度，增大了夹杂物平均尺寸。但过量Y会使细小弥散的夹杂物数量回升，总体的夹杂物密度增加。稀土Y可有效变质纳米级方形夹杂物为球状复合夹杂物，抑制微细夹杂物的单独析出。随着稀土Y含量的添加，磁感应强度先增加后减小，铁损先减少后增加，其中含0.012%Y试样的磁性能最优。适量的稀土Y增强了{001}＜130＞织构的同时削弱了{111}织构强度，使得磁感应强度上升。适量稀土Y加快晶界迁移速率，降低晶界迁移激活能，使得最终成品板晶粒尺寸增加。其中含0.012%Y试样成品晶粒尺寸最大，晶界迁移激活能最低。0.012Y试样晶粒长大的驱动力远大于第二相粒子对晶界的钉扎，Y的加入显著降低了100～300 nm夹杂物的数量，并降低了总体夹杂物数量，晶界受到的钉扎力降低，成品晶粒尺寸增大。

(3) 稀土 Y 在晶界的偏聚降低了 {111} 再结晶晶粒在晶界形核的优势。大尺寸的稀土氧化物相较于无 Y 试样中的夹杂物，在同等应变下会在基体中产生更大的位错密度，使得储能较低的形变晶粒在早期更快的形核，为 {001} ＜130＞和 {114} ＜481＞提供更多的形核位置。此外 {001} ＜130＞和 {114} ＜481＞在早期快速形核后在 {001} ＜110＞～{223} ＜110＞形变晶粒中有着更快的晶界迁移率，而随着退火时间增加，{111} 晶粒的团簇现象造成取向钉扎，在随后的长大过程中容易被尺寸较大、晶界迁移率较高的竞争晶粒吞噬，因此 {111} 织构减弱。具有低表面能的 {001} ＜130＞晶粒更容易长大，当 {001} ＜130＞晶粒长大至板厚，由于更大的尺寸优势，消耗 {111} 晶粒而择优长大，成为成品板中主要织构。

参考文献

[1] 何忠治，赵宇，罗海文．电工钢［M］．北京：冶金工业出版社，2012.

[2] 毛卫民，杨平．电工钢的材料学原理［M］．北京：高等教育出版社，2013.

[3] 王龙妹．稀土在低合金及合金钢中的应用［M］．北京：冶金工业出版社，2016.

[4] 林均品，叶丰，陈国良，等．6.5wt%Si 高硅钢冷轧薄板制备工艺结构和性能［J］．前沿科学，2007，2：13-26.

[5] Mao W，Yang P. Influence of structure transition on plastic behaviors of iron based ordered alloys［J］. Science China Technological Sciences，2012，55（10）：2920-2925.

[6] Cupschalk S G，Brown N. Kinetics of antiphase domain growth［J］. Acta Metallurgica，1968，16：657-667.

[7] Matsumura S，Tanaka Y，Koga Y，et al. Concurrent ordering and phase separation in the vicinity of the metastable critical point of order-disorder transition in Fe-alloys［J］. Materials Science and Engineering A，2001，312：284-292.

[8] Jung H，Na M，Kim S，et al. Effect of DO_3 ordered phase on total loss of 6.5 wt% grain-oriented silicon steel［J］. IEEE Transaction on Magnetics. 2012，48：11：2921-2924.

[9] Xie J X，Fu H D，Zhang Z H，et al. Deformation twinning feature and its effects on significant enhancement of tensile ductility in columnar-

grained Fe - 6.5wt.%Si alloy at intermediate temperatures [J]. Intermetallics, 2012, 23: 20 - 26.

[10] Xie J X, Fu H D, Zhang Z H, et al. Deformation twinning in an Fe - 6.5wt.% Si alloy with columnar grains during intermediate temperature compression [J] . Materials Science and Engineering A, 2012, 538: 315 - 319.

[11] Fang X S, Lin J P, Liang Y F, et al. Effect of annealing temperature on soft magnetic properties of cold rolled 0.30 mm thick Fe - 6.5wt.%Si foils [J] . Journal of Magnetics, 2011, 16 (2): 177 - 180.

[12] Liang Y F, Ye F, Lin J P, et al. Effect of annealing temperature on magnetic properties of cold rolled high silicon steel thin sheet [J] . Journal of Alloys and Compounds, 2010, 491: 268 - 270.

[13] 蒋虽合，毛卫民，杨平，等．再结晶及低温时效对 Fe - 6.5wt%Si 薄板磁性能的影响 [J] ．功能材料，2013，17 (44)：2537 - 2540.

[14] Honma H, Ushigami Y and Suga Y. Magnetic properties of (110) [001] grain oriented 6.5% Silicon steel [J] . Journal of Applied Physics, 1991, 70 (10): 6259 - 6261.

[15] Jung H, Na M, Soh J Y, et al. Influence of low temperature heat treatment on iron loss behaviors of 6.5wt% grain - oriented silicon steels [J] . ISIJ International, 2012, 52 (3): 530 - 534.

[16] Okada K, Yamaji T, Kasai K. Basic Investigation of CVD Method for Manufacturing 6.5% Si Steel Sheet [J] . ISIJ international, 1996, 36 (6): 706 - 713.

[17] Tanaka Y, Takada Y, Abe M, et al. Magnetic properties of Fe - 6.5%Si sheet and its applications [J] . Journal of Magnetism and Magnetic Materials, 1990, 83 (1): 375 - 376.

[18] Ros - Yáñez T, Ruiz D, Barros J, et al. Advances in the production of high - silicon electrical steel by thermomechanical processing and by immersion and diffusion annealing [J] . Journal of Alloys and Compounds, 2004, 369 (1 - 2): 125 - 130.

[19] 李慧，梁永锋，贺睿琦，等．快速凝固 Fe - 6.5%Si 合金有序结构及力学性能研究 [J] ．金属学报，2013，49 (11)：1452 - 1456.

［20］Ono Y，Ichiryu T，Ohnaka I，et al. Production process of grain orientation – controlled Fe – 6.5 mass% Si alloy fiber using spinning in gas atmosphere followed by winding in rotating liquid ［J］. Journal of Alloys and Compounds，1999，289：277 – 284.

［21］Gómez – Poloa C，Pérez – Landazábala J I，Recartea V，et al. Effect of the ordering on the magnetic and magnetoimpedance properties of Fe – 6.5% Si alloy ［J］. Journal of Magnetism and Magnetic Materials，2003，254 – 255：88 – 90.

［22］Liang Y F，Wang S，Li H，et al. Fabrication of Fe – 6.5wt% Si ribbons by melt spinning method on large scale ［J］. Advances in Materials Science and Engineering，2015，2015：1 – 5.

［23］员文杰，沈强，张联盟. 粉末轧制法制备 Fe – 6.5%Si 硅钢片的研究 ［J］. 粉末冶金技术，2007，25（1）：32 – 34.

［24］Lima C C，Da Silva M C A，Sobral M D C，et al. Effects of order – disorder reactions on rapidly quenched Fe – 6.5% Si alloy ［J］. Journal of Alloys and Compounds，2014，586：S314 – S316.

［25］Tian G，Bi X. Fabrication and magnetic properties of Fe – 6.5% Si alloys by magnetron sputtering method ［J］. Journal of Alloys and Compounds，2010，502：1 – 4.

［26］Shin J S，Lee Z H，Lee T D，et al. The effect of casting method and heat treating condition on cold workability of high – Si electrical steel ［J］. Scripta Materialia，2001，45：725 – 731.

［27］Shin J S，Bae J S，Kim H J，et al. Ordering – disordering phenomena and micro – hardness characteristics of B2 phase in Fe – （5 ～ 6.5%）Si alloys ［J］. Materials Science and Engineering A，2005，407：282 – 290.

［28］邵元智，顾守仁，陈南平. 硼在体心立方结构 Fe_3（SiAl）中的分布及其对脆性的改善 ［J］. 金属学报，1991，27（2）：A105 – A110.

［29］潘丽梅，金吉男，林均品，等. 硼元素对 Fe – 6.5%（质量分数）Si 合金力学性能影响的试验研究 ［J］. 功能材料，2004，35（6）：683 – 685.

［30］Fu H D，Zhang Z H，Yang Q，et al. Strain – softening behavior of an Fe – 6.5wt% Si alloy during warm deformation and its applications

[J] . Materials Science and Engineering A, 2011, 528 (3): 1391 - 1395.

[31] Fu H D, Zhang Z H, Jiang Y B, et al. Improvement of magnetic properties of an Fe - 6. 5wt. % Si alloy by directional solidification [J]. Materials Letters, 2011, 65 (9): 1416 - 1419.

[32] Zhang Z W, Wang W H, Zou Y, et al. Control of grain boundary character distribution and its effects on the deformation of Fe - 6. 5 wt. % Si [J] . Journal of Alloys and Compounds, 2015, 639: 40 - 44.

[33] Liu H T, Liu Z Y, Sun Y, et al. Development of λ - fiber recrystallization texture and magnetic property in Fe - 6. 5 wt% Si thin sheet produced by strip casting and warm rolling method [J] . Materials Letters, 2013, 91: 150 - 153.

[34] Liu J L, Sha Y H, Zhang F, et al. Development of strong {001} <210> texture and magnetic properties in Fe - 6. 5wt. % Si thin sheet produced by rolling method [J] . Journal of Applied Physics, 2011, 109 (07A326): 1 - 4.

[35] Fang X S, Liang Y F, Ye F, et al. Cold rolled Fe - 6. 5 wt. % Si alloy foils with high magnetic induction [J] . Journal of Applied Physics, 2012, 111 (094913): 1 - 4.

[36] Liu J L, Sha Y H, Zhang F, et al. Development of {210} <001> recrystallization texture in Fe - 6. 5 wt. % Si thin sheets [J] . Scripta Materialia, 2011, 65: 292 - 295.

[37] Li H Z, Liu H T, Liu Z Y, et al. Characterization of microstructure, texture and magnetic properties in twin - roll casting high silicon non - oriented electrical steel [J] . Materials Characterization, 2014, 88: 1 - 6.

[38] Liu H T, Li H Z, Li H L, et al. Effects of rolling temperature on microstructure, texture, formability and magnetic properties in strip casting Fe - 6. 5 wt. % Si non - oriented electrical steel [J] . Journal of magnetism and magnetic materials, 2015, 391: 65 - 74.

[39] De - Campos M F, Teixeira J C and Landgraf F J G. The optimum grain size for minimizing energy losses in iron [J] . Journal of Magnetism and Magnetic Materials, 2006, 301: 94 - 99.

[40] 李阳，毛卫民．取向电工钢中Goss晶粒生长的取向环境 [J]．材料研究学报，2010，24（1）：33－36.

[41] Mao W. Challenges of the study on precipitation behaviors of MnS in oriented electrical steels [J]. Front. Mater, Sci. China, 2008, 2 (3): 233－238.

[42] Liao C C, Hou C K. Effect of nitriding time on secondary recrystallization behaviors and magnetic properties of grain－oriented electrical steel [J]. Journal of Magnetism and Magnetic Materials, 2010, 322: 434－442.

[43] Yan M Q, Qian H, Yang P, et al. Analysis of micro－texture during secondary recrystallization in a Hi－B Electrical Steel [J]. Journal of Material Science and Technology, 2011, 27: 1065－1071.

[44] 秦镜，杨平，毛卫民，叶丰．轧制法制备低铁损高磁感6.4wt%硅钢及其织构演变 [J]．功能材料，2014，45（10）：10133－10137.

[45] Qin J, Yang P, Mao W, et al. Secondary recrystallization behaviors of grain－oriented 6.5 wt% silicon steel sheets produced by rolling and nitriding processes [J]. Acta Metallurgica Sinica (English Letters), 2016, 29 (4): 344－352.

[46] Qin J, Yue Y, Zhang Y, et al. Comparison between strong eta－fiber－oriented high－silicon steel and grain－oriented high－silicon steel on magnetic properties [J]. Journal of Magnetism and Magnetic Materials, 2017, 439: 38－43.

[47] Qin J, Yang P, Mao W, et al. Effect of texture and grain size on the magnetic flux density and core loss of cold－rolled high silicon steel sheets [J]. Journal of Magnetism and Magnetic Materials, 2015, 393: 537－543.

[48] Qin J, Yang P, Mao W, et al. Punchability and punching fracture behavior of high silicon steel sheets [J]. Journal of Iron and steel research, International, 2015, 22 (9): 852－857.

[49] Gao X Y, Ren H P, Li C L, et al. First－principles calculations of rare earth (Y, La and Ce) diffusivities in bcc Fe. [J]. Journal of Alloys and Compounds, 2016: 316－320.

[50] Gao X Y, Ren H P, Wang H Y, et al. Activity coefficient and

solubility of yttrium in Fe – Y dilute solid solution [J]. Journal of Rare Earths, 2016, 34 (11): 1168 – 1172.

[51] 于宣，张志豪，谢建新. 不同 Ce 含量 Fe – 6.5wt%Si 合金的组织、有序结构和中温拉伸塑性 [J]. 金属学报，2017，53 (8)：927 – 936.

[52] Yu X, Zhang Z H, Xie J X. Effects of rare earth elements doping on ordered structures and ductility improvement of Fe – 6.5wt% Si alloy [J]. Materials Letters, 2016: 294 – 297.

[53] Li H Z, Liu H T, Liu Z W, et al. Microstructure, texture evolution and magnetic properties of strip – casting non – oriented 6.5 wt.% Si electrical steel doped with cerium [J]. Materials Characterization, 2015, 103: 101 – 106.

[54] Li H Z, Liu H T, Wang X L, et al. Effect of cerium on the as – cast microstructure and tensile ductility of the twin – roll casting Fe – 6.5wt% Si alloy. [J]. Materials Letters, 2016, 165: 5 – 8.

[55] Liang Y F, Ge J W, Fang X S, et al. Hot deformation behavior and softening mechanism of Fe – 6.5 wt% Si alloy [J]. Materials Science and Engineering: A, 2013: 8 – 12.

[56] Li H, Liang Y F, Yang W, et al. Disordering induced work softening of Fe – 6.5wt% Si alloy during warm deformation [J]. Materials Science and Engineering: A, 2015: 262 – 268.

[57] 董梦瑶，金自力，任慧平，等. 稀土及铌微合金化 Fe – 3%Si 无取向硅钢热变形行为的研究 [J]. 稀土，2017，38 (1)：55 – 60.

[58] 王冰洁，田保红，张毅，等. 稀土元素 Y 对 Cu – 0.4%Mg 合金热变形行为的影响 [J]. 材料热处理学报，2018，39 (7)：126 – 134.

[59] 赵艳君，蒋长标，武鹏远，等. 含稀土高镁铝合金热变形行为研究 [J]. 中国稀土学报，2017，35 (3)：368 – 376.

[60] Prasad Y, Sasidhard S. Hot working guide: A compendium of processing maps [M]. Materials Park: ASM International, 1997.

[61] Waudby P E, Rare earth additions to steel [J]. International Materials Reviews, 1978, 23 (01): 74 – 98.

[62] Li L F, Shen Y. Solubilties of Ce, Nd and Y in α – Fe [J]. Acta Metallurgica Sinica, 1993, 29 (3): 40 – 45.

[63] Yu X, Zhang Z H, Xie J X. Microstructure, ordered structure and warm tensile ductility of Fe - 6.5% Si alloy with various Ce content [J]. Acta Metallurgica Sinica, 2017, 53 (8): 927 - 936.

[64] Cai G J, Yang Y, Huang Y R, et al. The significance of Ce on hot compression deformation and mechanical behavior of Fe - 6.9wt% Si alloy: Decrease of order degree and transformation of dislocations [J]. Materials Characterization, 2020, 163: 110220.

[65] Cai G J, Huang Y R, Misra R D K. Effects of Ce on DO3 - ordered phase, coincident site lattice grain boundary and plastic deformation of Fe - 6.9wt.%Si alloy [J]. Journal of Materials Engineering and Performance, 2020, 29 (2): 1 - 10.

[66] Wang Z G, Song C M, Zhang Y H. Effects of yttrium addition on grain boundary character distribution and stacking fault probabilities of 90Cu10Ni alloy [J]. Materials Characterization, 2019, 151: 112 - 118.

[67] 秦镜, 刘德福, 张迎晖, 等. 稀土在电工钢中的应用研究现状与发展前景 [J]. 钢铁研究学报, 2018, 30 (3): 163 - 170.

[68] 赵海斌, 秦镜, 刘德福, 等. 稀土 Y 对 6.5 wt%Si 高硅钢拉伸性能的影响 [J]. 有色金属科学与工程, 2021, 12 (1): 131 - 140.

[69] Liu D, Qin J, Zhang Y, et al. Effect of yttrium addition on the hot deformation behavior of Fe - 6.5 - wt%Si alloy [J]. Materials Science and Engineering A - Structural Materials Properties Microstructure and Processing, 2020, 797 (140238): 1 - 12.

[70] Tang M, Wu K, Liu J, et al. Mechanism Understanding of the Role of Rare Earth Inclusions in the Initial Marine Corrosion Process of Micro-alloyed Steels [J]. Materials, 2019, 12 (20): 3359.

[71] Mingjia W, Yanmei L, Zixi W, et al. Effect of rare earth elements on the thermal cracking resistance of high speed steel rolls [J]. Journal of Rare Earths, 2011, 29 (5): 489 - 493.

[72] 李娜, 陆勤阳, 王永强, 等. Ce 对 2.9%Si - 0.8%Al 无取向硅钢夹杂物变质的影响 [J]. 钢铁研究学报, 2017, 29 (7): 570 - 576.

[73] 李培忠, 马良, 马国明, 等. 铈对 3.0%Si 无取向电工钢磁性能的影响 [J]. 稀土, 2016, 37 (2): 81 - 86.

[74] Yong W, Weiqing C, Shaojie W. Effect of lanthanum content on microstructure and magnetic properties of non - oriented electrical steels [J]. Journal of Rare Earths, 2013, 31 (7): 727 - 733.

[75] Wan Y, Chen W, Wu S. Effects of lanthanum and boron on the microstructure and magnetic properties of non - oriented electrical steels [J]. High Temperature Materials and Processes, 2014, 33 (2): 115 - 121.

[76] 漆璿，江伯鸿，徐祖耀. FeMnSi 基合金中层错几率的 X 衍射线形分析法测定 [J]. 理化检验（物理分册），1998 (2): 16 - 18.

[77] 王龙妹，谭清元，李娜，等. 稀土在无取向电工钢中应用的研究进展 [J]. 中国稀土学报，2014, 32 (5): 513 - 533.

[78] Wu Y S, Liu Z, Qin X Z, et al. Effect of initial state on hot deformation and dynamic recrystallization of Ni - Fe based alloy GH984G for steam boiler applications [J]. Journal of Alloys and Compounds. 2019: 370 - 384.

[79] 李娜，项利，仇圣桃. 铈对 1.2% Si - 0.4% Al 无取向电工钢织构和磁性能的影响 [J]. 材料热处理学报，2016, 37 (6): 89 - 94.

[80] 周情耀，秦镜，刘德福，等. 稀土 Y 对 6.5wt%Si 高硅钢热、温轧组织织构演变的影响 [J]. 钢铁研究学报，2021, 33 (7): 600 - 609.

[81] Qin J, Zhou Q, Zhao H, et al. Effects of yttrium on the microstructure, texture, and magnetic properties of non - oriented 6.5 wt% Si steel sheets by a rolling process [J]. Materials Research Express, 2021, 8 (6): 066103.

[82] 陈卓. 中国电工钢发展变化及新时代需求研究 [J]. 电工钢，2019, 1 (2): 1 - 6.

[83] 龚坚，罗海文. 新能源汽车驱动电机用高强度无取向硅钢片的研究与进展 [J]. 材料工程，2015, 43: 102 - 112.

[84] 潘振东，项利，张晨，等. 高强度无取向电工钢的研究进展 [J]. 机械工程材料，2014, 38 (4): 7 - 14.

[85] 黄俊，罗海文. 退火工艺对含 Nb 高强无取向硅钢组织及性能的影响 [J]. 金属学报，2018, 54 (3): 377 - 384.

[86] Cheng Z, Liu J, Xiang Z, et al. Effect of Cu addition on microstructure, texture and magnetic properties of 6.5 wt% Si electrical steel

[J] . Journal of Magnetism and Magnetic Materials, 2021, 519: 167471.

[87] Zhang B, Liang Y F, Wen S, et al. High - strength low - iron - loss silicon steels fabricated by cold rolling [J] . Journal of Magnetism and Magnetic Materials, 2019, 474: 51 - 55.

[88] He Z H, Sha Y H, Gao Y K, et al. Recrystallization texture development in rare - earth (RE) - doped non - oriented silicon steel [J]. Journal of Iron and Steel Research International, 2020 (27): 1339 - 1346.

[89] Zhang N, Yang P, Mao W M. {001} <120>- {113} <361> recrystallization textures induced by initial {001} grains and related microstructure evolution in heavily rolled electrical steel [J] . Materials Characterization, 2016, 119: 225 - 232.

[90] Yang C Y, Luan Y K, Li D Z, et al. Effects of rare earth elements on inclusions and impact toughness of high - carbon chromium bearing steel [J] . Journal of Materials Science and Technology, 2019, 35 (7): 1298 - 1308.

[91] Zu G Q, Zhang X M, Zhao J W, et al. Analysis of {411} <148> recrystallisation texture in twin - roll strip casting of 4.5wt.% Si non - oriented electrical steel [J] . Materials Letters, 2016, 180: 63 - 67.

[92] Wang X Y, Jiang J T, Li G A, et al. Particle - stimulated nucleation and recrystallization texture initiated by coarsened Al2CuLi phase in Al - Cu - Li alloy [J] . Journal of Materials Research and Technology, 2020, (10): 643 - 650.

[93] Xu Y B, Zhang Y X, Wang Y, et al. Evolution of cube texture in strip - cast non - oriented silicon steels [J] . Scripta Materialia, 2014, 87: 17 - 20.

[94] Cheng L, Zhang N, Yang P, et al. Retaining {100} texture from initial columnar grains in electrical steels [J] . Scripta Materialia, 2012, 67 (11): 899 - 902.

[95] 徐星星，秦镜，赵海斌，等．新能源汽车用高牌号无取向电工钢的研究现状及发展趋势 [J] ．江西冶金，2020，40 (3)：6 - 11.

[96] Qin J, Yang J, Zhang Y, et al. Strong {100} <012>- {411} <148> recrystallization textures in heavily hot - rolled non - oriented

electrical steels [J] . Materials Letters，2020，259，126844.

[97] 赵海斌，秦镜，张迎晖，等．稀土钇对 4.5%Si 无取向硅钢成品板组织和磁性能的影响 [J] ．电工钢，2021，3 (4)：23－31.

[98] Qin J，Zhao H；Wang D，et al. Effect of Y on recrystallization behavior in non－oriented 4.5 wt% Si steel sheets [J] . Materials，2022，15 (12)：4227－4227.